Peter Köppl

Power Lobbying:
Das Praxishandbuch der
Public Affairs

Wie professionelles Lobbying die Unternehmenserfolge
absichert und steigert

LINDE
international

Bibliografische Information Der Deutschen Bibliothek

Die Deutsche Bibliothek verzeichnet diese Publikation in der Deutschen Nationalbibliografie; detaillierte bibliografische Daten sind im Internet über http://dnb.ddb.de abrufbar.

ISBN 978-3-7143-0010-9

© LINDE VERLAG WIEN Ges.m.b.H., Wien 2003
1210 Wien, Scheydgasse 24, Tel.: 01 / 24 630
www.lindeverlag.at

Druck: Hans Jentzsch & Co. GmbH., 1210 Wien, Scheydgasse 31

Endorsements

„Vor allem auf internationaler Ebene ist Public Affairs eine Selbstverständlichkeit. Jedes Unternehmen, egal in welcher Branche tätig und unabhängig von seiner Größe, vergibt sich unnötig Chancen, wenn auf effizientes Interessenmanagement verzichtet wird."

Mag. Dietmar Hoscher, Leiter der Hauptabteilung Public Affairs, Casinos Austria AG

„Im Bestreben danach, die Wirtschaftlichkeit und Wettbewerbsfähigkeit eines Unternehmens beständig zu optimieren, hat sich das Konzept der Public Affairs als effizientes unterstützendes Element der Unternehmensführung erwiesen. Denn gegen Politik und Gesellschaft ist kein Unternehmen erfolgreich zu führen. Wer seine legitimen Interessen gehört wissen will, muss sich aktiv darum kümmern."

Dr. Anton Wais, Generaldirektor, Österreichische Post AG

„Wer das Umfeld seines Unternehmens aktiv und erfolgreich managen will, braucht professionelle Public-Affairs-Arbeit. Wie man diese richtig angeht und dosiert, das zeigt Peter Köppls neues Buch. Eine Pflichtlektüre für alle Vorstände und Kommunikationsexperten."

Peter Gumpinger, Leitung Öffentlichkeitsarbeit, Oesterreichische Kontrollbank AG

„Public Affairs is no place for amateurs. Managing political challenges increasingly requires an effective combination of personal and professional skills, and technical know-how. In this book, our alum Peter Köppl successfully fuses European and American expertise in order to deepen the mutual understanding of public affairs. This is a „must read" -book, of critical importance to businesses and politics everywhere."

Dr. F. Christopher Arterton, Dean, The Graduate School of Political Management, The George Washington University, Washington, D.C.

„Große, international agierende Unternehmen sind enormen und vielfältigen Ansprüchen von Kunden, Politik, Medien und Gesellschaft ausgesetzt. Ohne den permanenten Abgleich unserer Anliegen mit den gegenüber uns bestehenden Interessen wäre ein erfolgreiches Wirtschaften nicht möglich."

Dr. Heimo Prokop, Leiter Unternehmenskommunikation, Continental AG

„The field of public affairs is expanding rapidly as companies and other groups learn about the long-term value of political involvement and corporate social responsibility. While the Public Affairs Council has been successful in serving the profession in North America, much of the new interest is occurring in Europe. That's why I welcome Peter Köppl's new, practical guide to conducting public affairs programs. It will be a valuable resource for the German-speaking market."

Douglas G. Pinkham, President, The Public Affairs Council, Washington, D.C.

„Als freiwilliger Mitgliedsverband der österreichischen Industrie ist es unsere Aufgabe, im Interesse und Auftrag unserer Mitglieder die europäische und österreichische Politik so zu beeinflussen, dass die Unternehmen mit einem für sie akzeptablen Rechtsrahmen arbeiten können. Wir verstehen uns daher als proaktive Politikberater und wollen durch unser professionelles und zeitgemäßes Lobbying-Verständnis die Politik aktiv mitgestalten."

Dkfm. Lorenz Fritz, Generalsekretär, Vereinigung Österreichischer Industrieller

„Eine moderne, dynamische und pluralistische Demokratie lebt vom Zusammenwirken der Regierenden und der Regierten. Politische Entscheidungen basieren auf dem Abwägen von Informationen und Interessen. Wenn in diesem Prozess ein Baustein fehlt, droht Politikversagen, zum Schaden der Politik und der Gesellschaft."

Dr. Reinhold Lopatka, Generalsekretär, Österreichische Volkspartei

„Um Politik zum Vorteil der Bürger(innen), der Gesellschaft und der Wirtschaft zu gestalten, braucht sie auch die Mitwirkung der Verbände und Unternehmen. Wer sich dem politischen Dialog verweigert und seine Vorstellungen, Anliegen und sein Know-how nicht aktiv einbringt, darf sich auch nicht über politische Entscheidungen ärgern. Andererseits wiederum braucht die Politik auch Anstöße durch seriöses Lobbying."
Stefan Schennach, Abgeordneter zum Bundesrat, Die Grünen

„Nicht nur Wahlkämpfe werden immer professioneller. Auch das angewandte Politik-Management für Unternehmen und Verbände, also die Public Affairs, erwacht im deutschsprachigen Raum aus seinem Schattendasein. Dieses Buch trägt mit Sicherheit zu einer weiteren Effizienzsteigerung des Lobbyings und zu besserem Verständnis zwischen Politik und Wirtschaft bei."
Tobias Kahler, Chefredakteur, „politik & kommunikation" (Berlin)

„Auch wenn Lobbying in der Öffentlichkeit skeptisch betrachtet wird – für ein Unternehmen ist die strategische Verfolgung der eigenen Anliegen gegenüber der Politik eine wirtschaftliche Notwendigkeit. Und wenn das unsere Mitbewerber anders sehen, ist das für unser Unternehmen ein Wettbewerbsvorteil."
Mag. Alois Schrems, Leiter Public Affairs, Telekom Austria AG

„Von der Geheimniskrämerei zur Professionalität: Die Karriere der Befassung mit professionellem Lobbying in den letzten Jahren ist beachtlich. Auch in der praxisorientierten Ausbildung von Kommunikationsmanagern ist diese Disziplin nicht mehr wegzudenken. Die Verknüpfung von theoretischen Erkenntnissen und praktischen Anleitungen ist die Stärke dieses Buches, das für Praktiker und Wissenschaftler gleichermaßen interessant ist."
Ass.-Prof. Dr. Klaus Lojka, Leiter des Postgradualen Universitätslehrganges für Öffentlicharbeit, Institut für Publistik- und Kommunikationswissenschaft, Universität Wien

Was ist Public Affairs?

Public Affairs hat eine klare Aufgabe: Die Verbesserung des wirtschaftlichen Klimas im Interesse eines Unternehmens durch die Beeinflussung von Regierungen, Meinungsbildnern und der öffentlichen Meinungsbildung. Etwa durch die Begrenzung der potenziell negativen Auswirkungen der Aktivitäten von Politik und Gesellschaft, die das Unternehmen betreffen könnten.

Dabei geht es im Wesentlichen um den Erhalt des Handlungsspielraums eines Unternehmens, der durch politische und gesellschaftliche Anspruchsgruppen laufend beeinflusst wird. Public Affairs ist verantwortlich für die Interpretation des Unternehmensumfeldes sowie die aktive Steuerung dieses Umfeldes. Dadurch kann die Erreichung der Unternehmensziele maßgeblich unterstützt werden, es können Konfliktkosten gering gehalten werden, die Realisierung von sensiblen Projekten kann erleichtert und die Wirkung von Marketingkampagnen optimiert werden.

Public Affairs versteht sich als Professionalisierung und Weiterentwicklung des einfachen Lobbyings hin zu einem effizienten Managementsystem der konsequenten Durchsetzung der Unternehmensinteressen. Denn das traditionelle lineare und personenzentrierte Lobbying kann den Herausforderungen der Wirtschaft nicht mehr begegnen, da es die komplexen Zusammenhänge und Handlungsspielräume nicht berücksichtigt.

Vorwort

„Selbst ein Wollhändler muss außer billig einkaufen und teuer verkaufen, auch noch darum besorgt sein, dass der Handel mit Wolle unbehindert vor sich gehen kann."
(aus: Berthold Brecht, Leben des Galilei)

„Public Affairs Management. Strategien und Taktiken erfolgreicher Unternehmenskommunikation", das erste Buch zu diesem Thema im deutschsprachigen Raum, war ein veritabler Erfolg. Als Autor erhielt ich viele positive Rückmeldungen, wonach dieses Buch geholfen habe, die Arbeit von Unternehmens-Lobbyisten und professionellen Vertretern von Interessen besser zu strukturieren. Sogar die eine oder andere Abteilung wurde nach der Lektüre des Buches auf „Public Affairs" umgetauft und der Terminus fand Aufnahme in so manche Visitenkarte in Österreich, Deutschland und der Schweiz.

Doch die Techniken und Strategien der Public Affairs haben sich in den vergangenen Jahren deutlich weiterentwickelt. Sowohl Umfeldanalyse und Risikomanagement als auch die Techniken der Beeinflussung des Unternehmensumfeldes finden immer professionellere Ausprägung. Und obwohl Lobbying, die bewusste Beeinflussung von politischen Entscheidungen im Interesse eines Unternehmens, als Kernbereich der Public Affairs nach wie vor zwischen Skandalen und amateurhafter Hemdsärmeligkeit pendelt – die Wirtschaft hat die Notwendigkeit der eigeninitiativen Verfolgung ihrer Interessen längst realisiert. „Power-Lobbying: Das Praxishandbuch der Public Affairs" dokumentiert das professionelle „State-of-the-Art-Management" von Public Affairs, also der Außenpolitik eines Unternehmens. Dieses Buch ist keine Neuauflage von „Public Affairs Management", sondern legt rund um einige wiederverwendete zentrale Bausteine das moderne, praxisrelevante Verständnis von Public Affairs dar. Es räumt mit der latenten Verwechslung von Public Affairs und Public Relations auf, bietet konkret umsetzbare Anleitungen und schildert anhand von Fallbeispielen, wie Public Affairs Management in der Unternehmensrealität funktioniert. 60 Übersichten, Abbildungen und Checklisten bilden einerseits einen raschen Überblick über das Buch und fungieren andererseits als Handlungsanleitungen.

Dieses Buch wendet sich an Unternehmen, Verbände, Non-Profit-Organisationen und politische Entscheidungsträger gleichermaßen. Es ist für Vorstände, Generalsekretäre, Politiker sowie deren operative Manager und Berater geschrieben. Denn ein effizienteres und professionelleres Zusammenspiel aller Genannten ist im Interesse der Unternehmen, der Verbände, der Politik und damit letztlich im Interesse der Gesellschaft. Das oftmalige Gegeneinander von Politik und Wirtschaft sollte im Sinne der Wettbewerbsfähigkeit der Wirtschaft und einer erfolgreichen politischen Gestaltung der Gesellschaft idealerweise ein Miteinander sein. Das bedingt jedoch, dass alle daran Beteiligten die Handlungsmuster und Sachzwänge des jeweils anderen kennen und es verstehen, damit umzugehen. Dieses Buch leistet einen wesentlichen Baustein dazu.

Dank seitens des Autors gebührt in erster Linie den Kunden von Kovar & Köppl Public Affairs Consulting – allesamt führende Unternehmen in ihrer jeweiligen Branche – für die Chance, große Herausforderungen gemeinsam bewältigen und daran mitwachsen zu können. Dem Team von Kovar & Köppl, allen voran Edith Hierzenberger, Andreas Kovar, Martin Neureiter und Walter Osztovics, für ihre Mitwirkung an der Entstehung dieses Buches sowie meiner Frau für ihr Verständnis, dass ein Buch zu schreiben sehr zeitintensiv ist.

Dieses Buch verwendet aus Gründen der leichteren Lesbarkeit durchgängig die grammatikalisch männliche Form – wohl wissentlich, dass ein Gutteil der erfolgreichen Public-Affairs-Manager Frauen sind.

Peter Köppl   *Wien, im September 2003*

Der Autor

Dr. Peter Köppl M.A. ist Managing Partner der Kovar & Köppl Public Affairs Consulting Wien, mit Partnerbüros in Berlin und Washington, D.C. (www.publicaffairs.cc). Der promovierte Kommunikations- und Politikwissenschafter absolvierte als erster Österreicher das Studium der „Corporate Public Affairs & Lobbying" an der Graduate School of Political Management in Washington, D.C. Peter Köppl lehrt an der Universität Wien (Postgradualer Universitätslehrgang für Öffentlichkeitsarbeit), der Fachhochschule Kommunikationswirtschaft, der WIFI-Werbeakademie und dem bfi-Lehrgang für Öffentlichkeitsarbeit (alle in Wien). Er ist international als Fachautor und -vortragender aktiv und Mitglied des Redaktionsbeirates von „politik & kommunikation" in Berlin.

Inhaltsverzeichnis

Inhaltsverzeichnis

Shortcut: 60 Übersichten, Abbildungen und Checklisten für den raschen Überblick

Memo

An: Geschäftsleitung
Betreff: Public-Affairs-Management
Von: Peter Köppl

"Qui tacet consentire videtur – Wer schweigt, stimmt zu."
aus den Decretalen des Corpus Iuris Canonici

➢ **Chefsache Erfolgssteigerung – Wie Public Affairs zum wirtschaftlichen Erfolg, zu Wettbewerbsvorteilen und zu mehr Planungssicherheit beiträgt.**

Jedes Unternehmen hat eine nach außen gerichtete Agenda, eine so genannte Public-Affairs-Agenda. Darin enthalten sind sämtliche gesellschaftlichen und politischen Entscheidungsverläufe, an deren Entwicklung Interessen des Unternehmens hängen. Die traditionelle Form des einfachen Lobbyings wurde abgelöst und vor dem Hintergrund der steigenden Komplexität der Gesellschaft und der Notwendigkeit, den Einflussbereich zu erweitern, zum Public-Affairs-Management weiterentwickelt.

Public Affairs ist verantwortlich für die Analyse, Interpretation und aktive Steuerung des Unternehmensumfeldes mit dem Ziel, dieses Umfeld im Interesse der Unternehmensziele zu beeinflussen. Die Zeiten sind vorbei, da ein Anruf beim befreundeten Politiker die Beachtung der Unternehmensinteressen gewährleistete. Die neuen Formen der Politikgestaltung und die Umwälzungen der politischen Prozesse verlangen nach neuen Methoden der eigenständigen, professionellen und effizienten Vertretung der Unternehmensinteressen.

➢ **Lobbying greift zu kurz**

Auf der Suche nach effizienteren Techniken und Methoden des Unternehmens-Lobbyings, hat sich der Begriff Public Affairs eingebürgert. Public Affairs hat seine Grundlage im lateinischen „res publica", also der externen Agenda eines Unternehmens. Diese Public-Affairs-Agenda umfasst jene Interessen eines Unternehmens, die geschützt oder aktiv vertreten werden müssen. Das Ziel dabei ist, die Herausforderungen im Umfeld des Unternehmens zu analysieren und zum eigenen Vorteil zu beeinflussen, um dadurch Chancen zu nützen und Risiken zu minimieren.

Im Unterschied zum traditionellen Lobbying, setzt Public-Affairs-Management systematischer und umfassender an: Zum einen bei der analytischen Vorbereitungsarbeit (Umfeld-Analyse) und zum anderen bei der

Ausformung von subtilen und effizienten Techniken der Beeinflussung, die das alte Lobbying ersetzen. Die für das Unternehmen relevanten Stakeholder (Anspruchsgruppen) und deren Interessen werden dabei in die Entscheidungen des Unternehmens einbezogen, um Koalitionen zu schmieden, Verhandlungen zu führen oder Entscheidungen zu beeinflussen. Dadurch wird es möglich, die eigenen Interessen punktgenau zu definieren, die Risiken zu reduzieren und die erforderliche Einflussnahme zu realisieren. Letztlich wird das Unternehmen durch Public-Affairs-Management in die Lage versetzt, einen bestmöglichen Ausgleich zwischen externen und internen Interessen zu finden und den Einfluss auf die Gestaltung des Umfeldes zu steigern.

➢ Public Affairs ist erprobt

Ausgangspunkt der Public Affairs sind die USA in den 1950er Jahren, als die Wirtschaft erstmals nach einem Managementsystem suchte, um mit den Bedrohungen aus dem gesellschaftlichen Umfeld – etwa durch Gewerkschaften, Regulatoren, Politiker oder die Konsumentenschutzbewegung – umzugehen. Aus dem einfachen Lobbying entstand das effizientere Managementsystem Public Affairs. Als im konservativen Großbritannien unter Margaret Thatcher die ehedem einflussreichen Arbeitgeberverbände massiv in ihrem Einfluss beschnitten wurden, adaptierten die britischen Unternehmen das amerikanische Public-Affairs-Modell, um ihre Interessen selbst zu vertreten. (nach: van Schendelen, 2002)

Die Politisierung der Wirtschaft in den 1970er und die folgende Liberalisierung sowie Deregulierung in den 1980er Jahren waren für viele Unternehmen in Skandinavien und den Niederlanden eine enorme Herausforderung. Auch hier bestand die Antwort der Wirtschaft in der Etablierung von Public Affairs. Spätestens mit der Schaffung des Europäischen Binnenmarktes entwickelte sich dieses Managementprinzip auch in vielen anderen europäischen Staaten – sowohl auf nationaler Ebene als auch auf EU-Ebene. Seit rund einem Jahrzehnt wiederholen sich diese Prozesse in Deutschland, Österreich, der Schweiz und Osteuropa. Public-Affairs-Management, die aktive Beeinflussung und Steuerung des soziopolitischen Unternehmensumfeldes ist zu einer wirtschaftlichen Notwendigkeit geworden.

➢ Public Affairs stiftet Nutzen

Eine 1998 im Auftrag von zehn multinationalen Konzernen von der Washingtoner Public-Affairs-Beratungsfirma Laird & Associates durchgeführte Vergleichsstudie in Europa und den USA dokumentiert die Bedeutung von Public Affairs: Multinationale Konzerne nützen Public Affairs, Issues Management und Government Relations als Wettbewerbsfaktoren, denn die Herausforderungen an Unternehmen steigen ständig – von Produkten, die nicht beworben werden dürfen, über Konsumentenschützer, die ein Produkt boykottieren, bis zu politischen Entscheidungsträgern, die eine Marktzulassung verhindern wollen oder sich ungefragt in Belange des Unternehmens einmengen. Public Affairs erweitert und erhält den Handlungsspielraum des Unternehmens.

Public Affairs gilt als kritische Unternehmensfunktion, als ein Sensorium zur Analyse der Märkte Politik und Gesellschaft und deren Entscheidungsstrukturen sowie als Steuerungsinstrument, um gezielt in das Unternehmensumfeld einzugreifen. Damit hilft Public Affairs Konfliktkosten zu senken und Gewinne zu steigern. Beispielsweise kann die Beeinflussung eines Gesetzes durch Lobbying zu höherem Absatz führen. Die Entwicklungen von Issues, die sich auf das Unternehmen auswirken könnten, werden aktiv gesteuert, um messbare Wettbewerbsvorteile zu erzielen. Und strategische Unternehmensentscheidungen werden optimiert, indem externe Issues auf höchster Ebene in die Entscheidungsfindung integriert werden.

➢ Public Affairs ist Sache der Unternehmensführung

Erfolgreiche Public Affairs muss aktiv in die strategische Unternehmensplanung sowie die Planung der operativen Abteilungen mit eingebunden sein. Als Servicefunktion kümmert sich Public Affairs um die Interessen und Anliegen der einzelnen operativen Abteilungen, um sie in ihrer Zielerreichung zu unterstützen. Die Integration in die wirtschaftliche Planung und die Anbindung an die Unternehmensführung sind daher Grundvoraussetzungen für erfolgreiche Public Affairs.

➢ Wie Public Affairs Ihrem Unternehmen helfen kann

Public Affairs ist nicht PR. PR beschränkt sich auf die öffentlichkeitswirksame Darstellung des Unternehmens. Public Affairs hingegen zielt darauf ab, nach Analyse des politischen und soziökonomischen Umfeldes bestmögliche Rahmenbedingungen zu schaffen. Diese Funktion schafft bessere Entscheidungsgrundlagen und unterstützt damit messbar die Erreichung der Business-Ziele. Public Affairs reduziert die Risiken aus dem Unternehmensumfeld, wehrt ungefragte externe Eingriffe ab und erhöht die Sicherheit der Planung. Richtig verstandene Public Affairs ist für jedes Unternehmen daher eine Selbstverständlichkeit im Sinne der kaufmännischen Sorgfaltspflicht.

Nebenbei betriebenes, amateurhaftes Lobbying kann die Herausforderungen eines Unternehmens nicht bewältigen. Professionelle Public Affairs erhält Handlungsspielräume und schafft Wert. Issues-, Stakeholder- und Risiko-Management, Government Relations, Lobbying, die Steuerung der

Reputation und Corporate Social Responsibility – also das Instrumentenbündel der Public Affairs – sind keine schicken Schlagworte, sondern ein
über Jahrzehnte entwickeltes, professionelles und effizientes Managementsystem für die Wahrung der Unternehmensinteressen. Public Affairs ist
weder neu, noch verboten, sondern eine betriebswirtschaftliche Notwendigkeit.

Dieses Buch beantwortet das Wie und das Warum gleichermaßen. Den
ersten Schritt muss die Unternehmensleitung setzen, der Erfolg stellt sich
durch Kontinuität ein. Folgen Sie den Beispielen der Fallstudien – „make
politics work for you".

Viel Erfolg!

Erster Teil

Die Techniken des Public Affairs-Managements

Kapitel 1:
Living in a box? – Gegenwind aus Politik und Gesellschaft

„Wer sich am wenigsten auf das Glück verlässt, behauptet sich am besten. "
Niccolò Machiavelli

Auf einen Blick

Jedes Unternehmen ist mit seinem soziopolitischen Umfeld vielfältig vernetzt. Daraus resultieren Chancen und Risiken für die Erreichung der Unternehmensziele.

In diesem Kapitel erfahren Sie:
➤ Welche Interessen haben Politik und Gesellschaft an einem Unternehmen?
➤ Welche Möglichkeiten des Umfeldmanagements bestehen für Unternehmen?
➤ Wie kann Public Affairs zu einem bestmöglichen wirtschaftlichen und gesellschaftlichen Klima für ein Unternehmen beitragen?
➤ Was kann Public Affairs konkret leisten?

Kein Unternehmen existiert isoliert von Gesellschaft und Politik in einem eigenen Universum. Ganz im Gegenteil: Zwischen Unternehmen als wesentlicher Teil der Gesellschaft und ihrem soziopolitischen Umfeld bestehen enge und vielfältige Zusammenhänge. Im Bereich des Produktabsatzes ist diese Tatsache nicht nur selbstverständlich, sondern auch erwünscht. Alle Verbindungen zwischen einem Unternehmen und seinen Wirtschaftsmärkten sind mannigfach gestaltbar und unterliegen weitgehend der Steuerung des Unternehmens. Für die zentralen, monetär bewertbaren Unternehmensmärkte – Produktion, Absatz, Kapital, Mitarbeiter – existieren ausgefeilte Instrumente und Managementtechniken. Doch das ist nur die halbe Wahrheit.

Denn anders verhält sich die Tatsache mit dem nicht direkt monetär bewertbaren Unternehmensumfeld, also mit den aufgefächerten Beziehungen zur Gesellschaft im Allgemeinen und dem politischen System im Speziellen. Viele Unternehmen machen immer wieder die schmerzhafte und kostenintensive Erfahrung, dass speziell dieses nicht-kommerzielle Umfeld intensive Auswirkungen auf das Unternehmen hat: auf seine Planungssicherheit, Wirtschaftlichkeit und den Erfolg. Oder anders gesagt: Keine unternehmerische Aktivität findet isoliert von seinem spezifischen gesellschaftlichen Umfeld statt. Das Management muss der Herausforderung entgegentreten, dass aus der Gesellschaft und aus der Politik massive Interventionen in das unternehmerische Handeln nicht nur an der Tagesordnung stehen, sondern dass diese Interventionen außerdem aus deren jeweiligen Sicht legitim sind und jedenfalls massive Auswirkungen nach sich ziehen können.

Neben den normativen und regulativen Aspekten der Politik sowie den berechtigten oder gesetzlichen Mitwirkungen von Interessengruppen nimmt die Selbst-Involvierung in unternehmerische Entscheidungen von außen massiv zu.

Diese Erfahrung machen:

➤ Bauherren nicht nur bei Infrastrukturprojekten, bei denen sich einzelne Politiker, Anrainer, Nichtregierungsorganisationen, etc. aktiv mit ihren Anliegen einbringen (Beispiel: Diskussion um Grenzwerte bei Mobilfunk-Sendeanlagen).

➤ Hersteller von Konsumgütern, deren Legitimation mit Vorwürfen wegen Vergehen gegen Menschenrechte und folgenden Boykottaufrufen angegriffen werden (Beispiel: Nike und die Diskussion um Kinderarbeit in der Dritten Welt).

➤ Unternehmen, die wegen Restrukturierungen zur Schließung von Produktionsstätten oder Outlets gezwungen sind und damit zum Aufmarschgebiet politischer Auseinandersetzungen werden.

➤ Anbieter von Dienstleistungen, deren Produkte – unbeabsichtigt – den Interessen einer Gruppe zuwiderlaufen und daher auf fundamentalen Widerstand stoßen (Beispiel: Tele-Working-Software versus Mobilisierungsgrad der Gewerkschaften).

➤ Ex-Monopolisten, etwa aus den Bereichen Energie, Telekommunikation, Post, die durch die Regierungen per Gesetz sukzessive benachteiligt werden.

➤ Branchen, wie etwa die Automobilindustrie, deren Produkte (zum Beispiel: SUV – Sport Utiliy Vehicles) gesellschaftlich geächtet werden, weil ein Zusammenhang mit Kriminalität und Radikalismus hergestellt wird.

Doch damit nicht genug. Neben klaren Fehleinschätzungen von Unternehmen, was die Interessen der Gesellschaft gegenüber ihren Handlungen betrifft, versuchen auch politische Entscheidungsträger immer wieder und aus deren Sicht völlig legitim mit der Politisierung von unternehmensrelevanten Aspekten zu punkten.

➤ Im Sog des EU-weiten Werbeverbots für Tabakprodukte wandte sich im Frühjahr 2003 die deutsche Bundesgesundheitsministerin mit der

Forderung an die Öffentlichkeit, auch Werbung für Tiefkühl-Pizzas zu verbieten. Es sei bekannt, so die Argumentation, dass diese Produkte „Dickmacher" vor allem für Kinder wären.

Ebenfalls im Frühjahr 2003 kam der Österreichische Verband der Bierbrauereien auf die schlaue Marketing-Idee, eine Werbekampagne für Bier mit dem Trend zu mehr Gesundheit zu koppeln. Der Präsentation der Kampagne folgte umgehend der Aufruf zur Rücknahme eben dieser Aktion durch den Verband „Kinderfreunde". Dadurch wiederum fühlte sich auch die Gesundheitssprecherin einer politischen Partei auf den Plan gerufen, die in einer Presseaussendung Folgendes dazu zu sagen hatte:

> „Brauerei Verband soll Alkohol-Verharmlosungskampagne sofort einstellen.
> Eine sofortige Einstellung der Kampagne ‚Ja zu Bier = Ja zur Gesundheit' des Verbandes der Brauereien Österreichs forderte die Gesundheitssprecherin der Wiener Freiheitlichen, Stadträtin Karin Landauer. Besonders Jugendliche würden durch diese Verharmlosungskampagne negativ beeinflusst. Landauer wies darauf hin, dass sich die Brauereien gerade in einer Zeit, in der der Alkoholkonsum bei Jugendlichen unter 16 Jahren massiv zunimmt, ihrer Verantwortung bewusst sein müssen. ‚Mit derartigen Kampagnen wird den Jugendlichen der Weg in die Alkoholikerlaufbahn geebnet. Die sofortige Einstellung ist somit unumgänglich', so Landauer abschließend."

Koexistenz von Wirtschaft und Politik

Wirtschaft und Politik sind zwei Systeme, die in ihrem Wirken aufeinander angewiesen, jedoch betreffend Ziele, Instrumente, Taktik, Tempo und Darstellungsmuster völlig unterschiedlicher Ausprägung sind. Diese scheinbaren Widersprüche zeigen sich in der täglichen Diskussion, wenn etwa die Politik bestimmte Handlungen von Unternehmen einfordert oder sich einzelne Entscheidungsträger oder Nichtregierungsorganisationen von sich aus in die Belange von Unternehmen einbringen.

Verständlich ist daher die vielfach geäußerte Position von Unternehmen: „Wenn wir uns nicht in die Politik einmischen, wird sich die Politik auch nicht bei uns einmischen." Und dennoch ist diese Einschätzung falsch. Denn das politische System hat eigene Interessen, die ein sich Involvieren in Unternehmensbelange legitimieren. Aufforderungen von außen sind dafür nicht notwendig. Politikwissenschafter vermeinen zu erkennen, dass das Interessenvermittlungssystem implodiert. Die wesentlichen Bestandteile dieser Erkenntnis liegen in folgenden Aspekten: Das tradierte System einiger weniger großer Interessengruppen verliert an Durchsetzungskraft, während sich neue Gruppierungen zur Repräsentation und Artikulation von Teilinteressen ausprägen.Die politischen Parteien wiederum entwickeln sich von relativ starren Mitgliederorganisationen zu Wahlplattformen mit wechselndem Zuspruch und während Legislaturperioden kürzer, Wahlen hingegen häufiger werden, beginnt der nächste Wahlkampf bereits am Abend der geschlagenen Wahl. Das bedeutet, dass immer mehr politische Akteure um Aufmerksamkeit buhlen, was zu einem massiven Wettbewerb innerhalb des politischen Systems führt.

Der Grund liegt darin, dass die Politik ihre Legitimation in der meist massenmedial vermittelten Darstellung suchen muss, um ihre Klientel zu erreichen. Die Wege der direkten Kommunikation sind für den dynamischen politischen Diskurs nicht mehr leistungsfähig genug. Im Medienzeitalter ist „Darstellung" oftmals mit der Inszenierung von Medienereignissen und Inhalten gleichzusetzen. Aus der Sicht der Politik idealerweise etwa im Aufzeigen eines Widerspruchs, der Einforderung eines bestimmten Verhaltens oder der Skandalisierung von einzelnen Aspekten. Dass die Politik innerhalb ihres Systems so vorgeht, also etwa zwischen politischen Parteien, ist bekannt. Dass sich die Politik im Streben nach Aufmerksamkeit, Anerkennung und Kompetenzbeweis immer mehr an Unternehmen reibt, mag in der Dimension neu erscheinen.

Im Kern ist politische Kommunikation eine symbolische Auseinandersetzung mit Hilfe der Massenmedien, im Hinblick auf die jeweils relevante Klientel und der ständigen Suche nach neuen Themen und Plattformen, um diese Legitimation unter Beweis zu stellen. Leicht werden Unternehmen darin involviert. Wie sonst wäre es zu verstehen, dass ein Regierungsmitglied via Zeitung ausrichtet „Ich werde morgen persönlich die Unternehmensleitung von deren Plan der Werksschließung abbringen", oder dem Vorstand einer Aktiengesellschaft via TV-Interview droht „Bevor nicht mit mir gesprochen wurde, kann ich mir diese Personalreduktion nicht vorstellen". Bei Aussagen dieser Art geht es um politische Symbolik: der Klientel soll Handlungsfreude und Unterstützung ihrer Interessen signalisiert werden, vermittelt durch die Medien. Oftmals sind die dabei angesprochenen Unternehmen damit nicht direkt gemeint, sondern fungieren als Ersatzschauplatz der politischen Auseinandersetzung.

Wichtig ist in diesem Zusammenhang, die Wirkungsweise von Politik und des politischen Systems zu verstehen, um die Aktivitäten in Bezug auf das unternehmerische Handeln einordnen zu können.

> **Politik** [von griechisch *politike techne*, „Kunst der Staatsverwaltung"] Unter Politik versteht man heute das staatliche Handeln und seine wichtigsten Grundsätze in verschiedenen Bereichen sowie das auf den Staat und die politische Willensbildung bezogene Verhalten seiner Bürger, besonders von Parteien und Interessenverbänden.

Allgemein spricht man von Politik auch im Hinblick auf die Interessendurchsetzung von Einzelnen oder Gruppen, auch ohne Beziehung zum Staat. (Meyers Kleines Lexikon Politik)

Politisches System bezeichnet die Gesamtheit aller an der politischen Willensbildung und -durchsetzung beteiligten Institutionen, Personen und Vorgänge und ihre Beziehungen zueinander. (Meyers Kleines Lexikon Politik)

Der moderne erweiterte Politikbegriff bezieht das Wirken von Parteien, Verbänden, Nichtregierungsorganisationen, Unternehmen, Medien und Individuen im Bereich des politischen Systems mit ein. Das Zusammenwirken und Wechselspiel aller dieser politischen Einheiten erfüllt eine Gesellschaft mit Leben, da ihr Wirken in Bezug auf einen oder mehrere andere Mitwirkende des Systems de facto politische Gestaltung ausübt. Vor allem im Hinblick auf die heutige medienzentrierte Demokratie kommt einem Begriff dabei besondere Bedeutung zu: dem Populismus.

Populismus [lat.] Schlagwort (mit zum Teil negativer Tendenz) für eine um „Volksnähe" bemühte Politik, die Stimmungen der Unzufriedenheit und akute Konfliktfragen aufgreift. (Der Brockhaus, 1999)

Einem Politiker „Populismus" im negativen Sinne vorzuhalten, ist Teil der öffentlichen Diskussion. In Wahrheit sind Politiker jedoch dazu aufgefordert und dazu bestimmt, namens ihrer Klientel oder Wähler solche „Stimmungen der Unzufriedenheit und akute Konfliktfragen" aufzugreifen beziehungsweise entsprechend der an ihm oder ihr festmachenden Interessen zu agieren. In diesem Zusammenhang ist Populismus daher eher als Regelfall, denn als Ausnahme zu verstehen.

Selbstverständlich ist das Umfeld eines Unternehmens nicht immer nur konfliktreich. Dieses gesellschaftliche Umfeld ist jedenfalls vorhanden und kein Unternehmen kann sich seine Anspruchsgruppen selbst aussuchen. Sehr wohl allerdings kann es einen kontinuierlichen Beitrag im eigenen Interesse zur Gestaltung dieses Umfelds leisten. Die Managementfunktion Public Affairs bietet dafür das Instrumentenbündel, um das relevante Unternehmensumfeld mitzugestalten.

Die Public Affairs bestimmen die Positionierung des Unternehmens in der Gesellschaft und sind daher Sache der Unternehmensführung. Ein Fehlen der Public Affairs kann zu massiven und kostenintensiven Unternehmenskrisen führen. Daher ist die Public-Affairs-Funktion als Pflege konstruktiver Beziehungen zu Politik und Gesellschaft sowie Beeinflussung und Gestaltung der gesellschaftlichen Positionierung auch aus der Krise geboren. Nestlè kolportierte beispielsweise, dass die Krisenbewältigung der Babymilch-Affäre aufgrund nicht getätigter Vorab-Aktivitäten rund 20 Millionen Dollar betrug (Stöhlker: 2001). Im Kern als Krisenvorbeugung zu verstehen, organisiert Public Affairs daher das Erfassen von Veränderungen im politischen, gesellschaftlichen, wirtschaftlichen und kulturellen Umfeld, sorgt für Aufbau und Aufrechterhaltung von Arbeitsbeziehungen zur Politik und beeinflusst jene gesellschaftlichen Gruppen, die in latenter oder totaler Opposition zu den Unternehmenszielen stehen.

Terra-forming mit Public Affairs

„Terra-forming" ist ein Bündel an primär naturwissenschaftlichen Maßnahmen aus den Bereichen Biologie, Chemie, Physik und Geologie, das dafür eingesetzt wird, ein für den Menschen an sich unbewohnbares Terrain belebbar zu gestalten. Terra-forming wird beispielsweise eingesetzt bei Versuchen, Wüstengegenden zu landwirtschaftlich fruchtbaren Gegenden umzugestalten. Zur Simulation der Maßnahmen, um andere Planeten (etwa den Mars) für Menschen besiedelbar zu machen, existiert in den USA seit vielen Jahren eine künstliche Welt unter einer Glaskuppel, in der dieses Terra-forming erforscht und praktiziert wird.

Public Affairs ist ein Maßnahmenbündel, mit dem das Umfeld eines Unternehmens bestmöglich gestaltet werden kann. Ähnlich wie beim Konzept des Terra-forming kommen unterschiedliche Techniken zum Einsatz, um die wirtschaftlichen und überwirtschaftlichen Interessen des Unternehmens durchzusetzen, bestehende Chancen zu maximieren und existierende Risiken zu minimieren. Damit kommt den Public Affairs entscheidende Bedeutung bei nahezu allen unternehmerischen Aktivitäten zu: bei Restrukturierungen, Produkt-Launches, Projekten, bei der Mitgestaltung an politisch-regulativen Rahmenbedingungen und der Ausgestaltung der Beziehungen zu relevanten Anspruchsgruppen. Denn alle diese Faktoren bestimmen direkt oder indirekt den Erfolg eines Unternehmens. Diese gesellschaftlichen Kräfte zu ignorieren oder deren Gestaltung leichtfertig Dritten zu überlassen, reduziert die Planungssicherheit und erhöht das Krisenpotenzial. In Zeiten des Diktats von Effizienzsteigerung und Kostenreduktion stellt Public Affairs ein effizientes Maßnahmenbündel zur Reduktion der Konfliktkosten und Optimierung der Erreichung unternehmerischer Ziele dar.

Ausgehend von multinationalen Konzernen und Organisationen wird Public Affairs auch in Deutschland, Österreich und der Schweiz immer mehr zum gängigen Begriff. Allerdings ist Public Affairs umgeben von Missverständnissen, Unklarheiten und Verwechslungen. In seiner ursächlichen Definition, die aus dem klassischen Lobbying stammt, kümmert sich Public Affairs um die Beziehungen einer Organisation zu den Institutionen der Regierung sowie der Gesellschaft. Nimmt man eine globalere

Sichtweise ein, dann versteht sich Public Affairs als Management der Beziehungen zu unterschiedlichen Stakeholder-Gruppen (Anspruchsgruppen), speziell zu jenen, die Einfluss auf die öffentliche politische Willensbildung haben.

> „**Public Affairs ist der Prozess**, durch den eine Organisation ihre Beziehungen zu jenen politischen und gesellschaftlichen Gruppen und Themen steuert, die das Umfeld der Organisation sowie ihre Aktivitäten bestimmen."

> „Public Affairs ist die Bezeichnung für alle externen nicht-kommerziellen Aktivitäten einer Organisation."

In den USA, wo Public Affairs seit den 1950er Jahren in weiten Bereichen etabliert ist, wird davon ausgegangen, dass Public Affairs eine Weiterentwicklung der Community Relations ist. Und zwar dahin gehend, dass Public Affairs umfassend alle Aktivitäten beinhaltet, die sich um jene Bereiche der Gesellschaftspolitik kümmern, die Einfluss auf die Organisation haben und die nicht der direkten Verbindung über den Markt unterliegen.

Doch Definitionen (Darstellung der unterschiedlichen Definitionen nach: Harris, Moss, 2001) können das Wesen der Public Affairs nur bedingt beschreiben. So heißt es etwa, Public Affairs seien „die Aktivitäten einer Organisation, um ihre Reaktionen auf politische Fragen zu handhaben und ihre Beziehungen zu Regierungsinstitutionen zu organisieren". Andernorts wird Public Affairs als Funktion für die „Entwicklung von politischen Themen, Gesetzgebungen und Regulierungen, die eine Organisation, ihre Interessen oder Aktivitäten betreffen", beschrieben.

> „**Public Affairs ist die Managementfunktion**, die verantwortlich ist für die Interpretation des nicht-kommerziellen Umfeldes eines Unternehmens und das Management der Reaktionen des Unternehmens auf diese Umwelt."

Public Affairs steht also für das aktive Management der externen Beziehungen einer Organisation, speziell der Beziehungen mit Regierungen, Behörden sowie der Gemeinde, in der die Organisation ansässig ist. Oder anders: „Public Affairs umfassen den aktiven, geplanten und zielgerichteten Dialog mit gesellschaftlichen Gruppierungen und politischen Institutionen, mit dem zentralen Anliegen, deren Interessen in Einklang mit den Unternehmenszielen zu bringen." Dieses Management der Beziehungen eines Unternehmens mit der Gesellschaft ist eine permanente Aufgabe, da das Unternehmen Teil der Gesellschaft ist. CERP, die European Public Relations Confederation, entwickelte 1991 folgende Beschreibungen von Public Affairs:

„Public Affairs sind die geplanten und festgelegten Bemühungen eines Unternehmens, seine Rechte und Pflichten als Bürger eines Landes, einer Gemeinde oder einer Gesellschaft auszuüben beziehungsweise wahrzunehmen sowie die Bemühungen eines Unternehmens, seine Mitarbeiter ebenfalls dazu zu ermutigen, ihre Rechte auszuüben und ihre Pflichten wahrzunehmen."

Eine andere praxisorientierte Definition von Public Affairs, in Form der Beschreibung der Tätigkeiten, lautet folgendermaßen:

„Public Affairs sind die von einem Unternehmen getroffenen Maßnahmen, um die folgenden Ziele zu erreichen:

a) Eine Verbesserung des allgemeinen wirtschaftlichen Klimas durch die Beeinflussung von Regierungen, Meinungsbildnern und der breiten Öffentlichkeit.

b) Eine Begrenzung der negativen Auswirkungen der Aktivitäten einer Regierung in wirtschaftlichen und sozialgesellschaftlichen Angelegenheiten, die das Unternehmen betreffen."

Ein Hauptgrund für die bestehenden Missverständnisse rund um Public Affairs ist sicherlich die Vermengung des Begriffes Public Affairs mit der Disziplin der Public Relations. So heißt es etwa (Grunig, Hunt, 1984), dass Public Affairs Teil einer umfassend verstandenen Public Relations ist, mit der Aufgabe, sich um gesellschaftspolitische Stakeholder und Beziehungen zu Regierungsinstitutionen zu kümmern. Dabei ist zu beachten, dass historisch in den USA oftmals der Begriff Public Affairs für die Funktion Public Relations verwendet wurde, speziell von politischen Institutionen, um sich gegenüber der Produktorientierung der Public Relations abzugrenzen.

Noch Anfang der 1990er Jahre wurde Public Affairs bestenfalls als Anhängsel der PR gesehen. Im Unterschied zur PR hat Public Affairs allerdings die spezifische Ausrichtung darauf, die konkreten und relevanten Interessen und Anliegen eines Unternehmens oder einer Organisation zu vertreten. Das Ziel besteht in der punktuellen Vertretung der spezifischen Interessen eines Unternehmens, was immer mit der Einflussnahme auf relevante Entscheidungsverläufe verbunden ist. Die Public Relations sieht Public Affairs gerne als Instrument zur Bedienung der politischen Zielgruppen, verkennt dabei jedoch die Tatsache, dass es sich nicht primär um die Weitergabe von Information an politische Entscheidungsträger handelt, sondern eben um die Involvierung in die politischen Prozesse. Vielfach wird die Public-Affairs-Tätigkeit auch mit den Begriffen „External Affairs" oder „Regulatory Affairs" gleichgesetzt. In der unternehmerischen Praxis entscheidet jedenfalls letztlich die konkrete Herausforderung und

Zielsetzung, nicht aber der Abgrenzungsstreit der Theoretiker. So sprach sich 1990 der damalige Präsident der weltweiten Agenturkette Burson-Marsteller, James H. Dowling, für eine nachhaltige Verschränkung beider Disziplinen aus: „Die Integration von Public Relations und Public Affairs ist der Schlüssel für die effiziente Mitgestaltung der gesellschaftlichen und politischen Meinungsbildung. Es geht um die reelle Bedeutung der öffentlichen Meinung für die politische Meinungsbildung."

Anfang der 1950er Jahre begann sich Public Affairs in den Vereinigten Staaten von Amerika als Aufgabenfeld von Unternehmen zu entwickeln. Primär mit der Zielsetzung, die politischen Aktivitäten der Unternehmen zu aktivieren und zu intensivieren. 1954 wurde in Washington, D.C., das „Public Affairs Council" gegründet, eine Organisation, der heute mehr als 500 der größten US-Unternehmen angehören. Es war als Gegenorganisation zu den Tätigkeiten der Gewerkschaften gedacht, die große Erfolge in der Beeinflussung von Politik und öffentlicher Meinung vorweisen konnten. Später ging es stärker um die Lobbying-Macht der Konsumenten- und Umweltschützer, denen die Unternehmen entgegentreten wollten. Die primäre Zielsetzung des Public-Affairs-Council bestand darin, Managern zu mehr und effizienterem politischen Engagement zu verhelfen. Doch im Unterschied zu Wirtschaftskammern plante das Public-Affairs-Council nicht, selbst im Interesse der Wirtschaft Einfluss zu nehmen. Es widmet sich bis heute fast ausschließlich der Schulung von Managern in Sachen Public Affairs. In rund 50 Seminaren pro Jahr werden die diversen Public-Affairs-Techniken trainiert.

Das Public-Affairs-Council hat diese Debatte über den Unterschied zwischen Public Relations und Public Affairs zu beenden versucht, indem der kleinste gemeinsame Konsens festgehalten wurde: „Public Affairs ist mehr auf Arbeitsbeziehungen zu Regierungsinstitutionen konzentriert, PR hingegen mehr auf Kommunikation."

Eine weitaus bessere Möglichkeit, um zu beschreiben, was Public Affairs ist, ist ein Blick auf das entsprechende Tätigkeitsfeld. Eine Studie der Boston University Management School (1981) fand heraus, dass zu den Arbeiten der Public Affairs folgende Bereiche gehören:

- Die Identifikation und Priorisierung von gesellschaftspolitischen Themen mit Bezug auf das Unternehmen
- Die Analyse der Auswirkung von sozialen und politischen Trends in Bezug auf die Planungen und Aktivitäten des Unternehmens
- Die Analyse der Planungen des Unternehmens, seiner Abteilungen und anderer Unternehmenseinheiten im Hinblick auf deren Sensibilität zu entstehenden oder vorhandenen sozialen und politischen Trends

31

Um diesen Herausforderungen gerecht zu werden, setzt Public Affairs entsprechend oben genannter Studie primär folgende Techniken ein:

– Issues Monitoring und Issues Management (Themensteuerung)
– Lobbying auf lokaler, regionaler, nationaler und internationaler Ebene (Durchsetzung von Interessen)
– Government Relations (Arbeitsbeziehungen mit politischen Entscheidungsträgern)
– Corporate Citizenship zur Gestaltung einer Unternehmenspersönlichkeit (gesellschaftliches Engagement)

Auch eine Erhebung des Public-Affairs-Council hat im Kern diese grundlegende Funktionen von Public Affairs unter ihren Mitgliedern festgestellt:

– Government Relations und Lobbying
– Political Action Committees (politische Bildung in Unternehmen, Wahlkampfspenden)
– Community Involvement (Corporate Citizenship und Corporate Social Responsibility Programme)
– Issues Management

Zusammenfassend kann die Arbeit von Public-Affairs-Experten also auf zwei Kernbereiche eingeschränkt werden: erstens die Issues-Beobachtung und -Analyse, speziell im Hinblick auf politische, regulatorische und gesellschaftspolitische Aspekte sowie zweitens die Tätigkeit als Vertreter der Interessen des Unternehmens in politischen Prozessen.

In einer britischen Studie wurde die Konzentration der europäischen Version von Public Affairs auf den Bereich der Government Relations offensichtlich – und damit auch das Verständnis als Weiterentwicklung des klassischen Lobbyings. Als die effizientesten Techniken gaben die befragten Public-Affairs-Experten aus Großbritannien folgende Bereiche an:

– Persönliche Briefing-Gespräche mit Beamten
– Persönliche Briefing-Gespräche mit Mitgliedern der Regierung
– Persönliche Briefing-Gespräche mit Mitgliedern des Parlaments
– Issues-Monitoring und Beratung von Organisationen über die Auswirkungen dieser Issues auf ihre Aktivitäten
– Kombination von Medienarbeit und Briefing-Gesprächen

Mehr Planungssicherheit durch Public Affairs

Aufgrund der Vielschichtigkeit der zu berücksichtigenden gesellschaftlichen Gruppen und Interessen ist die professionelle Organisation der Informationsströme von entscheidender Bedeutung für das Erreichen von

Unternehmenszielen und das Gelingen von Projekten. Public Affairs übernimmt dabei die Rolle, die notwendigen Informationen und Argumente in die erforderlichen Bahnen zu kanalisieren. Daraus wird auch die betriebswirtschaftliche Bedeutung von Public Affairs für das Unternehmen ersichtlich: Ohne diese begleitenden Maßnahmen ist weder eine Projektrealisierung, noch die Erreichung der Business-Ziele möglich. Public Affairs können zum Unternehmenserfolg entscheidend beitragen, wenn der Abgleich mit den externen Erwartungen von Beginn an Teil des Projekts ist. Dieses Muster ist auch das bestimmende Wesen der Managementfunktion Public Affairs: durch gezielte, unterstützende Aktivitäten die Durchführung von geplanten operativen Projekten zielkonform zu ermöglichen und damit zum wirtschaftlichen Erfolg der Abteilungen und damit des Unternehmens beizutragen.

Die Notwendigkeit von Public Affairs liegt unter anderem in der Vertrauenskrise der Öffentlichkeit gegenüber Unternehmen und politischen Institutionen begründet. Viele Unternehmen haben sich in der Vergangenheit zu einseitig auf die Überzeugungskraft von Image-Maßnahmen und Produkt-Werbung verlassen. Der Schwerpunkt lag auf der Darstellung der uneingeschränkten Kompetenz, der Betonung des wirtschaftlich Machbaren und schloss die Anliegen und Bedürfnisse des gesellschaftlichen und politischen Umfeldes aus: nämlich das primäre Interesse an Transparenz und den Beitrag der Unternehmen zum Gemeinwohl. Durch Unregelmäßigkeiten und Skandale misstrauisch geworden, argwöhnen die Anspruchsgruppen, dass die Unternehmen nur deren eigenen Interessen verfolgen und sich nicht um die Anliegen und Bedenken der Gesellschaft kümmern.

Diese Sensibilität für gesellschaftliche Themen hat einen einfachen Grund: Wirtschaftsthemen sind in der Regel rational – investieren, rationalisieren, restrukturieren, etc. Auch wirtschaftliche Erfolge von Unternehmen lösen hierorts kaum positive Emotionen aus. Viel interessanter für die Gesellschaft sind die Nebenwirkungen des wirtschaftlichen Erfolgs oder Misserfolges auf ökologischer, sozialer, gesellschaftlicher, ethisch-moralischer, gesundheitlicher oder politischer Ebene. Das Interesse an diesen Themen – im Englischen „Issues" genannt – wächst. Dafür sorgt auch die zunehmende Zahl von Single-Issue-Groups: Umweltschutzorganisationen, Konsumentenschützer oder auch Gewerkschaften, die in bestimmten Bereichen als Emotions-Multiplikatoren fungieren. Weil die Unternehmen selbst diese Themen kaum besetzen, stoßen die Botschaften von Greenpeace & Co. in der Öffentlichkeit und bei Politikern auf Gehör. Die Unternehmen müssen daher den Schritt zum aktiven Management der gesamten Umfeldbeziehungen setzen, um Verständnis für das Unternehmen und sein Handeln zu schaffen, für seine Entscheidungen, seine Möglichkeiten, aber auch seine Verantwortungen und Grenzen.

Die Gesetzmäßigkeiten von Wirtschaft und Politik ändern sich laufend. Vor allem in Zeiten steigender Internationalisierung und Globalisierung ist hohe Flexibilität auf Seiten der Unternehmen erforderlich, um auf neue Issues reagieren und akut auftretende Probleme meistern zu können. Die Techniken, um diese mitunter schwierige Balance zwischen der Aufrechterhaltung guter Arbeitsbeziehungen zu allen relevanten Anspruchsgruppen und der Vertretung der Unternehmensinteressen gegenüber eben diesen Gruppen zu halten sind vielfältig (siehe unten). Das Generalprinzip dabei ist es, dass die Anliegen und Interessen jedes Unternehmens direkte und indirekte Auswirkungen auf viele gesellschaftliche Bereiche haben. Dieser „public policy impact" kann im politischen Bereich ebenso bestehen wie in Sachen Umwelt, Arbeitsplätze oder Verkehrsplanung. Daher kann kein Unternehmen isoliert von Politik und Gesellschaft agieren.

Die Hauptaufgaben der Public Affairs zur Optimierung der Planungssicherheit
- Die Analyse und Pflege der Beziehungen eines Unternehmens zur Gesellschaft, zu politischen Institutionen und zu wissenschaftlichen Institutionen auf nationaler und internationaler Ebene
- Das Ausüben der Rechte sowie das Wahrnehmen der Pflichten eines Unternehmens als „guter Bürger"
- Das Vertreten der Interessen eines Unternehmens beziehungsweise einer Organisation gegenüber Gesetzgebern auf internationaler, nationaler, regionaler und lokaler Ebene
- Die Pflege der Beziehungen zu Behörden oder zu anderen öffentlichen Institutionen, die die unternehmerischen Aktivitäten beeinflussen oder beinträchtigen können
- Die Durchführung aller Aktivitäten, die zum Artikulieren der Interessen eines Unternehmens gegenüber Regierungen, Behörden und Institutionen auf internationaler, nationaler oder regionaler Ebene konzipiert sind
- Die ständige Beobachtung von Entwicklungen im Umfeld des Unternehmens sowie die Formulierung entsprechender Reaktionen und Antworten
- Die Analyse des relevanten Entwicklungsprozesses bei supranationalen Organisationen, die die langfristige Planung eines Unternehmens hinsichtlich der Beziehungen zu finanziellen Institutionen und Verbrauchern sowie die unternehmensinterne Kommunikationspolitik beeinflussen
- Das Handling der Mitwirkung und Mitgliedschaften eines Unternehmens oder einer Organisation in Verbänden auf lokaler, nationaler und internationaler Ebene

In anderen Worten: Die Funktion Public Affairs koordiniert und optimiert sämtliche Außenbeziehungen eines Unternehmens, um die gesetzten wirtschaftlichen, gesellschaftlichen und sozialen Ziele zu erreichen. Public Affairs unterstützt den strategischen Planungsprozess des Unternehmens und seiner operativen Abteilungen. Primär durch die Berücksichtigung der Interessen wichtiger Anspruchsgruppen sowie durch das kontinuierliche Beobachten und Analysieren von relevanten Entscheidungen und Themen der öffentlichen Diskussion. Vor diesem Hintergrund werden jene Themen analysiert, die Auswirkungen auf das wirtschaftliche Ergebnis des Unternehmens haben oder haben könnten.

Public Affairs: Die Außenpolitik des Unternehmens

Public Affairs ist eine Managementfunktion, die sich zur Erreichung ihrer Ziele, der Unterstützung des Unternehmens und der operativen Abteilungen bei der Durchsetzung ihrer wirtschaftlichen Projekte, verschiedener Techniken bedient. Die zur Verfügung stehenden Techniken dieser Außenpolitik eines Unternehmens sind vielfältig und zielen allesamt auf den Interessensausgleich mit den relevanten Anspruchsgruppen ab.

Die wichtigsten Public-Affairs-Techniken im Überblick

- **Government Relations**: Beziehungspflege zu Regierungseinrichtungen auf lokaler, regionaler, überregionaler und internationaler Ebene
- **Regulatory Affairs**: Mitgestaltung an der legislativen und administrativen Gestaltung des relevanten legistischen Unternehmensumfeldes
- **Union Relations**: Management und Pflege der Beziehungen zu den Gewerkschaften
- **Public Interest Group Relations**: Beziehungspflege mit Nicht-Regierungsorganisationen zur Darstellung der Unternehmens-Aktivitäten und Schaffung von gegenseitigem Verständnis
- **Educational Affairs**: Aktive Beteiligung und Mitgestaltung bei Fragen der Ausbildung zur Heranbildung qualifizierter Arbeitskräfte sowie Berücksichtigung von unternehmerischen Anliegen in der Ausbildung
- **Grass-Roots**: Motivation von definierten Gruppen, um im Interesse des Unternehmens tätig zu werden
- **Issues Management**: Aktive Steuerung von gesellschaftlichen, sozialen, politischen oder wirtschaftlichen Themen, um drohende Krisen abzuwenden oder Kapital aus diesen Strömungen zu schlagen

- **Consumer Affairs**: Analyse und Bewertung des Konsumentenverhaltens sowie der Aktivitäten von Konsumentenschutzorganisationen zum Schutz des eigenen Absatzmarktes
- **Environmental Affairs**: Beziehungspflege und Mitgestaltung aller Themen in Bezug auf Umweltschutz, Gewässerschutz und Artenschutz, sofern das Unternehmen davon betroffen ist
- **Community Relations**: Mitgestaltung und aktive Beteiligung in den sozialen, gesellschaftlichen, wirtschaftlichen und politischen Angelegenheiten der Gemeinde, in der das Unternehmen ansässig ist
- **Volunteer Programs**: Mitarbeit des Unternehmens und seiner Mitarbeiter bei gemeinnützigen, sozialen oder karitativen Organisationen
- **Stockholder Relations**: Darstellung der wirtschaftlichen Gebarung, Ziele und Pläne des Unternehmens gegenüber den Aktionären zur Erhaltung des Vertrauens
- **Institutional Investor Relations**: Darstellung des Unternehmens, seiner Ziele und Pläne vor den institutionellen Anlegern, um die Kapitalbasis abzusichern
- **Corporate Advertising**: Einsatz klassischer Werbeinstrumente zur Darstellung der Anliegen und Interessen des Unternehmens
- **Media Relations**: Steuerung der Medienberichterstattung über das Unternehmen, seine Interessen und Anliegen

Unternehmensinterne Organisation von Public Affairs

Obwohl Public Affairs nur indirekt mit dem letztendlichen Produkt oder der Dienstleistung des Unternehmens verbunden ist, trägt es zur gesamten Wertsteigerung und Zielerreichung maßgeblich bei. In Krisenfällen etwa kann Public Affairs den Handlungsspielraum erhalten und das Ansehen bei den Anspruchsgruppen sowie längerfristige Schäden verhindern. Den operativen Abteilungen wie „Marketing" oder „Business Development" kann Public Affairs neue Märkte eröffnen oder Distributionswege sichern. In Kooperation mit „Produktentwicklung" können die Wege zur Produktzulassung geebnet werden. Alle diese Beispiele zeigen, wie der quantifizierbare Beitrag von Public Affairs, der „value for money", berechnet werden kann. Umgekehrt ist es jedoch schwierig, den Wert der durch Public-Affairs-Aktivitäten verhinderten Krisen oder minimierten Schäden zu berechnen. Genau daran liegt jedoch eine der zentralen Aufgaben von Public Affairs.

In der täglichen Arbeit unterstützt und verstärkt Public Affairs die Arbeit der einzelnen Abteilungen. Vor allem der aus der Sammlung von Informationen aus dem Umfeld des Unternehmens über Märkte, politische Entscheidungsfindungen, Trends und Mitbewerber resultierende Input für die Planung und Umsetzung der Ziele wirkt sich auf die Performance aus. Die Unterstützung anderer Unternehmenseinheiten bei der effizienteren und effektiveren Wahrnehmung ihrer jeweiligen Funktionen steigert die wirtschaftlichen Erfolge des Unternehmens. Nachstehende Tabelle gibt einen vereinfachten Überblick über den potenziellen Beitrag von Public Affairs im Sinne von „value added" für einige ausgewählte Abteilungen.

Wie Public Affairs operative Unternehmenseinheiten unterstützt

Abteilung / Geschäftsbereich	Public Affairs-Unterstützung	Ergebnis
Marketing	• Lobbying, um Vorschriften für Produkt-Labels zu ändern • Überwindung von Gate-Keepern • Kritik der Konsumentenschützer reduzieren	• Setzen neuer Standards/ Marktführerschaft • Neue Absatzmöglichkeiten erschließen, Marktanteil erhöhen • Endorsement von kritischen Gruppen • Erhalt von Förderungen, Zuschlag bei Vergaben
Human Ressources / Recruiting	• Corporate Citizenship-Programme • Positionierung als „guter Arbeitgeber"	• Attraktivität als Arbeitgeber • Gutes internes Klima, zufriedene Mitarbeiter mit hoher Produktivität und Engagement
Regulierung / Rechtsdienste	• Unterstützung in Verfahren, Bewilligungen, Zulassungen	• Generierung von Wettbewerbsvorteilen • Abbau von administrativen Hürden
Accounting / Buchhaltung	• Lobbying zur Reduktion des erforderlichen Papieraufwandes	• Papiereinsparung, Zeitgewinn
Produktion	• Lobbying zur Verringerung der Importauflagen für einen Rohstoff • Issues Management, um Marktbedarf für ein Produkt zu schaffen, das bereits in der Pipepline ist	• Günstigere Materialien, weniger Bürokratie • Erster am Markt oder Schaffung eines neuen Marktes

Die zentrale Rolle einer Public-Affairs-Abteilung ist die eines Fensters in die Außenwelt, durch das das Management Veränderungen im Umfeld des Unternehmens wahrnehmen, beobachten und verstehen kann. Gleichzeitig ist es ein Fenster in das Unternehmen hinein, durch das Interessen und Anliegen aus der Umwelt kanalisiert und interpretiert werden. Die Aufrechterhaltung und Steuerung dieser Interessen zum Vorteil des Unternehmens ist mehr oder weniger das Leitbild einer Public-Affairs-Abteilung.

Die Zielsetzung, das unternehmerische Umfeld zum Vorteil der Unternehmensziele mitzugestalten, erfordert politisches Know-how, die Beherrschung von Kommunikationstechniken sowie Erfahrung im Umgang mit politischen Entscheidungsträgern, Interessengruppen und Aktivisten. Kurzum, die Kombination aus Politik und Management. Aus diesem Grund kommen viele Public-Affairs-Beauftragte aus politischen Tätigkeiten, beispielsweise aus den Reihen der Parlaments- und Regierungs-Mitarbeiter. Diese Profis der politischen Kommunikation und des politischen Managements sind ausgewiesene Sachexperten auf ihrem jeweiligen Gebiet, sowohl politisch als auch inhaltlich. Kabinettsmitarbeiter, parlamentarische Referenten oder auch ehemalige Politiker werden daher von Unternehmen und Verbänden intensiv umworben. Sie sind Gewähr dafür, dass ihre Arbeitgeber das politische Umfeld aktiv, seriös und professionell mitgestalten können.

Dementsprechend müssen Public-Affairs-Experten bestimmte Fähigkeiten und Fertigkeiten aufbringen, um dieser Herausforderung gerecht zu werden:

- Umfassendes Kommunikations-Know-how
- Gute Kenntnis über die Arbeits- und Funktionsweise von politischen Parteien, Organisationen, Verbänden und Institutionen
- Wissen und Verständnis dafür, wie politische Themen sich entwickeln und wie Politik und politische Inhalte entwickelt werden
- Detailliertes Wissen darüber, wie Medien und Wahlkämpfe funktionieren

Als interne Service-Organisation ist es die Aufgabe von Public Affairs, den operativen Einheiten einer Organisation bei der Erreichung ihrer wirtschaftlichen Ziele unterstützend zur Seite zu stehen. Folgende Kriterien kommen dabei zur Anwendung:

- Unterstützung der Unternehmensziele sowie der wirtschaftlichen Ziele der einzelnen Unternehmenseinheiten durch geeignete Programme
- Mitgestaltung und Formung der politischen Willensbildung und Entscheidungsfindung sowie der Formulierung der entsprechenden politischen Inhalte als Grundlage für die Erreichung der Unternehmensziele

– Schaffung und Erhaltung eines bestmöglichen politischen Klimas sowie eines entsprechenden gesetzgebenden Umfeldes als Basis für die Implementierung der Business-Pläne

In der notwendigen Vernetzung mit der Unternehmensführung und den operativen Abteilungen übernimmt Public Affairs eine zentrale strategische Rolle:

– Identifizierung und Prioritätensetzung von relevanten Themen der öffentlichen Diskussion für die strategische Planung und die Erstellung der Business-Pläne
– Abschätzung der Entwicklung von politischen und gesellschaftlichen Trends und ihrer potenziellen Auswirkungen auf die Abteilungen
– Mitarbeit an der strategischen Planung des Unternehmens

Eine interne Public-Affairs-Abteilung oder ein Public-Affairs-Experte ist daher nur dann wirkungsvoll, wenn eine enge Kooperation mit den operativen Einheiten etabliert wird, da Public Affairs die Effizienz dieser Abteilungen unterstützen kann und soll (siehe Kapitel 8).

Kapitel 2:
Auf sicherem Terrain – Risikoanalyse, Issues- und Stakeholder-Management

*„Den Krieg gewinnt man nicht am Schlachtfeld,
sondern in der Vorbereitung."*
Carl von Clausewitz

Auf einen Blick

Rund um ein Unternehmen sind diverse Anspruchsgruppen (Stakeholder) angelagert, die bestimmte Eigeninteressen verfolgen. Aus der Kluft zwischen Unternehmensinteressen und den Interessen der Anspruchsgruppen können Issues und Risiken resultieren.

In diesem Kapitel erfahren Sie:

➢ Welche Art von Erwartungen haben Anspruchsgruppen an ein Unternehmen und wie kann ein Abgleich der Erwartungen im Interesse des Unternehmens erzielt werden?

➢ Wie entstehen Issues, welche Lebenszyklen durchlaufen sie und wie können Issues zum Vorteil des Unternehmen gesteuert werden?

➢ Aus welchen Elementen besteht ein effizientes Krisenmanagement?

➢ Wie können „Political Audits" und Umfeldanalysen zur Planungssicherheit beitragen?

Wie navigiert ein Unternehmen möglichst sicher und in Kenntnis möglichst vieler Hürden, Gefahren und Optionen durch sein Umfeld? Die Antwort kann nur darin liegen, zu versuchen dieses Unternehmensumfeld bestmöglich zu kennen und alle Erkenntnisse in eine Art Landkarte einzutragen. Denn erst eine gute Karte macht sicheres Navigieren möglich.

Aus der Finanzwirtschaft ist der Begriff „Audit" im Sinne der externen Überprüfung interner Finanzdaten bekannt und „Umwelt-Audits" sind ein üblicher Fachbegriff, der die Vorgangsweise der Folgenabschätzung eines Projektes beschreibt. Solche Audit-Verfahren, also Verfahren zur Überprüfung und genauen Bestimmung bestimmter Sachverhalte, werden dazu eingesetzt, Sicherheit über teils unbekannte, teils riskante Projektverläufe zu erhalten. Im Bereich der Public Affairs, dem Umfeldmanagement von Unternehmen, wird aus eben diesem Grund daher oftmals der Begriff des „Political Audits" verwendet. Gemeint ist damit die Analyse des gesellschaftspolitischen Umfeldes eines Unternehmens und die Wirkungszusammenhänge zwischen einem Unternehmen und seinem Umfeld. Das folgende

Kapitel beschäftigt sich mit dem Audit des Unternehmensumfeldes. Im Vordergrund steht dabei die Suche nach Antworten auf folgende Fragen mit dem Ziel, die Planungssicherheit zu erhöhen:

Kernfragen des Political Audits für Unternehmen

> **Risiko-Analyse**: Identifikation der Gefahren, Risiken, Unwägbarkeiten und Chancen im Umfeld eines Unternehmens.

> **Stakeholder-Analyse**: Welche gesellschaftlichen Anspruchsgruppen existieren rund um ein Unternehmen und welche Erwartungen haben diese gegenüber dem Unternehmen? Über welche Mächtigkeiten verfügen diese, um das Unternehmen von seinem Ziel abzubringen und wie ist damit umzugehen?

> **Issues-Analyse**: Welche Anliegen bewegen diese Anspruchsgruppen? Welche kritischen Fragen werden sich wie entwickeln, mit welchen Auswirkungen auf das Unternehmen?

> Welche **Prioritätensetzung** in Bezug auf Wirkung und Eintrittswahrscheinlichkeit kann daraus abgeleitet werden?

> **Issues-Management**: Können potenziell gefährliche Issues im Interesse des Unternehmens „umgedreht" werden und welche Issues-Management-Strategie ist daraus zu entwickeln?

> Welche **Methoden der Beobachtung** und des Reportings können eingesetzt werden, um dem Management bessere Entscheidungsgrundlagen an die Hand zu liefern?

In Umlegung dieses Audit-Gedankens für die Zwecke des Public-Affairs-Management wird im Sinne der effizienten Vorbereitung auf entsprechende Aktivitäten von der kontinuierlichen Umfeldanalyse eines Unternehmens gesprochen.

1. Die Grundlagen des Umfeldmanagement

Die Professionalisierung fragt stets: „Wie könnte es besser gemacht werden?" Darin liegt auch der Unterschied zum Amateur-Stil: Der Amateur im Bereich Public Affairs und Lobbying sieht sich einem unüberschaubaren Umfeld ausgeliefert und da die Fertigkeiten der Bewältigung nicht bekannt sind, werden entweder immer die gleichen Bahnen benutzt, oder das Zufallsprinzip ausgewählt. Falsch verstandenes oder amateurhaftes Lobbying geht den einfachen Weg, indem PR-Maßnahmen gesetzt werden oder der befreundete Abgeordnete oder Beamte im Rahmen eines Essens angesprochen wird. Beide Strategien sind nicht dazu angetan, den Herausforderungen aus dem soziopolitischen Umfeld adäquat zu begegnen.

Der professionelle Zugang zum Public-Affairs-Management besteht in der systemischen Umfeldanalyse, in der Managementliteratur auch als „arena analysis" bekannt. Folgende Fragen geben eine erste Übersicht über diese Umfeldanalyse (nach: van Schendelen, 2002):

Grundlage des professionellen Public Affairs-Managements: Arena Analysis		
Kernfrage	Als Vorbereitung zu klären (analysieren)	Für die Umsetzung zu klären (organisieren)
1. Wer agiert?	Unternehmen (intern)	Organisation optimieren
2. Warum?	Risiken und Chancen	Strategieauswahl treffen
3. Wofür?	Handlungsspielräume	Bestimmung der Ziele
4. Gegenüber wem?	relevante Akteure im Umfeld definieren	Kontaktaufbau, Beziehungen herstellen
5. Wo?	Relevanter Bereich	Koalitionen formen
6. An welchem Inhalt?	Issues, Entscheidungen	Verhandeln, Abgleich
7. Wann?	Zeitachse & Entwicklung	Terminisierung
8. Wie?	Methoden, Techniken	Lobbying, etc.
9. Mit welchem Ergebnis?	Prozesse evaluieren	Learnings ableiten

Geleitet von diesen Fragen – und den entsprechenden Antworten darauf – beginnt die Umfeldanalyse im Public-Affairs-Management. Diese Analyse erlaubt es, themenbezogen Befürworter und Gegner zu identifizieren, die genaue Interessenslage zu klären und die relevante Zeitachse zu bestimmen.

Die dabei zum Einsatz kommenden Techniken entstammen den Sozialwissenschaften und werden für die speziellen Anforderungen des Public-Affairs-Management kombiniert zum Einsatz gebracht. Im Wesentlichen sind das:

– **Issues-Analyse**: Wird seit den 1960er Jahren im Bereich des Studiums der Entwicklung von politischen Inhalten entwickelt („policy studies"). Hier interessiert, wie sich Themen über einen Zeitverlauf entwickeln.

– **Stakeholder-Analyse**: Seit den 1980er Jahren in den USA entwickelt, primär als Studium des Verhaltens jener Gruppen und Personen, die das eigene Handeln beeinflussen können oder vom eigenen Handeln beeinflusst werden. Hier interessiert deren (entgegengesetztes) Interesse beziehungsweise deren Möglichkeit, die Beziehung zu den Entscheidungsträgern zu stören.

– **Umfeldanalyse (arena analysis)** ist die integrative Analyse beider vorheriger Techniken: das Umfeld des Unternehmen besteht aus der virtuellen Zusammenstellung aller relevanter Stakeholder, inklusive der Entscheidungsträger und deren Interessen am bestimmten Thema zu einem gegebenen Zeitpunkt.

– **Ergänzende Faktoren der Umfeldanalyse**: die jeweilige Zeitachse der Entscheidung beziehungsweise der Entwicklung eines Issues und die – meist volatile – Begrenzung des Umfeldes.

Die Umfeldanalyse geht im professionellen Public-Affairs-Management jedweder Aktivität in Richtung Ausübung von Einfluss voraus. In anderen Worten: die Risikoanalyse muss vor der Umsetzung von umfeldgestalterischen Maßnahmen durchgeführt werden. Diese Vorarbeiten der Beschreibung und Analyse sind zeitintensiv und mitunter auch ressourcenintensiv. Sie geben jedoch jedenfalls deutlich mehr Sicherheit als die vom Zufall und mangelnder Information bestimmten Vorgangsweisen.

Die Bereiche der Umfeldanalyse im Überblick

Stakeholder-Analyse: Inventur über alle Stakeholder am Thema und Bestimmung ihrer jeweiligen Relevanz. Idealerweise erfolgt die Analyse anhand der Kriterien „aktiv-passiv" und „stark-schwach". Des Weiteren werden die Mächtigkeiten bestimmt, da diese deren Einflusspotenzial beschreiben.

Issues-Analyse: Jeder Stakeholder wird von seinen eigenen Interessen bestimmt. Diese Interessen sind meist bewusst gewählte Positionen betreffend möglicher Entwicklungsszenarien. Solche Positionen stellen immer eine Balance zwischen Einstellungen und Werten auf der einen Seite und wahrgenommenen Fakten und Informationen auf der anderen Seite dar.

Zeit-Analyse: Der formale Ablauf der Entscheidung oder der Thematik bestimmt gemeinsam mit den informellen Prozessen den tatsächlichen Verlauf.

Umfeld-Grenzen: Das durch diesen Analyseprozess bestimmte Unternehmensumfeld gehorcht keinen fixen Grenzen. Jeder Stakeholder kann seinerseits weitere, vorher unberücksichtige Stakeholder, auf den Plan rufen. Das perfekte, umfassende und verlässliche eingegrenzte Unternehmensumfeld ist nicht darstellbar. Auf Basis der Umfeldanalyse muss eine möglichst probate, begründete Einschätzung als Arbeitsgrundlage reichen.

Die Umfeldanalyse bietet die Grundlage für das Umfeldmanagement, als das sich Public-Affairs-Management versteht. Idealtypisch resultieren aus einer solchen Analyse Informationen jener Qualität, die ein besseres Einschätzen der Faktoren sowie des eigenen Handlungsspielraumes ermöglichen.

Umfeldmanagement auf Basis einer Umfeldanalyse: Bestimmung der Handlungsspielräume			
Ist das Umfeld	**Günstig**	**Ungünstig**	**Unbestimmbar**
Dann heißt das für den Handlungsspielraum bei:			
General-Strategie	Status quo halten	Situation verändern	Einzelne Faktoren beeinflussen
Stakeholder-Management	Unterstützung sichern	Unentschiedene ansprechen; Gegner weiter trennen	Verhandeln; Argumentation durch Information
Issues-Management	Thema vorantreiben; andere Themen blockieren	Issue verändern; Verluste kompensieren	Issue zum Positiven verändern
Beeinflussung der Entscheidungsfindung	Tempo steigern	Verzögern	Abwarten
Management des Umfeldes (Grenzen)	Innerhalb der Grenzen halten	Umfeld erweitern, Grenzen ausdehnen	Abwarten

2. Stakeholder-Analyse und Stakeholder-Management

Wirtschaft, politische Institutionen und andere Segmente der Gesellschaft sind in höchstem Grade interaktive Subsysteme einer Gesellschaft. Kaum eine Aktivität eines Unternehmens bleibt ohne Auswirkung auf die Gesellschaft und kaum eine politische Entscheidung ist ohne Wirkung auf die Wirtschaft. Diese Wechselbeziehungen und gegenseitigen Abhängigkeiten bilden das Umfeld, in dem Unternehmen agieren. Vielfach gehen Unternehmen davon aus, dass sie mit anderen Teilen der Gesellschaft ausschließlich über den Marktplatz von Produkten, Kapital und Human Ressources in Verbindung stehen. Doch diese Sichtweise wird von der Realität ad absurdum geführt. Zu vielfältig sind die gegenseitigen Einflüsse, Abhängigkeiten und Zusammenhänge abseits der linearen Beziehung über Produkte oder Dienstleistungen. Wirtschaft, Politik und Gesellschaft sind interaktive soziale Systeme. Aktivitäten einer Gruppe (zum Beispiel: Politik) haben unweigerlich Auswirkungen auf andere Gruppen (zum Beispiel: Unternehmen) sowie auf die Gesellschaft an sich. Gegenseitig werden Interessen beansprucht und Anliegen kommuniziert, wobei das wechselseitige Abwägen, ob diese berücksichtigt werden können und sollen, alle Entscheidungen und Handlungen beeinflusst.

Der traditionelle Begriff „Zielgruppen" umschreibt die Summe jener Personen, an die bestimmte Informationen kanalisiert werden sollen. Diese Bezeichnung greift ebenso wie die Bezeichnung Dialoggruppe daher in der umfassenden Betrachtung des Unternehmensumfeldes zu kurz. Was für ein Unternehmen praktische Relevanz hat, sind die Interessen, Aktivitäten und Erwartungen sowie die Antworten und Reaktionen jener Gruppen, die für die Zielerreichung des Unternehmens wichtig sind. Die Bezeichnung „Stakeholder" antizipiert dieses Prinzip und setzt von Vornherein auf die Berücksichtung der Interessen und Anliegen spezieller Gruppen: Interessen, bei denen Überschneidungen mit der Interessenslage des Unternehmens bestehen, und Anliegen von jenen Gruppen, deren Meinung oder Aktionspotenzial für das Wirken des Unternehmen entscheidend ist. Deutlicher gesagt: Public Affairs nimmt die Interessenslage der gesellschaftlichen Gruppen vorweg und richtet sowohl die Kommunikation als auch die Handlung des Unternehmens daran aus.

Im Umfeld eines Unternehmen agieren verschiedenste Bezugsgruppen, die sowohl sich gegenseitig als auch das Unternehmen beeinflussen und voneinander abhängen. Im Hinblick auf ein effektives Umfeldmanagement ist es daher unerlässlich, über die Erwartungen, Ansprüche und Interessen, die an ein Unternehmen herangetragen werden, Bescheid zu wissen. Ohne diese Informationen werden wissentlich blinde Flecken, so genannte „blind spots", in Kauf genommen. Denn nur die Kenntnis der bestehenden Erwartungshaltungen macht adäquate Reaktionen darauf möglich. Ein solches aktives Stakeholder-Management baut vertrauensvolle Beziehungen zu den Anspruchsgruppen auf und kann damit einen Beitrag zum Unternehmensvermögen leisten.

Der Begriff „Stakeholder", der seine Wurzeln bei „Stockholder" (Anteilseigner) hat, wurde erstmals 1963 in einem internen Papier des Stanford Research Institute angeführt und hat sich seit damals weiterentwickelt.

> "**Stakeholder** bezeichnet Individuen oder Gruppen, die bei der Erreichung ihrer spezifischen Zielsetzungen von einem Unternehmen abhängig sind und von denen gleichzeitig das Unternehmen bei seiner Zielerreichung abhängig ist. " (Rhenman 1968 in Göbel, 1992)

Nicht berücksichtigt wurde in dieser, eine direkte Abhängigkeit postulierenden Definition, dass es sehr wohl Anspruchsgruppen mit großem Einfluss gibt, bei denen keine gegenseitige Abhängigkeit existiert. Daher kristallisierte sich im Laufe der Zeit folgende Beschreibung heraus:

> „Unter Stakeholder sind Individuen oder Gruppen zu verstehen, die die Zielerreichung eines Unternehmens beeinflussen können oder

die im Zuge der Zielerreichung durch das Unternehmen beeinflusst werden." (Post, 1999)

Die Interaktionen eines Unternehmens mit den für sie relevanten gesellschaftlichen Gruppen sind vielfältig. Die primären Berührungspunkte eines Unternehmens mit der Gesellschaft sind in jenen Bereichen zu finden, die die Hauptausrichtung des Unternehmens betreffen – also die Mittel und Wege des Produktionsprozesses. Damit ist in erster Linie der Verkaufsmarkt betroffen sowie die gesamte Kette an Vorproduzenten, Zulieferern, Großhandel, Händlern, Mitarbeitern und Investoren und alle daran angebundenen Interessen. Diese primären Involvierungen mit Schlüsselgruppen definieren die Unternehmensstrategie, die Entscheidungsgrundlagen der Unternehmensführung und damit die wirtschaftliche Basis des Unternehmens. Daher werden diese Gruppierungen auch als „primary stakeholders" (primäre Stakeholder) bezeichnet: Kunden, Zulieferer, Mitarbeiter und Investoren sind von entscheidender Bedeutung für die Existenz eines Unternehmens, seine Aktivitäten und Erfolge. In Abhängigkeit vom Einflusspotenzial auf die Unternehmenstätigkeit spricht man von primären und sekundären Stakeholdern.

Bei der Kategorisierung von Stakeholdern sind im Kern also zwei Bereiche zu unterscheiden: Der eine Bereich beinhaltet jene Anspruchsgruppen, die zum **Transaktionsumfeld** (transactional environment) des Unternehmens gehören und auch als primäre Stakeholder bezeichnet werden. Dazu gehören Gruppen, wie Auftraggeber, Banken, Mitarbeiter oder Grundeigentümer, die mit dem Unternehmen in einer geschäftlichen Beziehung stehen. Innerhalb des Transaktionsumfeldes existieren vor allem „funktionale Beziehungen" zwischen den Stakeholdern und dem Unternehmen, die auch als Lieferbeziehungen bezeichnet werden können. Sie bestehen mit jenen Stakeholdern, die über die Märkte verbunden sind und ihre Beziehung daher entweder über den Output des Unternehmens oder ihren Input in das Unternehmen definieren.

Der zweite Bereich beinhaltet jene Anspruchsgruppen, die zum so genannten **Kontextumfeld** (contextual environment) des Unternehmens zählen. Diese Anspruchsgruppen des Kontextumfelds, auch sekundäre Stakeholder genannt, sind mit dem Unternehmen nicht direkt über den Produkt-, Dienstleistungs-, Arbeitskräfte- oder Kapitalmarkt verbunden. Dazu zählen die Politik, Medien oder Interessensvertretungen. Diese Gruppen verfügen selbst über keine Marktmacht. Ihnen stehen aber andere Möglichkeiten der Einflussnahme offen. Das Kontextumfeld „prüft" das Unternehmen nach breit akzeptierten oder allgemein verbindlichen Maßstäben. Innerhalb dieses Kontextumfeldes gibt es drei Beziehungsebenen zwischen Anspruchsgruppen und Unternehmen: „Ermächtigende Beziehungen" bestehen mit externen Gruppen, die über Macht als Kapitalgeber, Gesetzgeber, Verwaltungsbehörde, Gericht oder Exekutivorgan verfügen. Mit den

Gruppen, zu denen eine „normative Beziehung" besteht, verbindet ein Unternehmen gemeinsame Werte, Interessen oder Probleme. Als „diffus" werden die all jene Beziehungen bezeichnet, die nicht auf formalen Kriterien beruhen und daher relativ instabil sind. Sollten die Gruppen, zu denen eine solche Beziehung besteht, im Zusammenhang mit einem Issue Ansprüche stellen, werden sie versuchen ihre Interessen gemeinsam mit oder durch eine ermächtigende, funktionale oder normative Beziehung durchzusetzen: zum Beispiel mit Appellen an die Politik, Boykott, Blockade oder Druck auf eine ganze Branche.

Das Verbindungs- oder Linkage-Modell (nach: Grunig, Hunt, 1984) liefert ein Konzept und Denkmodell, um diesen Akteursrahmen, innerhalb dessen ein Unternehmen agiert, zu strukturieren. (Grafik aus: Stempkowski/Jodl/Kovar, 2003)

Kategorien von Anspruchsgruppen

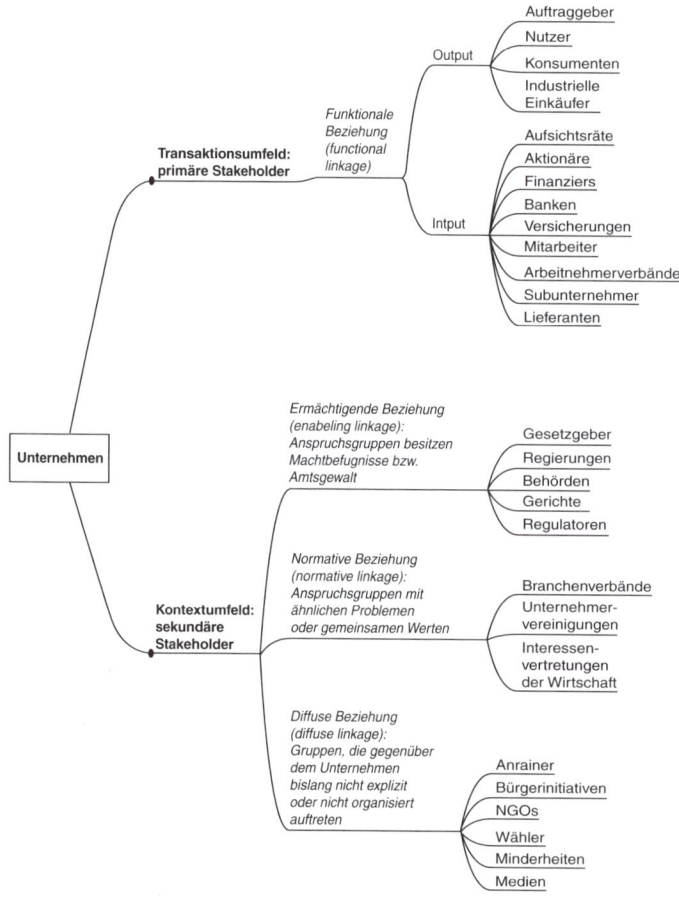

Im Detail lassen sich primäre und sekundäre Stakeholder hinsichtlich ihrer Mächtigkeiten und Potenziale wie folgt beschreiben:

➢ **Primäre Stakeholder**

Primäre Stakeholder sind jene Individuen oder Gruppen, die unmittelbaren Einfluss auf die Erfüllung des Unternehmensgegenstandes haben. Daher finden diese Wechselbeziehungen im Marktumfeld statt und umfassen in erster Linie Konsumenten, Lieferanten, Mitarbeiter und Investoren.

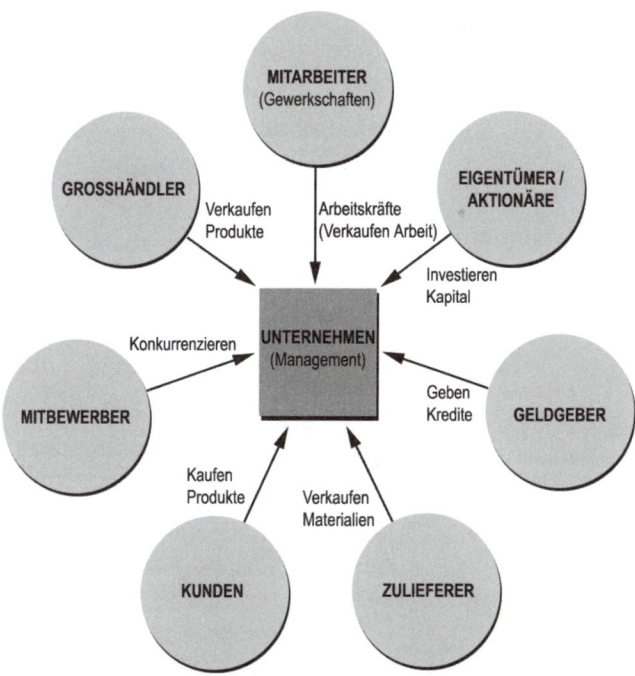

Abbildung: Die Beziehung eines Unternehmens zu primären Stakeholdern (Köppl, 2000)

➢ **Sekundäre Stakeholder**

Wie die Unternehmensrealität zeigt, gehen die Umfeld-Beziehungen jedoch weit über diesen kleinen Kreis der „primary stakeholder" hinaus. Oftmals sind es gerade jene gesellschaftlichen Gruppen, die den Unternehmensgegenstand eigentlich nicht direkt berühren, die ein Unternehmen massiv beeinflussen können – etwa Regierungsinstitutionen, Konsumentenschützer, einzelne Politiker, Mitbewerber, Fachverbände oder andere Interessenverbände. Als „secondary stakeholder" oder sekundäre Stakeholder werden daher Personen und Gruppierungen bezeichnet, die von den ursächlichen Entscheidungen und Aktivitäten des Unternehmens indirekt betroffen sind.

Logischerweise zählen zu den sekundären Stakeholdern daher jene Gruppen und Individuen, die über den Kreis der primären hinausgehen und nicht notwendigerweise über den Markt angebunden sind. „Sekundär" heißt in diesem Fall aber keineswegs, dass diese Anspruchsgruppen nur zweitrangig im Sinne von „weniger wichtig" wären. Es bedeutet vielmehr, dass die Anliegen dieser Gruppen als Folge der primären Unternehmenstätigkeit entstehen. Im Vordergrund stehen dabei die relevanten Teile aus Politik und Gesellschaft, wie Regierungsinstitutionen, Nichtregierungsinstitutionen (NGOs), Medien, etc.

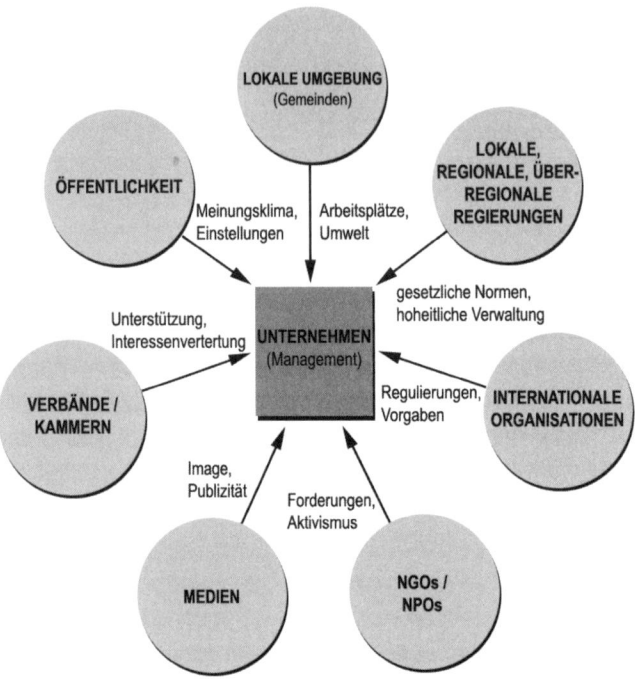

Abbildung: Die Beziehung eines Unternehmens zu seinen sekundären Stakeholdern (Köppl, 2000)

Die Grenze zwischen den primären und sekundären Stakeholdern ist nicht immer eindeutig zu ziehen. So kann eine Gruppe für das Unternehmen an sich ein primärer Stakeholder sein, agiert jedoch bei einem speziellen Projekt in der Bedeutung einer primären Anspruchsgruppe. Das Stakeholder-Prinzip geht von einem interaktiven Modell der Beziehungen zwischen Unternehmen und Gesellschaft aus, wonach alle Entscheidungen und Aktivitäten eines Unternehmens sowohl die Interessen der Anspruchsgruppen als auch die eigenen wirtschaftliche Interessen berücksichtigen müssen, um erfolgreich zu sein.

In der Regel treten sekundäre Stakeholder mit ihren Interessen und Erwartungen, ausgelöst durch Entscheidungen oder Handlungen von Unternehmen, in Erscheinung. Obwohl sie existent sind, sind sie nicht a priori aktiv, sondern werden erst durch bestimmte Handlungen aktiviert. Der humorvoll gemeinte Einsatz von buddhistischen Mönchen in der Werbung des Fast-Food-Giganten McDonald's rief eine nicht gerade kleine buddhistische Religionsgemeinschaft in Deutschland und Österreich auf den Plan, die die Verletzung ihrer religiösen Gefühle beklagte. Der Spot wurde zurückgezogen und die aus einem konkreten Anlass aktiv gewordene sekundäre Stakeholder-Gruppe zog sich wieder zurück. Manche Telekommunikations- und IT-Unternehmen haben sich gewundert, warum gerade die Gewerkschaften sehr sensibel auf Teleworking-Produkte reagierten. Sie hatten das legitime Interesse dieses Stakeholders außer Acht gelassen, wonach ein Mehr an Telearbeitsplätzen das Versammlungs- und damit Mobilisierungspotenzial der Gewerkschaften nachhaltig beeinträchtigen würde.

Die Macht der Stakeholder

Ohne Mächtigkeiten und Sanktionspotenziale wäre die Existenz und das Wirken der verschiedenen Stakeholder wohl nur mittelmäßig interessant. Gerade die Macht der Stakeholder wird allerdings zu oft unterschätzt, oder – noch gefährlicher – ignoriert.

Prinzipiell sind drei Bereiche potenzieller Machtausübung von Stakeholder-Gruppen zu unterscheiden: die Macht der Stimmen, die ökonomische Macht und die politische Macht. Inhaber von Aktien haben ein Stimmrecht, dass im Falle der Nichteinhaltung von Erwartungen auch gegen die Unternehmensinteressen eingesetzt werden kann. Aber auch gewerkschaftlich organisierte Mitarbeiter können von ihrem Stimmrecht Gebrauch machen und gegen Pläne des Unternehmens aktiv werden. Die ökonomische Macht kommt primär Zulieferern, Händlern und Konsumenten zu und reicht von der Weigerung, Vorprodukte wegen Verstößen gegen bestimmte Anliegen zu liefern, bis hin zum Kauf-Boykott durch Konsumenten. Politische Macht schließlich beschreibt das institutionelle Vermögen und die lobbyistischen Fähigkeiten über die Initiierung politischer Entscheidungen auf ein Unternehmen einzuwirken. Manche Gruppen verfügen über eine Kombination dieser Potenziale, andere finden leicht Unterstützung von Seiten der Massenmedien und wieder andere bringen mächtige internationale, religiöse oder ideelle Kräfte ins Spiel. In jedem Fall können behauptete subjektive Interessen durchaus machtvoll und damit objektivierend an eine Organisation von ihren Stakeholdern herangetragen werden.

Schließen sich diverse Stakeholder-Gruppen zusammen und gehen damit über ein singuläres, regionales oder monokausales Interesse hinaus, ist meist ohnehin Feuer am Dach. Vor allem international agierende Unternehmen haben im Zuge der Anti-Globalisierungs-Welle verstärkt die geballte Macht multinational vernetzter Umweltschutzorganisationen und Aktivistengruppen verspürt. Spätestens auf dieser Ebene haben von juristischen oder logischen Überlegungen getriebene Aktionen keinen Geltungsanspruch mehr. Es geht nicht mehr darum, ob es sich um berechtigte Interessen handelt oder nur um subjektiv bedeutungsvolle. Der Boykott der Konsumenten, die internationale Medienöffentlichkeit sowie Politiker und aufgebrachte „Bürger" wollen Antworten sehen – rasch, ehrlich und ohne Ausreden. Die Macht der Stakeholder, gegen das Unternehmen gerichtet, kann verheerend sein.

Mit Macht ist in diesem Zusammenhang die Fähigkeit gemeint, Ressourcen so einzusetzen, dass sie ein bestimmtes Ereignis oder Ergebnis herbeiführen. Und zwar in dem Sinne, dass eigene Interessen der Anspruchsgruppe gegenüber dem Unternehmen durchgesetzt oder artikuliert werden. Grundsätzlich lassen sich drei Arten von Mächtigkeit unterscheiden, die allerdings in der Praxis kombiniert auftreten:

➢ **Die Macht der Stimmen**

Sie bezieht sich zum einen auf das Stimmrecht, die typische Sanktionsmöglichkeit von Stockholdern (Aktionären). Zum anderen – und weil unterschätzt meist mindestens ebenso wirksam – kann „die Stimme erheben" auch das Mobilisierungspotenzial einer Anspruchsgruppe bezeichnen. Beispielsweise eine Petition von politischen Entscheidungsträgern, um etwas zu erreichen, der Aufmarsch einer Gewerkschaft oder die Unterschriftenliste der Anrainer. Alle diese „Stimmen" können die Unternehmensführung und die Zielerreichung beeinflussen.

➢ **Die wirtschaftliche Macht**

Konsumenten, Lieferanten und Händler verfügen über wirtschaftliche Macht, wenn sie Lieferungen zurückhalten, Produkte nicht listen oder boykottieren, weil das Unternehmen bestimmte Erwartungen nicht erfüllt. Diese wirtschaftliche Macht kann sich aber auch über den Besitzstand von Anspruchsgruppen äußern: etwa wenn Stakeholder im Besitz von Massenmedien sind und dadurch Druck ausüben, sich Heerscharen an Anwälten leisten, um auf diesem Weg ihr Interesse durchzusetzen oder durch den Ankauf von benachbarten Grundstücken die Realisierung eines Projektes verhindern.

➢ **Politische Macht**

Politische Macht haben nicht nur Parteien und Politiker oder Regierungen im Rahmen der Gesetzgebung. Politische Macht heißt auch, über politischen Einfluss zu verfügen, politische Repräsentanten oder Wähler für die eigenen Anliegen mobilisieren zu können, politisch-administrative und gesetzliche Entscheidungen zum eigenen Vorteil – und damit zum Nachteil des Unternehmens – beeinflussen zu können.

Diese Kategorisierung soll bei der Einschätzung des Unternehmensumfeldes und der Mächtigkeiten der relevanten Stakeholder helfen. In der Praxis ist meist mit einer Kombination aller Facetten zu rechnen, nämlich dann, wenn mehrere Anspruchsgruppen sich zu Interessenskoalitionen gruppieren. Solche Solidarisierungsaktionen treten dann in Erscheinung, wenn Anspruchsgruppen in einer bestimmten Angelegenheit einen spezifischen Aspekt gemeinsam vertreten.

Wie funktioniert Stakeholder-Management?

Kein Unternehmen kann sich seine Stakeholder aussuchen. Im Gegenteil, je nach Interessenlage und Erwartungen agieren diese Gruppen aktiv oder passiv im Unternehmensumfeld. Zusätzlich zur Gewinnorientierung und den ökonomischen Überlegungen muss ein Unternehmen die Interessen und Anliegen seiner Kunden, Zulieferer, Mitarbeiter, Eigentümer, Geldgeber und Anrainer, der Gewerkschaft, der politischen Institutionen und anderer Interessengruppen berücksichtigen und in die strategischen Überlegungen einplanen, um erfolgreich zu sein. Einfacher gesagt, gute Management-Entscheidungen beachten die Auswirkungen und Folgen der Entscheidungen – pro und contra – auf die Personen und Gruppen, die davon betroffen sind.

Es gibt viele Beispiele der Nichtbeachtung von Stakeholder-Interessen durch ein Unternehmen. Die mangelnde Berücksichtung der Erwartungen und Anliegen von wichtigen Gruppierungen basiert meist auf unternehmerischer Arroganz nach dem Motto „Ein einzelner unzufriedener Kunde oder Politiker schadet nicht". Nicht selten kommt diese Fehlkalkulation dem Unternehmen teuer zu stehen. Der einzige Weg, ein Kraftwerk, eine Straße oder eine Mobilfunk-Sendeanlage zu bauen, ist, mit der betroffenen Gemeinde und den individuellen, sich darum gruppierenden Interessen zusammenzuarbeiten. Die Anliegen der Anrainer ernst zu nehmen und zu kanalisieren, die Wünsche der politischen Entscheidungsträger vorwegzunehmen, auf Ängste und Bedenken ehrlich zu reagieren und in den Aufbau einer vertrauensvollen Beziehung mit allen Stakeholdern zu investieren. Der verführerisch-einfache alternative Weg, nämlich in falsch verstandenem „hoheitlichen" Stil auch gegen den Willen von Anrainern, Wissenschaftlern und lokalen Politikern, Projekte zu realisieren, ist meist zum Scheitern verurteilt.

Das aktive Management des Stakeholder-Netzwerkes kann ein wettbewerbsbestimmender Faktor für das Unternehmen sein. Die Unterstützung der Unternehmensziele durch diverse gesellschaftliche Gruppen, die Fürsprache einzelner Politiker sowie das Einvernehmen mit Umweltschützern und Anrainern sind schlussendlich Erfolgsfaktoren jedes Unternehmens. Entweder mit Gewalt gegen die Stakeholder, oder mit Strategie und Geschick gemeinsam mit ihnen – das ist eine Managemententscheidung, deren Aufbereitung Aufgabe der Public Affairs ist. Kein Unternehmen agiert in einem sozialen oder politischen Vakuum, das Stakeholder-Netzwerk ist das gesellschaftliche Netz, das das Unternehmen trägt.

Für eine erste Einschätzung des Machtpotenzials der relevanten Stakeholder kann die folgende modellhafte Matrix dienen. Abhängig vom jeweiligen Projekt lassen sich daraus Abschätzungen über Kooperationsmöglichkeiten und Gefahrenpotenziale erstellen. Diese Bewertungen können allerdings nur dann realistisch vorgenommen werden, wenn ausreichend Informationen über die Gruppen, ihre Interessen und Akteure vorliegen.

Stakeholder-Matrix der Mächtigkeiten

(typische) Stakeholder	Kategorien des Macht- und Reaktionspotenzials (1 bis 5: 1 = geringer Einfluss, 5= hoher Einfluss)					
	Zugang zu den Medien	Zugang zu politischen Entscheidern	Einfluss auf Zielerreichung	Bisherige Erfolge bei ähnlichen Issues	Art der Reaktion (+/-/0)	Summe
Mitarbeiter						
Kunden						
Eigentümer						
Mitbewerber						
Lieferanten						
Medien						
Wissenschaft						
Regierung						
Verbände						
Politiker						
Parteien						
Anrainer						
Behörden						
Gewerkschaften						

Alle Stakeholder sind generell in der Lage, sich rasch zu gruppieren, machtvoll und laut ihre behaupteten Rechte einzufordern und damit zum Teil großen Schaden anzurichten. Natürlich sind nicht alle vorgebrachten Anliegen von Relevanz für mehr als nur einige Personen. Dennoch ist es von Fall zu Fall riskant, leichtfertig über solche Anliegen hinwegzusehen.

Von essentieller Bedeutung sind dabei die Erwartungen der Stakeholder gegenüber dem Unternehmen. Erwartungen, wie sich ein Unternehmen aus deren Sicht idealerweise verhalten sollte. Konsumenten mit Affinität zum Tierschutz erwarten, dass bei der Herstellung eines Produktes keine Tiere zu Schaden kommen. Mitarbeiter erwarten, dass ihre Gesundheit am Arbeitsplatz nicht aufs Spiel gesetzt wird. Patienten erwarten von Krankenhäusern, dass sie dieses wieder gesund verlassen und in der Zwischenzeit bestmöglich versorgt werden. Politiker erwarten von Unternehmen punktuell Verschiedenes, in jedem Fall aber ernst genommen zu werden. Aus all diesen Erwartungshaltungen können Aspekte entstehen, die zu einer Kluft zwischen den Erwartungen und den tatsächlichen Handlungen führen, dem so genannten „expectation gap". Vom Geschick der Public-Affairs-Manager hängt es ab, zeitgerecht solche Erwartungen und Anliegen zu identifizieren und darauf zu reagieren. Wird dem nicht Genüge getan, kann es zur Artikulation des empfundenen Missfallens kommen: zum Boykott der Produkte, zum Streik oder zu medialer Skandalisierung des behaupteten Fehlverhaltens.

Den Interessen der Stakeholder kann nur mit einer strategischen Vorgangsweise begegnet werden. Das verlangt nach vorausschauender Planung, dem Verständnis, was für die relevanten Stakeholder von Bedeutung ist und der Analyse von Konfliktpotenzialen und Kooperationsoptionen. Optimal und langfristig ausgeführt, entsteht daraus ein interaktives Netzwerk des Unternehmens und seiner Stakeholder – in dessen Mittelpunkt allerdings das Unternehmen selbst steht und damit die Aktivitäten weitgehend selbst bestimmen kann.

3. Issues-Analyse und Issues-Management

„There can't be a crisis next week. My schedule is already full."
Henry Kissinger

Issues-Management wurde in den 1970er Jahren als Reaktions- und Frühwarnsystem von Unternehmen gegenüber dem Umfeld entwickelt. Issues-Management ist mehr als das subjektive Einschätzen, ob bestimmte Themen und Fragestellungen der öffentlichen Diskussion für ein Unternehmen relevant sind oder nicht. In den vergangenen drei Jahrzehnten ist ein Managementsystem entwickelt worden, das eine profunde Handhabe solcher Issues ermöglicht.

Ein **Issue** ist ein kritischer Aspekt, eine Problematik beziehungsweise ein Interessenskonflikt. **Issues-Management** ist eine Methodik zur Erkennung und Steuerung jener kritischen Fragen, die aus der Überschneidung der Interessen des Unternehmens und der Interessen seiner Stakeholder resultieren. (Köppl, 2000)

Unternehmen haben kaum Kontrolle über die von Stakeholdern betriebenen und gesteuerten Themen. Einfacher zu analysieren sind jene Stakeholder-Interessen, die direkte Auswirkung auf den Handlungsspielraum eines Unternehmens haben. Unternehmen sehen sich immer wieder mit Issues-Kampagnen konfrontiert, die nur mehr ein reaktives Verhalten erlauben. Zum Beispiel „Stop Esso (Exxon)" oder „Brent Spa" von Greenpeace oder Anti-Gentechnik-Aktivitäten von Nichtregierungsorganisationen. Wichtig dabei ist es zu verstehen, dass solche Issues-Kampagnen, also Aktivitäten, die sich rund um eine konkrete Problematik manifestieren, nicht aus dem Nichts entstehen, sondern geplant und gemacht sind. Deshalb ist es für Unternehmen wichtig, die relevanten Issues zu erkennen, ihre Dynamik zu verstehen und damit in der Lage zu sein, nicht panisch, sondern strategisch an die Herausforderung heranzugehen.

Was Issues Management vor diesem Hintergrund zu leisten vermag, lässt sich aus den unterschiedlichen Ansätzen und Modellen als Zielkatalog wie folgt ableiten:

> Verbesserung der Erkennung und Analyse jener Aspekte, die in der Schnittmenge zwischen Unternehmensinteressen und Stakeholder-Interessen liegen.

> Unterstützung der strategischen Unternehmens- und Projekt-Planung durch Kenntnis der wichtigen Interessen und Konfliktpotenziale, denen das Unternehmen ausgesetzt ist.

> Steigerung der Mitgestaltungsmöglichkeiten eines Unternehmens bei soziopolitischen Fragen mit Relevanz für das Unternehmen.

Der Ausgangspunkt bei Issues ist die Erwartungen der Stakeholder gegenüber dem Unternehmen. Erwartungen, wie sich ein Unternehmen aus der Sicht der Stakeholder verhalten sollte. Es handelt sich dabei meist um eine wenig trennscharfe Mischung aus Meinungen, Einstellungen und Informationen. Aus dieser Erwartungshaltung und der tatsächlichen Aktivität eines Unternehmens entsteht eine Kluft. Manifestiert sich diese Kluft zwischen Erwartungen und Handlungen, ist der Entwicklungsverlauf eines Issues in Richtung Eskalation meist nur mehr eine Frage der Zeit. Vereinfacht dargestellt, folgt ein Issue nachstehendem Lebenszyklus:

Phase 1: *Enttäuschte Erwartungen*
Entweder einmalig oder wiederholt, wovon die Intensität des Widerstandes abhängt. Ein Politiker etwa erwartet von einem Unternehmen, dass es seinen Vorgaben oder Aufforderungen folgt.

Phase 2: *Politisierung/Deutung*
Erfolgt entweder, weil sich das Issue durch ähnliche Erfahrungen bei mehreren Stakeholdern manifestiert, oder weil

sich ein Politiker oder eine Partei oder eine Organisation der Frage annimmt, diese überhöht und perpetuiert. Spätestens auf dieser Ebene wird der Frage von Seiten der Stakeholder eine bestimmte Deutung mitgegeben.

Phase 3: *Mediatisierung*
Dadurch wird das Thema rasch zu einem öffentlich-relevanten Thema, da es einen Promotor gefunden hat, der die Frage auch noch personalisiert.

Phase 4: *Lösungssuche*
Durch die mediale, wissenschaftliche und politische Befassung mit dem Thema werden Ideen lanciert, die eine „Lösung" in den Raum stellen oder realisieren. Zum Beispiel: Verbot, gesetzliche Regelung, politische Intervention, Gründung einer NGO, etc.

Diese Stufen eines Issues-Lebenszyklus haben durchgehend Bestand: selbst die gesellschaftlich umstrittensten Themen haben ihren Ursprung in kleinen, meist lokal begrenzten, enttäuschten Erwartungshaltungen. So entstanden auf diesem Wege aus lokal agierenden Bürgerinitiativen in den 1970er Jahren, die sich gegen Infrastrukturprojekte und den Bau von Kraftwerken aussprachen, im deutschsprachigen Raum die Parteien der Grünen.

Die nachstehende Grafik zeigt, aus welchen Komponenten sich ein für das Unternehmen relevantes Issues zusammensetzt. Alle diese Komponenten bestimmen die Ausprägung eines Issues. (Liebl, 2000, Seite 57)

Entstehung und Entwicklung von Issues

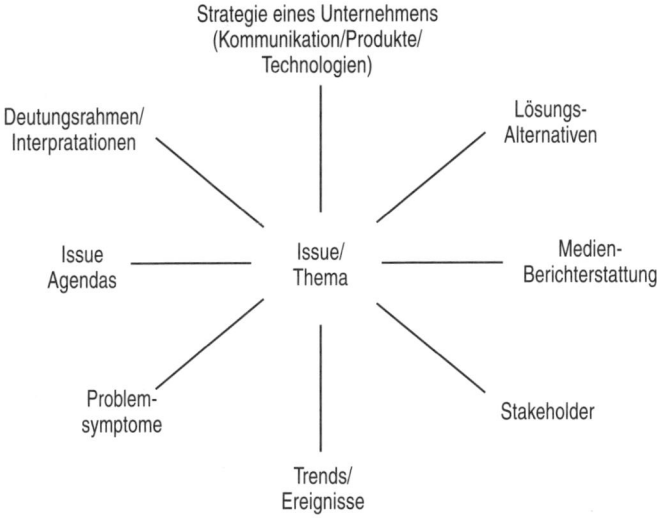

Egal ob sich Konsumentenschützer scheinbar plötzlich für ein Unternehmen interessieren, politische Entscheidungsträger sich in Unternehmensentscheidungen einbringen oder Medien eine „Kampagne" gegen ein Unternehmen lancieren – hinter all diesen Aspekten stecken zumeist enttäuschte Erwartungen gekoppelt mit dem Willen des jeweiligen Stakeholders, sein Interesse in dieser kritischen Frage durchzusetzen. Die vorherrschende Reaktion von Unternehmen ist meist eine reaktive, die nicht selten sehr rasch in krisenähnliche Situationen abgleitet. Unternehmen können jedoch solche Issues fast ausschließlich am Beginn mitformen. Die Beobachtung und Analyse der Entstehung solcher Themen sind daher als Issues-Management zentrale Funktionen von Public Affairs. Wie Issues als Brennpunkte unterschiedlicher Interessen entstehen und von welchen primären Faktoren sie dabei bestimmt werden, veranschaulicht nachstehende Darstellung. (Liebl, 2000, Seite 31)

Das Issue: Brennpunkt vielfältiger Interessen

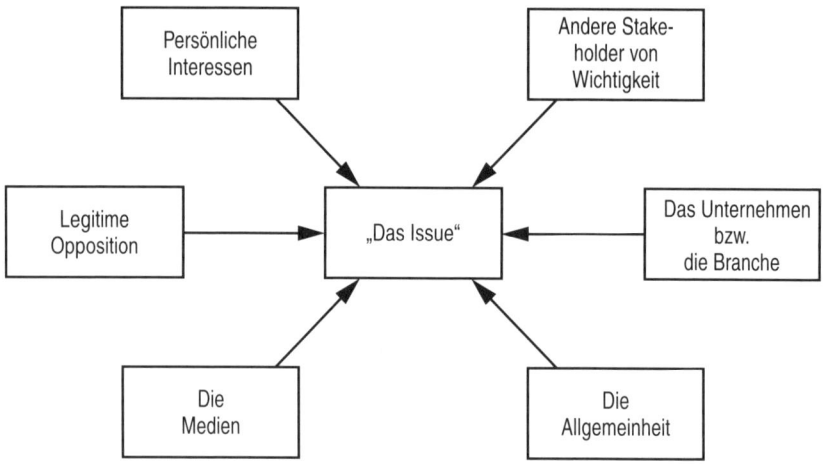

Zeichnen der Issues-Landkarte

Um Issues steuern zu können, müssen diese zuerst erkannt und auf ihre potenzielle Wirkung sowie Entwicklungswahrscheinlichkeit hin eingeschätzt werden. Ähnlich wie bei der Stakeholder-Analyse folgt die Analyse der für das Unternehmen wichtigen Issues durch eine schrittweise Abklärung verschiedener Dimensionen. Folgende Darstellung bietet einen ersten Überblick über die wesentlichen Elemente eines Issues, die ein Unternehmen kennen muss:

Elemente der Evaluierung von Issues	
Dimensionen	*Beschreibung*
Gefahr	Der Grad der Gefahr, der von einem Issue für das Unternehmen ausgeht. Gefahr ist dabei eine Funktion von Auswirkung und Eintrittswahrscheinlichkeit.
Auswirkung	Der Grad des Schadens, den ein Issue für ein Unternehmen bedeuten kann. Dieser Schaden kann entweder direkter wirtschaftlicher Natur sein oder indirekter Natur, in Form von Schäden an der Unternehmensreputation.
Wahrscheinlichkeit	Jedes Issue nimmt einen bestimmten Entwicklungsverlauf. Hier geht es um die Wahrscheinlichkeit, dass ein Issue einen bestimmten bedrohlichen Verlauf nimmt und zusätzliche Aufmerksamkeit oder Aktivität seitens des Unternehmens verlangt.
Externe Legitimität	Der Grad der Bedeutung und Legitimität, den das Issue von Stakeholder-Gruppen oder der Öffentlichkeit zuerkannt bekommt.
Steuerungskapazität	Die Möglichkeit des Unternehmens, strukturell und organisatorisch, den Entwicklungsverlauf des Issues zu beeinflussen.
Nähe	Die Möglichkeit des Unternehmens, den Verlauf des Issues durch Beeinflussung von Stakeholdern zu bestimmen.
Vernetzung	Der Grad der Vernetzung, der von einem Issue unter den Stakeholdern ausgeht.

Vorschnelle Einschätzungen über diese Faktoren können zu falschen Annahmen führen und sollten daher vermieden werden. Doch wie ist eine Landkarte der wichtigen Issues eines Unternehmens zu zeichnen? Eine systematische Herangehensweise bietet der Prozess „issues scanning – issues identification – issues monitoring – issues analysis – priority setting" an. Ausgehend von den Stakeholdern eines Unternehmens werden deren Interessen und zentrale Inhalte analysiert und aufgezeichnet („issues scanning"). In Abhängigkeit von den unternehmenseigenen Zielsetzungen und Projektzielen werden anschließend die Überschneidungen und potenziellen Widersprüche zwischen externen Erwartungen und eigenen Vorhaben aufgelistet. Daraus leiten sich direkt jene Aspekte ab, die in Folge als „kritische", weil relevante Issues beobachtet werden müssen („issues identification"). Diese Issues sind danach in ihrem Verlauf, ihrer Ausprägung, ihrer Akzeptanz bei anderen Stakeholdern und ihrer inhaltlichen Entwicklung kontinuierlich zu beobachten („issues monitoring"). Parallel dazu lohnt es sich, diese Issues einer detaillierten Untersuchung zu unterziehen: Welche Entwicklungsverläufe könnte das Issue nehmen? In Abhängigkeit von welchen Faktoren, Personen oder externen Umständen? Genau untersucht werden in diesem Schritt auch die konkreten potenziellen Auswirkungen auf den Handlungsspielraum und die Zielerreichung des Unternehmens. Dabei kann auch externes Expertenwissen hinzugezogen werden, etwa durch Studien, Befragungen oder durch die Befassung von Think-tanks und den Vergleich zu ähnlich gelagerten Aspekten („issues analysis"). Jetzt muss die Prioritätensetzung erfolgen, die in Abstimmung mit den Business- beziehungsweise Projektplänen erfolgt – denn kein Unternehmen ist in der Lage, alle Issues gleichermaßen zu behandeln („priority setting"). Eine Gefahr in der Praxis liegt darin, dass Unternehmen nach diesem Prozess der Prioritätensetzung damit aufhören, alle anderen Issues weiterhin zu beobachten. Es hängt von der Qualität des „issues Monitorings" ab, ob frühzeitig zu erkennen, welche Problematiken welche Karriere nehmen, und dadurch mitunter die Prioritätensetzung wieder umzustoßen ist. Diese Issues-Analyse bietet ausreichend Wissen, sich der tatsächlichen Beeinflussung der relevanten Issues anzunehmen.

Bei all diesen Issues ist für die Beeinflussung durch ein Unternehmen eine weitere Kategorisierung vorzunehmen, die die Prioritätensetzung steuern sollte. Prinzipiell ist dabei zwischen drei Wirkungsebenen von Issues zu unterscheiden:

> ➢ Issues, die in jedem Fall eine kritische, eklatante Auswirkung auf das Unternehmen haben werden („critical issues"),
> ➢ Issues, die eventuell den Handlungsspielraum des Unternehmens beeinflussen könnten („tangential issues"),
> ➢ Issues, aus denen sich für das Unternehmen Kapital schlagen lässt („lateral issues").

„Critical issues" sind Existenzfragen für ein Unternehmen, Aspekte, die den wirtschaftlichen Erfolg massiv und direkt beeinflussen. Laterale und tangentiale Issues können eventuell für das Unternehmen von Interesse sein, sind jedoch nicht unmittelbar an die Existenz und den Erfolg gebunden. Beide verdienen Aufmerksamkeit, haben jedoch nicht erste Priorität. Auf kritische Issues muss in jedem Fall unmittelbar und direkt reagiert werden. Alle anderen Facetten sind zu analysieren und zu beobachten, speziell im Hinblick darauf, an welchem Wendepunkt Vorteile für das Unternehmen abgeleitet werden können.

Techniken des Issues-Management

Zu oft wird der Fehler gemacht, ein gerade „trendiges" Thema zu besetzen, ohne vorher zu überlegen, was es konkret bringen kann. Andererseits scheint die Vielfalt der Themen unter den Stakeholdern und in der öffentlichen Diskussion auch nach eingehender Analyse zu breit, um effizientes Agieren zu ermöglichen. Auch die Argumentation der spezifischen Issues durch die Stakeholder erscheint vielen Unternehmen unangebracht. Meist werden nämlich wirtschaftliche Vorwürfe mit moralisch-ethischen Standards verknüpft und entziehen sich damit einer klaren Prioritätensetzung. Oftmals wird deshalb fälschlich einem Issue vom Unternehmen keine Bedeutung zugemessen, weil es „moralisierend daherkommt". Darin liegt jedoch eine immense Gefahr, da die Mehrheit der Stakeholder-Issues – nochmals: es handelt sich um eine Kluft aus Erwartungen und tatsächlichen Handlungen – sogenannte „ecomoral issues" sind, also eine Vermengung aus wirtschaftlichen und moralisch-ethischen Argumentationsbausteinen. Diese kritischen Aspekte mit Bedrohungspotenzial als „moralisierend" abzuqualifizieren, heißt zumindest die Deutungsmacht aus der Hand zu geben und öffnet die Türen zu möglichen Krisen.

Dahinter steckt ein klares Prinzip: Stakeholder setzen ihre Mächtigkeiten ein, wenn sie ein Issue betreiben. Und sie wissen daher um die Möglichkeiten der Politisierung und der Nutzung der massenmedialen Darstellungsmethodik Bescheid. Deshalb wird ein Politiker, der einem Unternehmen „Fehlverhalten" bei Frühpensionierungen vorwirft, ebenso Fakten mit moralischen Anschuldigungen gegen die Unternehmensführung koppeln, wie eine Umweltschutzorganisation technisch-naturwissenschaftliche Argumente gemeinsam mit „Verschwendung von Steuergeldern" oder „gesellschaftlich unwürdigem Verhalten" ins Treffen führt. Auch Medien, die Vorgänge in Unternehmen skandalisieren wollen, vermischen daher fast immer beide Argumentationsstränge – wohl wissentlich, dass Unternehmen stets versuchen werden, die faktischen Komponenten richtig zu stellen und die moralischen Aspekte zurückzuweisen. Selten gelingt beides gleich erfolgreich, meist bleibt eine Komponente unbefriedigt beantwortet. Damit hat der entsprechende Stakeholder bereits einen ersten Erfolg.

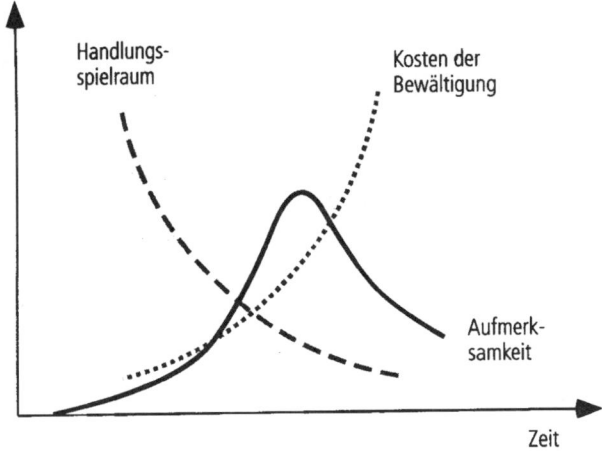

Obige Grafik zeigt, welchen Verlauf ein Issue in aller Regel nimmt. (Liebl, 2000, Seite 22) Wesentlich dabei ist die Erkenntnis, dass linear mit der Höhe der Aufmerksamkeit für ein Issue der Handlungsspielraum für das Unternehmen sinkt, während der Aufwand für die Bewältigung steigt. Das bedeutet, dass ein Unternehmen jedenfalls danach trachten sollte, seine relevanten Issues möglichst frühzeitig in der Entwicklung zu beeinflussen und damit die Deutungsmacht auszuüben.

Nach der Analyse und Einschätzung aller relevanten Dimensionen eines Issues erfolgt die Planung einer entsprechenden Strategie zur Beeinflussung des Issues. Erster Schritt dabei ist die Wahl der Optionen – hier muss in Abklärung der Kapazitäten und Ressourcen des Unternehmens die Frage erörtert werden, wie ein Issue zu beeinflussen ist, um drohende Schäden zu minimieren oder potenzielle Chancen zu maximieren. Darauf aufbauend wird ein Aktivitätenprogramm erstellt, das bestimmt, wie mit dem Issue verfahren wird. Neben vielen anderen strategischen Möglichkeiten, sind vor allem die nachstehend dargestellten die in der Praxis am erfolgversprechendsten:

Strategie-Optionen des Issues-Managements

➤ Änderung der Zielsetzung des Unternehmens oder Projekts

➤ Beeinflussung jener Stakeholder, die das Issue betreiben, um sie von ihrem Interesse abzubringen

➤ Beeinflussung anderer Stakeholder, um eine Front gegen das Thema aufzubauen

➤ Aktiver Gang an die Öffentlichkeit, um die Entwicklung selbst zu bestimmen

➤ (wissenschaftliche, juristische) Aufbereitung des Themas, um eine Wende in der Befassung mit dem Issue einzuleiten

➤ „Erstschlag-Strategie": Offenlegung der eigenen Ziele und des Widerspruchs mit Stakeholder-Interessen beziehungsweise Präsentation einer entsprechenden Exit-Strategie

Je nach Dimension, Verlauf und öffentlicher Bedeutung eines Issues können diverse Instrumente zur Beeinflussung eingesetzt werden. Dazu gehören unter anderem:

- Lobbying
- Errichtung von Interessenkoalitionen
- Medienarbeit
- Erstellung von wissenschaftlichen Studien und Umfragen
- Dialog-Veranstaltungen, Diskussionen, Experten-Gespräche
- Werbung
- Etc.

Exkurs: Krisenmanagement

Es gibt kein Patentrezept, wie mit Krisen am besten umzugehen ist. Jede Krise ist einzigartig. Auswirkungen, Reaktionen von Stakeholdern und die Fähigkeit eines Unternehmens, im Ernstfall Schadensbegrenzung betreiben zu können, sind nicht planbar. Issues-Management kann allerdings einerseits helfen, die Entstehung von Krisen zu vermeiden, und andererseits sind aus der Issues-Analyse und dem Issues-Management Prinzipien abzuleiten, um in Krisen bestehen zu können.

Wer Krisenmanagement mit Krisenkommunikation verwechselt, versteht den Verlauf und die indirekte Wirkung einer Krise nicht. Krisenmanagement ist der Prozess, der die Erhaltung des Handlungsspielraumes eines Unternehmens kurz- und mittelfristig organisiert. Eine Krise ist ein signifikantes Risiko für den wirtschaftlichen Bestand, die Reputation und die Glaubwürdigkeit eines Unternehmens. Die Gefahr liegt nicht nur im unmittelbaren Management einer Krise, sondern in der Fähigkeit der Unternehmensführung, den Unternehmensgegenstand weiterzuführen. Die Beziehungen zu den Kunden, den Mitarbeitern, dem Finanzmarkt, den politischen Entscheidungsträgern und anderen Stakeholdern stehen dabei auf dem Prüfstand. Im Krisenfall steht damit letztlich die Existenz des Unternehmens auf dem Spiel – die Fehlertoleranz ist dabei äußerst gering.

Oftmals werden Situationen als Krisen bezeichnet, deren zentrale Aspekte sich über längere Zeit aufbauen. In diesen Situationen ist allerdings kein Krisen-, sondern Issues-Management gefragt.

Fast jede Krise folgt vier prinzipiellen Charakteristiken, die jedem potenziell Betroffenen vorab bewusst sein sollten:

1. *Überraschung*: Die zentrale und bestimmende Charakteristik einer Krise ist der überraschende Eintritt. Die Organisation ist auf den Vorfall nicht vorbereitet, „es" passiert meist ohne Vorwarnung und die betroffenen Stakeholder sowie die Öffentlichkeit erwarten vom Unternehmen eine sofortige Reaktion.

2. *Informationsmangel*: Krisensituationen erfordern rasche Handlungen, wofür jedoch meist die notwendigen Informationen fehlen. Der Druck, rasche Entscheidungen auf Basis nicht ausreichender Informationen zu fällen, ist groß und birgt Gefahr.

3. *Eskalation*: Eine Krise wartet nicht, bis das Unternehmen dafür bereit ist. Krisen verlaufen meist als Verkettung von Ereignissen, deren Anzahl und Komplexität von Stufe zu Stufe zunimmt.

4. *Öffentlichkeit*: Während einer Krise beobachten die Stakeholder und die Öffentlichkeit jeden Schritt des Unternehmens besonders

genau. Im Krisenfall findet alles im Scheinwerferlicht der medialen Öffentlichkeit statt und ist damit unmittelbarer Kritik ausgesetzt.

Die folgende Checkliste des Krisenmanagements bildet keine allgemeingültigen Regeln ab, sondern soll als Leitfaden für den Umgang mit Krisensituationen dienen.

Checkliste Krisenmanagement

➤ *Handlungsspielraum erhalten*: Das erste Opfer einer Krise ist der Handlungsspielraum des Unternehmens und der Unternehmensführung, daher gilt ihm die erste Priorität. Erhalt des Handlungsspielraums durch Einsatz von Hierarchien, Selbstbestimmung kritischer Milestones wie öffentliche Aussagen, externe Unterstützung, Weiterführung des Geschäftsgegenstandes wo möglich, etc.

➤ *Definition des wahren Problems*: Was ist das wirkliche Problem? Welche Lösung wäre optimal, welche ist ideal, welche ist passend?

➤ *Ziele setzen und Strategien daraus ableiten*: Speziell in der Krise muss das vorwärts orientierte Handeln realisiert werden: Was wollen wir als nächstes erreichen? Wie wollen wir von den Stakeholdern wahrgenommen werden? Welche Ressourcen benötigen wir, um morgen unseren Aufgaben nachkommen zu können?

➤ *Informationsströme steuern*: Konsistenz der Aussagen ist im Krisenfall von besonderer Bedeutung, ein Hin und Her der Statements erweckt den Eindruck, die Krise nicht im Griff zu haben. Message Control stützt die Glaubwürdigkeit. Generell sollten alle Informationstechnologien auf ihre Einsetzbarkeit geprüft werden (Statements per E-Mail oder eigene Webseite, etc.).

➤ *Krisenmanagement ist Teamarbeit*: Ein Team zur Bearbeitung aller relevanten Aspekte bürgt für ein Höchstmaß an Steuerungsmöglichkeiten. Der Sprecher für eine Krisensituation sollte dabei nicht unbedingt aus der Unternehmensleitung kommen – es braucht schließlich jemanden für die „good news".

➤ *Vorbereitung auf den Worst Case*: Krisen haben das Potenzial, an Dramatik noch zuzunehmen. Die Versuchung zu glauben, dass die Krise rasch wieder vorbeigeht, ist ebenso verführerisch wie trügerisch, die Einstellung auf den Worst Case daher essentiell.

➤ *Deeskalation vorbereiten*: Ebenso wie die Vorbereitung auf den Worst Case ist auch die Vorbereitung auf die Deeskalation wichtig. Zentral dabei ist es, Geschwindigkeit und Druck durch die Bestimmung des Faktors Zeit herauszunehmen und Handlungsspielraum zu beweisen.

> ➤ *Nachbearbeitung von Krisen*: Von Beginn an mitplanen, wie die Krise nachbearbeitet werden kann – Berichte, Reports, mediale Darstellung, etc. Im Fokus steht dabei die Reputation des Unternehmens und seiner Leitung.
>
> ➤ *Nicht aufgeben*! So schlimm eine Krise auch sein mag, sie zerstört selten das gesamte Unternehmen. Gutes Management im Sinne von „Leadership" ist das Um und Auf in Krisensituationen und auch der Garant für die Fortführung des Unternehmensgegenstandes.

4. Risikoanalyse und Risikomanagement

Die Grundbedingung für das Erarbeiten einer Strategie und der Planung effizienter taktischer Schritte ist die Etablierung einer jeweils ausreichenden Informationssicherheit. Diese beruht auf dem relevanten faktischen Wissen, der Evaluierung aller für die Einschätzung notwendigen Informationen und darauf aufbauend der Gewichtung dieser Faktoren. Umfassende Informationssicherheit kann dabei nur selten erzielt werden, allerdings ist allen Fragen der Public Affairs das Streben nach einem möglichst hohen Grad an Informationssicherheit Garant für das Gelingen der geplanten Schritte. Dem Herstellen eines möglichst hohen Grads an Informationssicherheit kommt daher in allen Belangen der Public Affairs hohe Bedeutung zu. Gerüchte, Annahmen und darauf basierende Einschätzungen und Interpretationen sind keine ausreichende Begründung für Strategie und Taktik.

Zur dargestellten Umfeldanalyse über Stakeholder- und Issues-Analyse gehört weiters der Aspekt der Risikoanalyse. In der Bauwirtschaft sowie der Finanzwissenschaft sind entsprechende Maßnahmen der Risikoanalyse und der Herstellung von Informationssicherheit bekannt.

Alle Wirtschaftsunternehmen sind heute geprägt vom scharfen Wettbewerb, der zu immer geringeren Gewinnspannen führt. Aufgrund der Tatsache, dass der Faktor Kostensicherheit in der Planung und Umsetzung eine Notwendigkeit ist, versuchen Unternehmen tendenziell, die bestehenden Risiken zu überwälzen. Jedoch werden Risiken, insbesondere Risiken aus dem soziopolitischen Umfeld häufig als nicht steuerbar angesehen, ihre Wahrscheinlichkeit oder Auswirkungen werden unterschätzt und daher meist unkontrolliert in Kauf genommen. Da jedoch Interventionen aus dem Umfeld eines Unternehmens in seine komplexen wirtschaftlichen und technischen Vorhaben zum Regelfall werden, ist dieser Zugang zum Risiko nicht haltbar. Die Fragestellung an das Public-Affairs-Management lautet daher: Wie kann der Umgang mit Risiken optimiert werden, ohne einzig auf subjektiven Schätzungen zu beruhen? Das systematische Risikomanagement mit der Einteilung der Risiken in Vermeiden, Reduzieren, Überwälzen oder Tragen kann dabei Abhilfe schaffen.

Was ist ein Risiko?

Obwohl bei genauer Betrachtung Risiken sowohl Bedrohungen als auch Chancen beinhalten, existiert eine generelle Tendenz in Unternehmen, sich nicht mit den Umfeldrisiken zu beschäftigen. Die daraus entstehenden Defizite können mehrere Ursachen haben: Meist werden aufgrund der Komplexität des politischen und gesellschaftlichen Umfelds die Rahmenbedingungen und Risiken a priori für nicht handhabbar gehalten. So sind die getroffenen Annahmen meist ungenau und subjektiv und die Auswirkung der Umfeldrisiken werden tendenziell unterschätzt. In Krisensituationen wird daher der Handlungsspielraum auch nur willkürlich geschätzt.

Risiken sind Abweichungen vom angestrebten Ziel – sowohl im Sinne von Bedrohungen als auch im Sinne von Chancen. Diese internen und externen Risiken sind primär zu erkennen und zu bewerten, um sie handhaben zu können. Ein erster Schritt besteht in der Kategorisierung der möglichen Risiken, mit denen sich ein Unternehmen konfrontiert sehen kann.

Kategorisierung von Risiken
- ➢ Unternehmensrisiko oder Projektrisiko
- ➢ Unternehmensinterne oder externe Risiken
- ➢ Politische und gesellschaftliche Risiken: politische, administrative, regulatorische und legistische Entscheidungen, wie Änderung der rechtlichen Rahmenbedingungen, Interventionen, Interessenskoalitionen, Kritik, Rechtstreitigkeiten, Konflikte, Kampagnen gegen das Unternehmen, etc.
- ➢ Weitere Risiken bestehen in Unternehmensaktivitäten, die Reaktionen aus dem Umfeld nach sich ziehen können: unter anderem Anlagen-, Investitions-, Beschäftigungs-, Standortrisiko, finanzielle Situation des Unternehmens, strategische Unternehmensentwicklung, Naturereignisse, Marktrisiken, wirtschaftliche und volkswirtschaftliche Entwicklung

Die anhand dieses Schemas kategorisierten potenziellen Risiken sind in einem nächsten Schritt realistisch zu bewerten. Folgende drei Aspekte zeigen sich dabei in der Praxis als relevant:

- ➢ Auswirkungen des Risikos auf Kosten und Abläufe (Ausmaß der Verzögerungen, Zeitgewinn)
- ➢ Eintrittswahrscheinlichkeit des Risikos
- ➢ Fristigkeit des Eintritts (kurz-, mittel-, langfristig)

Speziell von technikorientierten Unternehmen ist zu lernen, dass eine grundsätzliche Überlegung, wie mit Risiken umgegangen wird, bereits ein erster Schritt in Richtung Risikomanagement ist. Daher stellt eine Risikopolitik im Sinne einer grundsätzlichen Unternehmensentscheidung, welche Art des Risikomanagements etabliert wird, eine wichtige Messgröße dar. In jedem Fall ist eine bewusste Entscheidung deutlich besser dazu angetan, die tatsächlichen Risiken zu steuern, als etwa risikoaverses Verhalten – das Management von Risiken wird abgelehnt –, risikopenibles Verhalten – volle Kontrolle, daher gibt es keine Risiken, aber auch keine Chancen – und risikoignorantes Verhalten – unbeherrschbare Auswirkungen werden in Kauf genommen – an den Tag zu legen.

Grundzüge des Risikomanagements

Die primäre Tätigkeit besteht darin, die Risiken zu erkennen. Dazu ist entweder eine Top-down-Strategie einzusetzen, also die Identifikation von Risiken beginnend vom Gesamtvorhaben und stufenweise abbauend bis zur Projektebene, oder eine Bottom-up-Strategie, die die möglichen Planabweichungen bei der Untersuchung einzelner Prozesse aufnimmt. In der Praxis wird meist eine kombinierte Methode ausgeführt, um mögliche Blind-Spots zu verhindern.

Das Screening der Risiken – also der Chancen und Bedrohungen – folgt dabei den Gesichtspunkten des Public-Affairs-Managements, nämlich der Beeinflussung des Unternehmensumfeldes zum Vorteil des Unternehmens. Diese Vorgangsweise fragt: Welche Chancen können genutzt werden? Welche Bedrohungen müssen abgewendet werden? Welche Veränderungen können eintreten? Welche Veränderungen sollen angestrebt werden?

Die Stellräder eines Unternehmens bewegen sich dabei entlang der bereits vorgenommenen Kategorisierung der Risiken:

➢ Welche politischen, administrativen, regulatorischen und legistischen Entscheidungen stellen eine Bedrohung dar oder sind zu verändern, weil sie Barrieren errichten, Auflagen und Belastungen mit sich bringen? Wie können Begünstigungen oder Förderungen herbeigeführt werden?

➢ Was bedeutet eine Änderung der rechtlichen Rahmenbedingungen für den Unternehmensgegenstand? Soll die Initiative vom Unternehmen ausgehen?

➢ Welche Wirkungen können Interventionen in innerbetriebliche Entscheidungen nach sich ziehen? Etwa Interessenskoalitionen, Kritik, Rechtsstreitigkeiten oder Konflikte?

> Welche Bedrohungen oder Chancen bestehen hinsichtlich der Veränderungen der Wettbewerbsfähigkeit auf den vier Märkten (Kapital, Arbeitskräfte, Produkte, Politik)?
> Welche Wettbewerbsvorteile könnten aus der Nutzung spezieller Veränderungen resultieren?

Zum Erkennen und zur Analyse der Umfeldrisiken wird ein Bündel an Methoden angewendet, die das Bild der Umfeldanalyse abrunden. Im Wesentlichen ist dies eine Ergänzung zur bereits beschriebenen Stakeholder- und Issues-Analyse.

Methoden der Risikoanalyse (kombinierter Einsatz)

> Stakeholder- und Issues-Analyse: Identifikation und Bewertung der relevanten Issues und Stakeholder eines Unternehmens oder Projektes. Untersucht wird, welche politischen Themen für das Projekt relevant sind und ob das Projekt für wesentliche Anspruchsgruppen von Belang ist
> Analyse des politischen und gesellschaftlichen Umfeldes sowie der relevanten politischen Prozesse: Untersucht werden Situation und Dynamik, Meinungsbildungs- und Entscheidungsfindungsprozesse auf allen relevanten politischen Ebenen
> Experten- und Mitarbeiterbefragungen, oder Diskussionen mit erfahrenen Mitarbeitern und externen Beratern zur Erkennung der Risiken
> Dokumentenanalyse: Analyse von Unterlagen (Berichte) gleichartiger Vorhaben
> Analyse anhand des Organisationsplans beziehungsweise des Projektstrukturplans: Identifikation von Risiken durch Analyse der Aufbauorganisation (Koordinationsmängel, Vertraulichkeitsrisiken) und der einzelnen Vorgänge
> Projektbegleitende Risikoidentifikation: auch im Zuge der Umsetzung eines Projektes können sich Risiken ändern und neue hinzukommen

Daran anschließend wird die Bewertung der Risiken vorgenommen. Entweder im Rahmen der qualitativen – beschreibenden – oder der quantitativen Analyse. Die beschreibende Bewertung konzentriert sich auf die Auswirkungen auf Kosten und Abläufe, die Eintrittswahrscheinlichkeit und die Fristigkeit des Eintritts. Die quantitative Bewertung erfasst die potenziellen Kosten- und Zeitüberschreitungen, definiert den Einfluss einzelner Parameter auf eine Zielgröße und analysiert die Auswirkung der Veränderung der Parameter auf das Ereignis.

Trotz der Komplexität dieser Vorgangsweise ist der direkte Nutzen einer Risikoanalyse im Bereich des Public-Affairs-Managements unumstritten. Der wirtschaftliche Nutzen von Maßnahmen des Risikomanagements liegt im ein- bis zweistelligen Prozentbereich der Kosten eines Vorhabens und kann im Extremfall auch die Projektkosten übersteigen, während die Kosten der relevanten Gegenmaßnahmen erfahrungsgemäß im Promille-Bereich der Projektkosten liegen.

Die operativen Möglichkeiten des Risikomanagements

➤ Risiko-Vermeidung: treffen von Sicherungsmaßnahmen
➤ Risiko-Verminderung: Planung von Termin- und Leistungsreserven, Controlling- und Frühwarnsysteme, Untersuchungen
➤ Risiko-Überwälzung: Möglichkeiten der Risikoüberwälzung auf andere Wirtschaftseinheiten
➤ Risiko-Teilung: teilweise Überwälzung
➤ Selbstbehalt: Akzeptanz der Höhe des Risikos hängt von der Risikobereitschaft ab

Kapitel 3:
Government Relations – Holt die Politik ins Unternehmen!

„Es besteht der weitverbreitete Irrtum, dass es für Unternehmen verwerflich sei, Gesetzgebungen in ihrem Sinne zu beeinflussen. (...) Nichts wäre aber unklüger, als seine Existenz zu verschleiern oder seine Interessen zu leugnen."

Henry Ford, Gründer der Ford Motor Company

Auf einen Blick

Tragfähige Arbeitsbeziehungen mit den relevanten politischen Entscheidungsträgern sind eine notwendige Voraussetzung für die Durchsetzung von Interessen. Entgegen landläufiger Meinung ist die Politik für den Input aus der Wirtschaft offen.

In diesem Kapitel erfahren Sie:
➢ Warum ist die Politik der wichtigste Markt für jedes Unternehmen?
➢ Was erwarten politische Entscheidungsträger von einem Unternehmen?
➢ Wie kann Government Relations effizient betrieben werden?
➢ Welcher Nutzen kann aus Netzwerken gezogen werden?

Sollen sich Unternehmen überhaupt mit Politik beschäftigen? Oder stimmt es nicht doch, dass wenn ein Unternehmen versucht, nicht mit der Politik in Berührung zu kommen, dann auch die Politik das Unternehmen unberührt lässt? Andererseits zeigt der ansteigende politische Pluralismus und der für viele schmerzhafte Übergang von der Konsens- zur Konflikt-Demokratie, dass eine aktive Mitgestaltung des politischen Unternehmensumfeldes geradezu ein Muss ist.

Die Politik ist der wichtigste Markt jedes Unternehmens. Daran führt kein Weg vorbei. Denn die Politik ist es, die mittels Auflagen, Verordnungen, Gesetzen und Entscheidungen das gesamte Handeln eines Unternehmens bestimmt. Vom Arbeits- und Sozialrecht über Produkthaftungsbestimmungen bis hin zur Preisgestaltung – jeder unternehmerische Bereich wird von politischen Entscheidungen geregelt. Letztlich bestimmt die Politik – von lokaler bis internationaler Ebene – über Existenz und Erfolg von Unternehmen.

Die Politik ist der wichtigste Markt

Es wird als legitim und als Selbstverständlichkeit erachtet, dass sich Wirtschaftsunternehmen in der vorwärts und rückwärts gerichteten Wertschöpfungskette für ihre Interessen engagieren und einbringen – von der „purchasing policy", also der Einkaufspolitik, bis hin zum Ausbildungsbereich, um die erforderlichen Arbeitskräfte in der notwendigen Qualifikation zu gewährleisten. Das alles gehört zur Unternehmenspolitik. Mit welcher Berechtigung soll ein Unternehmen daher seine legitimen Interessen gegenüber der Politik nicht artikulieren? Welche betriebswirtschaftliche Logik soll begründen, warum genau jener Markt, dessen Ausgestaltung und Dynamik das Unternehmen in allen Fasern direkt oder indirekt betrifft, nicht aktiv bearbeitet werden soll? Es gibt keine logische oder vernünftige Erklärung für unternehmerische Passivität gegenüber der Politik.

Was für die aktive Mitgestaltung an politischen Prozessen spricht:

➢ Es besteht keinerlei Sicherheit, dass die unmittelbaren Interessen eines Unternehmens durch einen Verband oder eine Kammer vertreten werden.

➢ Es besteht keine Garantie, dass die Politik schon von sich aus die Anliegen eines Unternehmens berücksichtigen wird.

➢ Die direkten wirtschaftlichen Auswirkungen einer politischen Entscheidung können bekanntlich von teuren Auflagen bis zum Ende einer Branche reichen.

➢ Politische Entscheidungsträger sind in ihrer Arbeit de facto auf den Input aus der Wirtschaft angewiesen, um Fehlentscheidungen zu verhindern.

Und dennoch: Auf der Tagesordnung stehen Frustration oder Wehklagen von Wirtschaftskapitänen, weil ihnen eine politische Entscheidung nicht passt. Verbände sind rasch mit kleinen oder größeren Demonstrationen zugegen, um gegen ein soeben verabschiedetes Gesetz zu protestieren. Drohungen in Richtung Politik und Rücktrittsaufforderungen folgen meist auf den Fuß. Die Antwort der angesprochenen Politik, die durch dieses Vorgehen erst recht dazu gezwungen wird, ihre Entscheidung zu verteidigen, lautet dann: Wo waren Sie denn vorher? Der Entscheidungsfindungsprozess begann schließlich nicht erst gestern. Wie sollen wir Ihre Interessen berücksichtigen, wenn wir diese nicht kennen? Sollen wir, die Politik, vielleicht alle Unternehmen einzeln bitten, uns ihre Anliegen vorzubringen?

Politik ist damit, um eine gängige Kategorisierung des Marketings zu verwenden, ein zentraler Markt jeder Organisation. Gegen die Mechanismen und die Funktionsweisen dieses Marktes geht nichts, mit der entsprechenden

Marktbearbeitung wird aus Unternehmenssicht jedoch vieles möglich. Es ist eine betriebswirtschaftliche Fehleinschätzung anzunehmen, dass Produkteinführungen, Preisgestaltungen, Personalentscheidungen, Restrukturierungen oder Down-sizing-Programme nichts mit politischen Entscheidungen zu tun haben. Im Gegenteil. Der „Markt Politik" interagiert mit allen Entscheidungen und Aktivitäten des Unternehmens und muss daher aktiv gestaltet werden. Diese aktive Ausgestaltung und Pflege der Arbeitsbeziehungen eines Unternehmens mit den Institutionen und Personen der relevanten Politikbereiche wird als Government Relations bezeichnet.

Government Relations ist die Funktion innerhalb der Public Affairs, die sich laufend und nachhaltig um tragfähige Arbeitsbeziehungen zu den relevanten politischen Entscheidungsträgern kümmert. Arbeitsbeziehungen zu den relevanten Entscheidungsträger auf allen Ebenen der politischen Entscheidungsfindung – also Beamte, Politiker und deren Mitarbeiter, ebenso wie Experten aus Verbänden und Wissenschaft.

Beziehungsaufbau durch Community Building

Im Kern geht es dabei darum, nach der Analyse der für das Unternehmen relevanten Issues und Politikbereiche, die darin agierenden Entscheidungsträger ausfindig zu machen und aufzulisten. Doch eine Liste alleine genügt nicht. Es geht um die Formung einer Community aller dieser Experten und politischen Fachleute, wobei das Zentrum dieser Gruppe das Unternehmen sein muss. Innerhalb dieser Gruppe ist es dann erforderlich, einen konstanten Informationsfluss zu errichten und zu pflegen – ein Dialog, der im Interesse des Unternehmens am Puls der wichtigen Entscheidungsbereiche ist und durch laufende Rückkoppelung der externen Entscheidungsverläufe mit den internen Zielvorstellungen einen konstanten Interessensabgleich herstellt.

Government Relations und Lobbying werden oftmals gleichgesetzt oder miteinander verwechselt. Zu Unrecht, denn ohne Government Relations ist Lobbying – die punktuelle Beeinflussung von Entscheidungen – de facto nicht effizient möglich. Government Relations ist eine konstante Funktion, die der Bearbeitung des politischen Marktes dient. Unter Government Relations ist demnach die Anwendung von Kommunikationsinstrumenten zur kontinuierlichen Mitgestaltung von politischen und gesetzlichen Entscheidungen auf lokaler, regionaler, nationaler und internationaler Ebene zu verstehen. Government Relations dient gleichzeitig der Gewinnung von relevanter Information aus dem Bereich der Politik und Gesetzgebung, der Präsentation der generellen Anliegen und Interessen des Unternehmens sowie der Grundsteinlegung für Akzeptanz und Mitwirkung an diesen Entscheidungen. Lobbying baut darauf auf. Wer die Entscheidungsverläufe,

Themenkarrieren und handelnden Personen seiner politischen Community nicht kennt, hat es schwer, seine Interessen darin einzubringen.

Eine Community basiert auf Dialog und Austausch, nicht jedoch auf verkaufsorientierter Einwegkommunikation. Mit anderen Worten: Wer seine Government-Relations-Community nur als Anreicherung des Verteilers für Broschüren und Werbematerial versteht, sollte es besser sein lassen. Damit wird aller Voraussicht nach mehr Schaden angerichtet als Nutzen gestiftet. Effiziente Government Relations versteht die Bedürfnisse und Arbeitsweisen der Politik, baut Brücken im Interesse des Unternehmens, holt die relevanten politischen Bereiche und ihre Entscheidungsträger in das Unternehmen herein und vernetzt diese Gruppe zum Vorteil jedes Einzelnen. Neben dem Wissensaustausch hat Government Relations damit jedenfalls auch die Aufgabe, klimagestaltend tätig zu sein.

> ### *Instrumente der Government Relations für Unternehmen:*
> - ➢ Persönliche Gespräche zum Informationsaustausch
> - ➢ Betriebsbesuche, um etwa Verständnis für technische Prozesse zu schaffen
> - ➢ Briefinggespräche in kleineren Gruppen mit externen Experten
> - ➢ Treffen im Rahmen fachlich orientierter, geschlossener Veranstaltungen
> - ➢ Distribution von Informationen, Stellungnahmen, Anliegen in schriftlicher Form
> - ➢ Newsletter mit relevanten aktuellen Informationen für die Politik

Was erwartet die Politik von Unternehmen?

Aufgrund der steigenden Komplexität der von der Politik zu gestaltenden Inhalte und der zunehmenden Dynamik, der diese Prozesse unterliegen, sind die politischen Entscheidungsträger heute auf den Input von außen angewiesen. Immer weniger Entscheidungsträger müssen immer mehr und facettenreichere Themen in immer kürzerer Zeit bewältigen. Das dafür erforderliche Know-how ist einfacher und rascher aus der Wirtschaft zu generieren, als diese Expertise selbst aufzubauen. Die Zeiten der großen Stäbe und Think tanks sind auch in der Politik vorbei. Wie in der Wirtschaft halten auch in der Politik Effizienzsteigerung, Controlling und Best-Practice-Orientierung Einzug. Daraus resultiert auch ein – zum Teil neuer – Arbeitsstil: Warum eine Entscheidung treffen, die im Nachhinein von allen Betroffenen, den Medien und der Opposition kritisiert und beinsprucht wird, wenn es auch risikoloser und effektiver geht? Warum also nicht bei der Sondierung des politischen oder gesetzlichen Gestaltungsrahmens die direkt betroffenen Unternehmen zur Darstellung ihrer Interessen zu diesem Bereich einladen?

„Die beste Möglichkeit für einen Politiker, sich über ein Thema umfassend zu informieren ist die, alle beteiligten Lobbyisten zu hören."
John F. Kennedy

Was auf Ebene der Beamten der Kommission der Europäischen Union üblich und zentraler Bestandteil der politischen Gestaltung ist, ist für viele Unternehmen nach wie vor ein Schock: Der Anruf eines Kommissionsbeamten bei einem Verband oder einem Unternehmen mit der Bitte um eine kurze Punktation zum Thema, das gerade bearbeitet wird – wenn geht binnen weniger Arbeitstage –, steht in Brüssel an der Tagesordnung. Also etwa: „Wir arbeiten an einem Entwurf zur Gurkenbegradigungs-Richtlinie. Als Transportunternehmen können Sie mir sicher sagen, welche Größe der Transportbehälter Sie einsetzen, welche Größe für Sie ideal wäre, was die durchschnittliche Lebensdauer dieser Behälter ist und wie viel Volumen diese Behälter haben. Bitten helfen Sie mit Ihrem Know-how und sagen Sie uns, was aus Ihrer Sicht wichtig in dieser Richtlinie wäre."

Die Brüsseler Büros der meisten Unternehmen haben gelernt, damit umzugehen und diese Arbeitsweise der Entscheidungsträger in ihre Government Relations integriert, indem etwa längst vor einem solchen Anruf mit den Entscheidungsträgern darüber gesprochen wurde und alle Informationen und Interessen bekannt oder rasch kanalisierbar sind. Traurig sieht die Situation leider meist mit den Repräsentanzen nationaler Verbände in Brüssel aus. Nach der Anfrage durch den Beamten beim Brüsseler Büro, wird die Frage an die Zentrale des Verbandes nach Wien, Berlin oder Bern geschickt, von wo es an die entsprechenden Organisationen in den (Bundes-)Ländern, etwa die Landeskammern, geht. Von den dortigen Fachgremien kommen dann die Stellungnahmen retour, werden in der Zentrale auf einen Nenner gebracht – soweit möglich – und wieder an das Brüsseler Verbindungsbüro weitergeleitet. Es soll schon vorgekommen sein, dass der Mitarbeiter des Brüsseler Büros mit der Verbandsstellungnahme in Händen den Kommissionsbeamten anrief und dieser sich ob der verstrichenen Wochen mehr als verwundert zeigte.

Dass sich politische Entscheidungsträger im Rahmen der Entscheidungsfindung von sich aus an Verbände und Unternehmen wenden, um Informationen zu erhalten und die Interessenslagen zu sondieren, ist längst nicht mehr nur ein Brüsseler Phänomen. Auch auf lokaler, regionaler und nationaler Ebene kommt diese politische Arbeitstechnik aus Effizienzgründen mehr und mehr zum Zug. Der Anruf des Mitarbeiters eines Parlamentsabgeordneten, Ministersekretärs oder Parteimanagers bei Unternehmen ist zwar für viele immer noch überraschend, wird aber immer häufiger. In vielen Unternehmen entstehen daraus mittlere Krisen: Wie redet man mit Politikern? Dürfen wir das überhaupt? Was wollen die wirklich? Wer soll die Antwort geben? Sind wir eigentlich in der Lage, dem Anliegen nachzukommen? Was ist, wenn das jemand erfährt, die Medien etwa, überleben wir das? Etc.

Jene Unternehmen, die ihre Government Relations seriös und professionell betreiben, müssen sich solche Fragen freilich nicht stellen. Denn mit großer Wahrscheinlichkeit ist in diesen Unternehmen nicht nur definiert, wer die Kommunikation mit der Politik umsetzt und welche Positionen zu den aktuellen politischen Aspekten das Unternehmen einnimmt. In aller Regel sind die anfragenden Entscheidungsträger Teil der politischen Community des Unternehmens und daher alle fraglichen Aspekte bekannt und positioniert und die handelnden Personen kennen einander.

Qualität statt Quantität

Die Art und Weise, wie Unternehmen und Verbände meist auf die Politik zugehen, folgt entweder dem Ohnmachtgefühl – „ich verstehe die Politik sowieso nicht, also will ich nichts mit ihr zu tun haben". Oder aber, sie gehen mit der großen Keule auf die Politik zu, in der Meinung, jeder einzelne politische Entscheidungsträger müsse zu jeder Zeit alles über das Unternehmen, seine Produkte, Manager und Wehwehchen wissen – und zwar unabhängig davon, ob der betreffende Entscheidungsträger überhaupt in einem für das Unternehmen relevanten Bereich arbeitet.

Der effektivste Ansatz bei der Errichtung der Government Relations ist sicherlich die Konzentration der Kräfte. Erstens sind nur jene Entscheidungsträger wirklich wichtig, die tatsächlich mit dem Unternehmensgegenstand in Verbindung stehen. So wird etwa ein Landswirtschaftspolitiker mit einem IT-Unternehmen nur in Ausnahmefällen inhaltliche Überschneidungen haben. Zweitens ist zu beachten, dass gegenüber der Politik kein Show-Programm abgezogen wird, nach dem Motto „Hauptsache laut und bunt". Sondern es müssen Mechanismen gefunden werden, die der kontinuierlichen Kanalisierung der Interessen des Unternehmens und der Rückkoppelung politischer Tendenzen in das Unternehmen dienlich sind, wobei die Art und Weise dieser Mechanismen abgestimmt auf die Bedürfnisse der jeweiligen politischen Entscheidungsträger erfolgen muss.

Daraus resultiert letztlich, dass die Government-Relations-Community eines Unternehmens in aller Regel aus tendenziell wenigen, dafür aber wirklich relevanten Personen besteht. Es zählt die Qualität dieser Community, sicherlich nicht die Quantität – auch wenn sich manche vielleicht gerne damit schmücken, alle Politiker persönlich zu kennen. Die Erfahrung zeigt, dass es auf nationaler politischer Ebene zumeist rund 50 Personen sind, die tatsächlich über das Wohl und Wehe eines Unternehmens entscheiden. Darin enthalten sind die relevanten Minister und Abgeordneten sowie deren inhaltlich befassten Mitarbeiter, die Fachexperten auf Beamtenebene sowie die entsprechenden Experten aus den Parteiapparaten. Eventuell noch der eine oder andere Verbandsexperte und Wissenschafter. Je nach Branche und Tätigkeitsfeld umfasst diese Gruppe bei einem Unternehmen mehr, bei einem anderen Unternehmen weniger Personen. Im Kern gilt der Grundsatz der konzentrischen Kreise umgelegt auf das politische System, wonach jede politische Entscheidung in letzter Instanz von fünf Personen getroffen wird. Dieser enge Kreis wird von rund 50 Personen beraten oder beeinflusst und bei kaum einem Thema gibt es mehr als 500 Personen, die sich tatsächlich mit einer Frage konzentriert und entscheidungsrelevant befassen. Je ein paar Personen auf oder ab – diese Kardinalregel ist in fast allen politischen Fragen gültig.

Mythos Netzwerke und wie sie nutzbar gemacht werden

„Oft erwäge die Verknüpfung von allen Dingen in der Welt und ihre gegenseitigen Beziehungen, denn alle Dinge sind gewissermaßen miteinander verflochten."
Marc Aurel

Ein Netzwerk ist ein System von Beziehungen zwischen Menschen. Manchmal tragen Netzwerke einen eigenen Namen, sie können jedoch ebenso gut informell sein. Jedes Netzwerk ist geprägt von einem bestimmen Zusammengehörigkeitsgefühl und von Ausdehnung. Landläufig gilt, dass wer gut vernetzt ist, bessere Möglichkeiten für die Karriere und die Durchsetzung von Interessen hat. Mitunter hat dies seine Berechtigung. Generell gilt, dass das „Einanderkennen" bei Zeiten Hürden abbaut und Zugänge öffnet.

Aus diesem Grund boomen Netzwerke in Form von Zirkeln, Clubs und mehr oder weniger exklusiven Gesprächsrunden. Sie alle haben die Sehnsucht von Menschen gemeinsam, sich mit ihresgleichen zu umgeben. Manchmal ist auch ein gewisser Drang zur Selbstdarstellung und Wichtigtuerei erkennbar. Der neue Trend nach Netzwerken fußt auf dem Grundgedanken geheimnisumwitterter Runden wie etwa Freimaurerlogen. In Kreisen wie diesen, so heißt es, werden Geschäfte gemacht, Jobs vermittelt und Einfluss und Macht zelebriert. Wer wollte da nicht Teil der Sache sein.

Gemeinsam ist allen Netzwerken, unabhängig ob elitär oder egalitär, berüchtigt oder bewährt, eine bestimmte Funktionalität: rasche, direkte Informationsweitergabe, der Wegfall von internen Informationsfiltern, ein inhaltlicher oder wertorientierter gemeinsamer Nenner aller Beteiligten. Netzwerke sind gewissermaßen Tauschbörsen für Informationen und Know-how sowie Inkubatoren für Ideen und Konzepte. Und Netzwerke sind virtuelle soziale Räume der Begegnung, die dem Aufbau von Vertrauen, Akzeptanz und Beziehungen dienen können. Dies gilt für ein Netzwerk von zehn Personen ebenso wie für Netzwerke mit vielleicht Hunderten oder Tausenden von Mitgliedern.

Vor dem Hintergrund der Beeinflussung des Unternehmensumfeldes interessiert primär, wie dieser Netzwerkgedanke für die eigene Zielsetzung genutzt werden kann. Dabei ist vor allem das Prinzip der gemeinsamen inhaltlichen oder wertbasierten Orientierung direkt nutzbar. Netzwerke gibt es zu allen erdenklichen Inhalten und Fragen; Zutritt erhält, wer zum Bestand oder zur Ausdehnung des Netzwerkes beitragen kann. Für Public Affairs, Lobbying und Government Relations steht daher die Nutzbarkeit von Netzwerken für diese Zwecke im Vordergrund. Dabei ist nach dem Motto von Niccolò Machiavelli vorzugehen:

„Wer will, dass ihm andere sagen, was sie wissen, muss ihnen sagen was er weiß, denn das beste Mittel, Informationen zu erhalten ist es, Informationen zu geben."

Netzwerke, die rund um unternehmensrelevante Themen existieren sind daher für die Vertretung der Unternehmensinteressen ebenso nutzbar zu machen, wie Netzwerke, die in relevanten weltanschaulichen Dimensionen existieren und wichtige Personen aus der Sicht des Unternehmens beinhalten. Alle diese Netzwerke bieten effiziente Bühnen, um Informationen über das Unternehmen und seine Anliegen zu kanalisieren, ergänzende Informationen zu erhalten und damit Entscheidungsträger und Experten an den interessensorientierten Informationsfluss des Unternehmens anzubinden. Diese Arbeit gehört zur Grundaufgabe sowohl der Public Affairs als auch der Government Relations und ist im Rahmen der Stakeholder-Analyse zu katalogisieren.

Dabei können sich Manager, Public-Affairs-Praktiker und Lobbyisten eines einfachen Schemas zur Bearbeitung von Netzwerken bedienen. Prinzipiell existieren zwei Ausprägungen von Netzwerken:

> *Personenzentrierte Netzwerke*: Solche Netzwerke existieren rund um eine Person (Vorstand, Kommunikationschef, Generalsekretär, etc.) eines Unternehmens und umfassen seine persönlichen beruflichen und privaten Kontakte, die über Ausbildung, Hobbies, gemeinsame Berufsvergangenheit und andere Aspekte definiert sind. Diese Netzwerke sind meist stark auf die Person im Mittelpunkt fokussiert.

> ➤ *Unternehmenszentrierte Netzwerke*: Diese existieren kraft des Unternehmensgegenstandes und umfassen Kunden, Lieferanten, Aufsichtsräte, die fachlich befassten politischen Entscheidungsträger, Wissenschafter und Fachexperten sowie Medienvertreter, externe Berater, ehemalige Mitarbeiter, etc. Da die Konstante dabei stets der Unternehmensgegenstand ist, sind diese Netzwerke tendenziell nicht so stark von einzelnen Personen abhängig, als vielmehr von Funktionalitäten.

Wesentlich für die Zwecke der Government Relations und Public Affairs ist es, primär diese bestehenden Netzwerke nutzbar und effizient zu gestalten. Das bedeutet im Idealfall, in einem Unternehmen bei den beteiligten Personen möglichst große Synergien zwischen den personenzentrierten und dem unternehmenszentrierten Netzwerk herzustellen und zu bearbeiten. Solche kombinierten Netzwerke werden damit zu einem gestaltenden Element der Beeinflussung des Unternehmensumfeldes, sie agieren als Tauschbörse für unternehmensrelevante Informationen und Entscheidungen, fungieren als Frühwarnsystem und verankern das Unternehmen nachhaltig im relevanten Umfeld.

Effizient genutzt und gesteuert sind solche kombinierten Netzwerke nicht nur das Public-Affairs-Backbone eines Unternehmens, eine Art soziopolitisches Rückgrat, sondern sie etablieren damit auch langfristig wirksame und nachhaltige Win-Win-Situationen für alle Mitglieder des Netzwerkes – für alle Einzelpersonen genauso wie für die Institutionen und das Unternehmen.

Vernünftiger als das mitunter verzweifelte Bemühen von Geschäftsführern, Vorständen und Public-Affairs-Experten, bei angeblich wichtigen Zirkeln und Netzwerken Mitglied zu werden und damit womöglich kostbare Zeit zu vergeuden, ist es allemal, die bestehenden personen- und unternehmensbezogenen Netzwerke zu ergründen und durch die Herstellung von Synergien nutzbar zu machen. Erst dann kann seriöser Weise eingeschätzt werden, bei welchen externen Netzwerken es sich tatsächlich auszahlt, eine Mitgliedschaft zu erwirken.

Wie bei allen anderen Public-Affairs-Aspekten geht es auch in der Frage der Netzwerke um den Nutzen im Sinne der Mitgestaltung des Unternehmensumfeldes und um die Effizienz sowie den Ressourcenaufwand. Folgende Richtlinien dienen der Nutzung und Ausgestaltung der Netzwerke:

Netzwerke nutzbar gestalten:

– Übersicht über die personen- und unternehmensbezogenen Netzwerke schaffen, in direkter Abstimmung mit allen relevanten Unternehmenseinheiten und Personen

- Geben um nehmen zu können: aktive Gestaltung des Informationsflusses in diese Netzwerke über persönliche und institutionalisierte Kommunikation

- Gemeinsame Netzwerk-Knoten schaffen: Zusammenführen der Netzwerke bei unternehmensbestimmten Überschneidungen – zum Beispiel Veranstaltungen, Newsletter, Präsentationen, etc.

- Begegnungen organisieren: besser als sich einladen zu lassen ist es, Einladungen in das Unternehmen auszusprechen – von Betriebsbesichtigungen, über Vorträge, Jubiläen, Eröffnungen oder inhaltlich fokussierten Hintergrundgesprächen

- Teilnahme bei und Unterstützung von fachrelevanten Seminaren, Kongressen, Tagungen und Veranstaltungen – von der finanziellen und organisatorischen Unterstützung bis hin zu Vorträgen, Reden und Präsentationen bei solchen Gelegenheiten

- Initiierung und Distribution von inhaltlich relevanten Studien, Untersuchungen, Umfragen, Fachartikeln, Büchern, Dissertationen, etc.

Netzwerke nutzbar zu gestalten heißt nicht, die alte Funktion des „Frühstücksdirektors" wieder zu beleben. Sondern es bedeutet vielmehr, die vorhandenen Ressourcen im Interesse des Unternehmens zu optimieren. Ob dabei teurer Tabak oder kostbare Weine eine Rolle spielen sollen oder nicht, ist im Interesse der Effizienz des Netzwerkgedankens wohl eher nebensächlich.

Kapitel 4:
Lobbying – Die Beeinflussung politischer Entscheidungen

„Die große Strafe für diejenigen, die sich nicht für Politik interessieren, ist, dass sie von denjenigen regiert werden, die sich für Politik interessieren."

Arnold J. Toynbee (britischer Historiker)

Auf einen Blick

Die Politik ist nicht frei von Interessen, sondern ein Wettbewerb unterschiedlicher Interessen und Anliegen. Es wäre betriebswirtschaftlich fahrlässig, die Interessen eines Unternehmens nicht aktiv zu vertreten und auf relevante Entscheidungen entsprechend einzuwirken.

In diesem Kapitel erfahren Sie:
➢ Worin besteht der Unterschied zwischen Interessenvertretung und Lobbying?
➢ Warum braucht die Politik mehr professionelles Lobbying?
➢ Welche Instrumente zur Beeinflussung von politischen Entscheidungen existieren?
➢ Wie funktioniert Lobbying in den USA und in der Europäischen Union?

1. Die Systematik des Lobbyings

Die Politik ist der wichtigste Markt eines Unternehmens.

Viele Manager klagen über die scheinbar unbewältigbare Flut von Gesetzen und Verordnungen, die alles und jedes regeln. Vom Gewinn, über Kosten, Mitarbeitereinstellung und -abbau, Planungen und Produktion bis hin zu Forschung, Einkauf und Verkauf unterliegen alle Unternehmensbereiche der gesetzlichen Regelung. Nahezu kein Bereich der unternehmerischen Tätigkeit bleibt ungeschoren. Manch einer fühlt sich dem Wirken von Parlamenten, Regierungen und der Verwaltungsapparate hilflos ausgeliefert. Es scheint geradezu ein Wettbewerb unter diesen politisch-administrativen Organisationen zu herrschen, immer weitere Bereiche des unternehmerischen Handelns zu reglementieren, mit immer neuen Regelungen und Entscheidungen auf die Wirtschaft einzuwirken.

„Ob Bebauungsplan oder Produktionsgenehmigung, ob Vertrieb oder Verpackung, ob Kantine oder Klosett, überall kann der Staat mit der nächsten

Gesetzesänderung oder einem neuen Formular zuschlagen. In glimpflichen Fällen führen die Änderungen zu höheren Kosten. In extremen Fällen steht die Existenz des Unternehmens auf dem Spiel." (Merkle, 2003) Man kann davon halten was man will, in jedem Fall resultiert daraus die unternehmerische Pflicht, aktiv an der Gestaltung der politischen, gesetzlichen, regulativen und administrativen Rahmenbedingungen im eigenen Interesse mitzuwirken, um Schaden vom Unternehmen fernzuhalten. Die kaufmännische Sorgfaltspflicht gebietet es, möglichst frühzeitig und vorausschauend aktiv zu werden, denn ist eine Vorschrift erst mal Gesetz, gibt es kaum noch Chancen sie wieder abzuschaffen.

Aber, ist das erlaubt? Gemäß Verfassung haben in einer Demokratie die Regierten das Recht auf Zugang zu den Regierenden. Demnach kann daraus gefolgert werden, dass die Mitwirkung von Verbänden und Unternehmen an der Ausgestaltung des sie regulierenden politischen Umfeldes nicht nur legitim, sondern ein verbrieftes Recht ist. Die moderne Form dieser legitimen und den gesetzlichen Bestimmungen folgenden Mitgestaltung heißt Lobbying. In einer pluralistischen Gesellschaft ist Lobbying daher ein Gebot für Unternehmen. Kein Lobbying für die eigenen Anliegen und Interessen zu betreiben, hieße de facto sowohl auf das demokratische Recht als auch die kaufmännische Sorgfaltspflicht zu verzichten. Lobbying, verstanden als Mitwirkung an der Ausgestaltung der relevanten gesellschaftspolitischen Rahmenbedingungen, muss daher Bestandteil des Aufgabengebietes von Unternehmensleitungen sein.

Das ist an sich nichts Neues. Viele Manager sind sich dieser Herausforderung und Aufgabe bewusst, schrecken aber dennoch vor der Umsetzung von Lobbying zurück. Dies hat meist zwei Gründe: Zum einen, weil zu wenige Information und Wissen über die Mitgestaltungsmöglichkeiten in der Politik bestehen – die Fertigkeiten und Techniken dazu werden im Rahmen gängiger Ausbildungen nicht gelehrt. Zum anderen bestehen mehr oder weniger begründete Ängste, dass Lobbying unkontrollierbare Auswirkungen nach sich ziehen könnte. Etwa, dadurch in den Sog der Politik zu geraten, als parteiisch zu gelten und damit mehr Schaden anzurichten, als Nutzen zu stiften. Basierend auf diesen beiden Faktoren herrscht bei vielen Managern fälschlich die Meinung vor: „Wenn ich mich nicht in die Politik einmische, dann wird sich auch die Politik nicht bei mir einmischen." Ein gefährlicher Trugschluss.

Die berechtigen Interessen und Anliegen eines Unternehmens sind als Betriebsmittel zu verstehen und entsprechend, wie andere Betriebsmittel auch, strategisch einzusetzen und zu gestalten. Prinzipiell ist davon auszugehen, dass der Mitbewerb in jedem Fall Lobbying betreibt. Politikwissenschaftlichen Studien folgend werden gut 80 Prozent der Gesetzes- und

Entscheidungsentwürfe im Lauf ihrer Entstehung von Lobbyisten beeinflusst. Der tatsächliche Einfluss von Lobbying auf die Entstehung und Entwicklung von politischen und administrativen Entscheidungen sowie die politische Meinungsbildung ist mannigfaltig und weitreichend – auch wenn diese Einflussnahme in unseren Breiten nur selten als Lobbying bezeichnet wird.

Es gibt keine interessenfreie Politik. Kaum ein Gesetz, kaum eine Verordnung und kaum eine politische Entscheidung, die nicht von den Interessen diversen Stakeholder beeinflusst wird. Als Unternehmensvertreter in Deutschland, Österreich und der Schweiz – und erst Recht auf der Ebene der Europäischen Union – ist daher getrost davon auszugehen, dass nahezu hinter jeder für das Unternehmen relevanten politischen Entscheidung der eine oder andere Lobbyist steckt. Allerdings nicht unbedingt der eigene Lobbyist, sondern einer der Gegenseite, der andere, vermutlich konträre Interessen vertritt. Muss das so sein?

Der Job des Lobbyisten ist es, im Dickicht des Interessenvermittlungssystems die Interessen des Auftraggebers zu vertreten. Die Auftraggeber können dabei Verbände verschiedenster Ausprägung sein: Unternehmensverbände, Branchenverbände, Gewerkschaften, Umweltverbände, etc. Der Auftraggeber ist aber ebenso oft und ebenso legitim ein einzelnes Unternehmen. Der Markt der Politik ist in der Realität vom Wettbewerb an Ideen, Konzepten, Interessen und Lösungsansätzen geprägt. Gemäß den Gesetzen des freien Wettbewerbs kann nur der an diesem Markt partizipativ teilhaben, der sich diesen Marktgesetzen nicht verweigert. Falsch verstandene Zurückhaltung am Markt der Politik führt daher aus Sicht des Unternehmens zu Marktversagen. Mit all den daraus resultierenden Nachteilen und Kosten.

Die Politik, geprägt durch steigende Dynamik, Erfolgs- und Legitimationsdruck gegenüber der Öffentlichkeit sowie exogene Kräfte wie globale Wirtschaftszyklen, braucht den Input der Unternehmen und Verbände. Denn auch die Politik hat kein Interesse am Versagen ihres ureigensten Marktes – es wäre zum Schaden der Politik und damit der Gesellschaft.

Warum die Politik Lobbying braucht

Eine der besten, wenn auch breitesten Definitionen von Lobbying lautet: „Lobbying ist der informelle Austausch von Informationen mit öffentlichen Institutionen als Minimalkonzept sowie der informelle Versuch diese Institutionen zu beeinflussen." (van Schendelen, 1993) Lobbying ist ein systematischer Prozess zur Artikulation von Anliegen und Interessen eines Unternehmens, wobei Überschneidungen mit den Tätigkeitsbereichen von Kommunikationsmanagement und Rechtsanwälten zum Zug kommen. Die politische Mitwirkung von Unternehmen, Verbänden und anderen gesellschaftlichen Gruppierungen ist Bestandteil jeder politischen Entscheidungsfindung und damit an jedem Regierungssitz gang und gäbe. Unterschiede bestehen lediglich in der Ausprägung des Lobbyismus in Relation zum jeweiligen politischen System.

In pluralistischen Systemen wie beispielsweise den USA kommt den Interessengruppen große Bedeutung im politischen Prozess zu. Generell ist Lobbying in den USA vielfältig ausgeprägt und wird vom politischen System auch eingefordert. Pluralismus à la USA funktioniert nach dem Vorbild der freien Marktwirtschaft: Im Wettstreit der Interessen bildet sich ein natürliches Gleichgewicht, verschiedene Interessen kommen und gehen. Die Politik weiß nicht nur um diese Dynamik, sondern weiß auch, diese zu Nutze zu machen, in dem sie Unterstützungsleistungen von den Lobbies einfordert: Wer mehr zu bieten hat, findet mehr Unterstützung und umgekehrt.

In korporatistischen Systemen wie Deutschland oder Österreich sieht die Ausprägung gesellschaftlicher Interessen anders aus. Traditionell existieren Quasi-Monopole der Interessenvertretungen: Eine große Gewerkschaft, eine Industriekammer, ein Bauernverband, etc. Die Mitwirkung dieser großen Verbände an der Politik ist institutionalisiert und beinahe exklusiv. Diese Verbände sorgten traditionell für die Vorbereitung von breiten, gesellschaftlichen Konsenslösungen, die in die Politik eingespeist wurden. Doch dieses exklusive Interessenvermittlungssystem ist unter Druck gekommen, was zu Defiziten in der Artikulation von Interessen und damit als logische Konsequenz zur Ausprägung neuer Wege der Interessenvertretung führt. Lobbying von Unternehmen, oft speziell von Interessenverbänden als Instrument der Durchsetzung von Interessen massiv abgelehnt, tritt daher als moderne und adäquate Form der Interessenvertretung immer stärker parallel zu den traditionellen Verbänden auf.

Politikwissenschaftler vermuten darin auch ein zentrales Problem im Funktionieren des Interessenvermittlungssystems auf der Ebene der Europäischen Union, dessen Struktur in den 1960er Jahren wesentlich von US-amerikanischen Politologen beeinflusst wurde und daher starke pluralistische Züge aufweist. Die großen europäischen Dachverbände werden zwar bei Entscheidungen gehört, jedoch sind eine Vielzahl weiterer Interessen und Lobbies in Brüssel tätig, die mitunter sogar mehr direkten Einfluss an den Tag legen. Für zahlreiche etablierte Verbände aus den korporatistischen Mitgliedsstaaten ein teils unverständliches Problem. Lobbying spielt jedoch in Brüssel eine zentrale Rolle und ist vor allem für jüngere Mitgliedsländer und deren Wirtschaft eine große Herausforderung, die jedoch Gefahr läuft, im parteipolitisch zentrierten Denken vernachlässigt zu werden.

Was ein österreichischer Abgeordneter zum Nationalrat vor einigen Jahren einmal als „Gang am Gang" (gang, *engl.*: Bande, Gauner-Gruppe) bezeichnete, war für lange Zeit symptomatisch für die Beurteilung von Lobbying im deutschsprachigen Raum: „Lobbying existiert bei uns nicht!" Die deutschsprachige Politikwissenschaft unterstützte über Jahrzehnte dieses Denken, indem sie Lobbying als „Hintertreppentätigkeit organisierter Interessen in den USA" bewertete, das seine Existenz aus dem Mangel an politischer Kontrolle gewinne. Starke Sektorenverbände wurden als Antipode und Garant gegen das Entstehen von Lobbying postuliert.

Niemand spricht den Sektorverbänden und damit dem System der Sozialpartnerschaft ihre Legitimität oder Existenzberechtigung ab. Tatsache ist jedoch, dass die bestehenden und entstehenden Lücken im System der Interessenvermittlung heute nicht mehr alleine durch diese Verbände abgedeckt werden können. Neue Interessen formen sich aus und formieren sich in Form von Ad-hoc-Allianzen, neue Pressure Groups entstehen und immer mehr Unternehmen nehmen die Vertretung ihrer Anliegen selbst in die Hand. Auch im deutschsprachigen Raum wird die Politik als dynamischer Marktplatz von Interessen mehr und mehr Realität. In dieser neuen Systematik sind alle Beteiligten dazu angehalten, ihren Platz im Interesse der Effizienz zu suchen. In der politischen Realität ist die Existenz eines Verbandes kein Verbot für einzelne Unternehmen, sich für spezielle Interessen eigene und geeignete Wege zu suchen. Und selbst die seit Jahrzehnten bestehenden starken Verbände sind nicht davor gefeit, plötzlich ihre Wege der Einflussnahmen zu verlieren.

Aus der Politologie sind drei klassische Wege der Einflussnahme von Sektorverbänden auf die Regierung bekannt: Neben dem Begutachtungsverfahren gibt es etwa die Einwirkung auf die Organe der Gesetzgebung und Vollziehung. Dazu zählen die zahllosen Personalunionen zwischen Verbandsfunktionären und Abgeordneten („Built-in-Lobbyisten"), die Hinzuziehung von Sachverständigen aus den Verbänden zur Mitwirkung an der Entscheidungsfindung. Da drittens Abgeordnete zugleich den Verbänden als Funktionäre angehören und enge Verbindungen zwischen den politischen Parteien und den Verbänden bestehen, sind Interventionen auf diesem Weg an der Tagesordnung. Durch die Veränderungen der Zusammensetzungen der Bundesregierungen in Deutschland und Österreich seit 2000 ist diese Systematik in ihrer Effizienz jedoch teilweise deutlich eingeschränkt worden. So mancher Sektorverband hatte etwa in Deutschland plötzlich damit zu kämpfen, dass mit der Partei der Grünen noch nie tragfähige Arbeitsbeziehungen errichtet wurden – in Österreich galt dasselbe mit der Freiheitlichen Partei Österreichs. Mancher Verband konnte seinen Verlust an Einfluss nicht wettmachen, als in Deutschland die CDU/CSU nicht mehr in der Bundesregierung vertreten war beziehungsweise in Österreich die Sozialdemokratische Partei nicht mehr der Bundesregierung angehörte.

Exkurs: Die Geschichte des Lobbyismus

Lobbying stammt ursprünglich vom lateinischen Wortstamm „labium" ab und bedeutet Vorhalle oder Wartehalle. In eben dieser Bedeutung wird auch der Begriff Hotellobby verwendet. Heute werden unter Lobbying die Aktivitäten von gesellschaftlichen Gruppen, Wirtschaftsverbänden und Firmenvertretungen im Vorhof der Politik und Bürokratie verstanden. Damit kommt der informelle Charakter des Lobbyismus zum Ausdruck, wonach politische Entscheidungen nicht nur in Plenarsälen getroffen werden, sondern und vor allem auch im Vorfeld, im vorpolitischen Raum der Willensbildung und des Interessenabgleiches. Für diese Bedeutung war die Hotellobby auch wegweisend.

Ausgangspunkt für das Verständnis von Lobbying ist auch tatsächlich die Hotellobby des „Willard Hotel" in Washington, D.C., zu Beginn den 19. Jahrhunderts. In diesem Hotel, das exakt zwischen dem Weißen Haus und dem Parlamentsgebäude liegt, trafen Abgeordnete und Wirtschaftsvertreter zusammen. Historisch belegt ist die Namensgebung durch den damaligen Präsidenten der Vereinigten Staaten von Amerika, Ulysses Grant, der jene Personen in diesem Hotel, die regelmäßig Kontakt zu Politikern aufzunehmen begannen, 1829 erstmals als „Lobbyisten" bezeichnete: Personen, die in der Hotellobby nach politischen Kontakten suchten. Seine anekdotenhafte Äußerung „Those damned lobbyists!" weist auf den bereits damals entstandenen schlechten Ruf von Begriff und Profession hin. US-Präsident Franklin Roosevelt sollte später Lobbyisten gerne als Parasiten bezeichnen.

1789 war das „Geburtsjahr" des Lobbyismus. Damals war der amerikanische Kongress bei der Verabschiedung des ersten Zollgesetzes vielfältigen Einflüssen ausgesetzt. Als die klassische Phase des amerikanischen Lobbyings wird die Zeit der Eisenbahnbauten bezeichnet. 1862 unterzeichnete Abraham Lincoln ein Gesetz, durch welches sich die Regierung der Vereinigten Staaten von Amerika dazu verpflichtete, unterstützend beim Bau der transkontinentalen Eisenbahn tätig zu werden. Diese Unterstützung garantierte die kostenlose Vergabe von Land an die Eisenbahnunternehmen ebenso wie finanzielle Unterstützungen für die Löhne der Beschäftigten an diesen Projekten. Die Chancen der Bauunternehmen, diese Unterstützungen in Anspruch nehmen zu können, waren mit Aktivitäten in Washington verbunden. Unternehmensvertreter suchten solche Förderungszusagen von Politikern einzuholen. Lobbying war das Instrument der Stunde, um diese Förderungen zu erhalten.

Dem Beispiel der Eisenbahnunternehmen folgend, kamen weitere Industrieunternehmen nach Washington, um sich Vergünstigungen zu sichern. Dieses goldene Zeitalter des Lobbyismus war zugleich das düsterste Kapitel seiner Geschichte: Korruption und Bestechung standen an der Tagesordnung. Bereits 1876 erließ das Repräsentantenhaus eine Resolution, der zufolge sich sämtliche Lobbyisten in Washington beim Vorsitzenden des Repräsentantenhauses einzuschreiben hatten. Ein erster Versuch, den Lobbyismus zu reglementieren. Auch der spätere Präsident Woodrow Wilson reihte sich 1885 in die Reihe der Lobbying-Kritiker ein und bezeichnete Lobbyisten als „Teufel im Kongress". Eine Dokumentation darüber, dass die Lobbyisten das Willard Hotel auf ihrer Suche nach finanziellen Zusagen verlassen hatten und ihre Einflusssphäre auf den Kongress ausdehnten.

Um „gutes" von „schlechtem" Lobbying trennen zu können, entstand in den USA ein begrifflicher Gegenpart zu Lobbying: „Buttonholing". Damit wird die Praxis des Ausübens von Druck und des Drohens bezeichnet. Bildlich dargestellt sind damit Lobbyisten gemeint, die in den Säulenhallen der Parlamente auf „ihren" Abgeordneten warten, ihn beim Knopfloch unterhaken, um dadurch die Forderungen nachdrücklich auszusprechen.

Die historischen Grundlagen des europäischen Lobbyings bilden die „Cliquen" und „Kamarillen" des Adels und die Bittsteller anderer Stände an den Höfen ihrer absolutistischen Herrscher. Einflussnahme auf regierende Herrschaftshäuser ist mit der europäischen Geschichte eng verbunden. Die Petition gilt als eine der frühesten Versuche von Gruppen, Einfluss auf die Entscheidungsfindung der sie regierenden Eliten zu nehmen. Teils anekdotenhaft ist hier etwa der gerne als Lobbyist Ludwigs XIII. bezeichnete Kapuzinermönch Père Joseph zu nennen. Der Kapuzinerorden zählte zu damaligen Zeiten zu den am meisten verbreiteten Orden Europas und bildete an den Höfen und Botschaften eine Art elitäre Bruderschaft im Dienste des Königs. Heute würde man wohl „Netzwerk" dazu sagen. Pater Joseph zog durch das Königreich und sammelte von seinen Ordensbrüdern Informationen und Gerüchte, die er als Lobbyist seinen Klienten, dem König sowie Bischof Richelieu, übergab. Die historische Tatsache, dass der Großteil dieser Informationen aus Beichtgesprächen stammte, ist für das heutige Verständnis des Lobbyismus nur wenig ruhmreich. Père Joseph war demnach mehr Geheimagent als Lobbyist.

Die Entstehung kapitalistischer Wirtschaftsstrukturen in den Staaten Europas förderte das Aufkommen des Verbandswesens und damit der Ausprägung unterschiedlicher Interessensverbände. Damit einher schritt die allgemeine Verbreitung der politischen Partizipation, vor allem in Form von Wahlen. Darin sahen auch die im Entstehen begriffenen Verbände ihre Chance, wirtschaftliche Nachteile durch Zuhilfenahme politischen Einflusses bei den Organen des Staates auszugleichen. Ein daraus entstandener

Aspekt, der als typisch europäische Ausprägung von Lobbying bezeichnet wird, ist der „Built-in-Lobbyist".

Doch in den westeuropäischen Staaten existieren auch legistische Reglementierungsversuche, um das Agieren der Interessensgruppen in geordnete Bahnen lenken zu können. Bereits 1947 wurde in der Schweiz die Mitwirkung von Interessensverbänden am politischen Entscheidungsfindungsprozess in der Verfassung verankert. „Vernehmlassung" eröffnet Interessenten und Betroffenen die Möglichkeit, ihre Anliegen den Entscheidungsträgern auszuführen. Das „utredning" genannte Mitspracherecht der Interessensverbände in Schweden verläuft in Form von öffentlichen Enqueten. Seit 1972 haben sich in Deutschland Verbände und deren Vertreter registrieren lassen, um Zugang zu den Sitzungen des Bundestages zu erlangen.

Lobbying und Interessenvertretung: Ein Widerspruch?

Die Geschichte der Interessenverbände führte von den ursprünglich sich aus Veto-Positionen bildenden Gruppen über erstarkende Organisationen zu den heute bekannten institutionalisierten Verbänden mit mehr oder minder großer gesamtgesellschaftlicher Bedeutung. Analysiert man die Entwicklung etwa der Gewerkschaften hin zu ihrer heutigen Rolle, so stand auch hier zu Beginn die Forderung nach politischer Akzeptanz der Arbeitnehmer im konfliktträchtigen Gegensatz zu den Gruppen der Kapitaleigner. Aus der anfänglichen Veto-Position dieser Single-Issue-Groups – gegen die Dominanz des Kapitals in der Politik –, die historisch mit typischen Instrumenten wie Streik und Protest belegt ist, entstand im Laufe der Entwicklung eine Organisation, die heute protektiv für ihre Anliegen – kollektivvertragliche Mindestlöhne etwa – eintritt und zu einer hierarchisch gewachsenen Organisation wurde.

Es entstand damit aus einer mit lobbyistischer Intention agierenden Ein-Zweck-Organisation, mit dem Ziel, Zugang zum und Akzeptanz im politischen System zu finden, ein multifunktionaler Verband, der unzählige darüber hinausgehende Interessen und Anliegen im Auftrag seiner Mitglieder wahrnimmt. Nicht nur Gewerkschaften, auch nahezu alle anderen heute etablierten Interessenorganisationen standen an ihrem Beginn in scheinbarem Widerspruch zum bestehenden System und formten ihre Konturen an – historisch – konfliktfähigen Einzelinteressen aus. Ein Prozess, der heute als Lobbyismus bekannt ist.

Lobbying ist ein Instrument von Interessenvertretungen neben anderen Instrumenten wie Schulungs- und Serviceleistungen, Standespolitik oder die Garantie zur Wahrung der Mitgliedsinteressen durch das Innehalten offizieller politischer Amtsgewalten oder exklusiver Zugänge zu bestimmten Leistungen. Verbände müssen der Wahrung der Interessen nach außen ebensoviel Augenmerk widmen wie der Pflege der Mitglieder. Denn die Menge der Mitglieder bestimmt die Macht eines Verbandes gegenüber der Politik, da damit der Politik glaubwürdig eine Leistungsverweigerung – Streik, Arbeitsniederlegung, Dienst nach Vorschrift – angedroht werden kann. Sinkt die Mitgliederzahl, sinkt auch der Einfluss: Die Leistungsverweigerung einiger weniger ist nicht mehr relevant.

Lobbyismus ist eine informelle Interessenvertretung, also ein nicht zwingend verbandsmäßig organisiertes Interesse, wobei der Begriff Interessenvertretung in seinem Sinngehalt für Lobbyismus nicht wirklich zutrifft. Es geht weniger um die Vertretung von Einzelinteressen, sondern vielmehr um politische Artikulation und konkrete Durchsetzung. Lobbying beschreibt die Tatsache, dass ein Einzelinteresse im Gegensatz zu Interessenverbänden nicht die permanente Vertretung und Wahrnehmung von Werten, Ideologien und Interessen verfolgt, sondern die punktuelle Beeinflussung anstrebt.

Lobbying und Interessenvertretung existieren parallel und haben geteilte Aufgaben: Lobbying artikuliert einzelne konkrete Interessen und Forderungen gegenüber den Entscheidungsträgern. Interessenvertretung hingegen sorgt für die andauernde, gesamtgesellschaftlich relevante Vertretung bestimmter Interessen sowohl verbandsintern als auch gegenüber dem politischen System. Ein Unternehmen als Lobby wird kaum die allgemeine Vertretung von Interessen übernehmen, wobei aber Interessenvertretungen sehr wohl auch Lobbying betreiben.

In den Parlamenten Europas gibt es ein Spezifikum, das zu einem Gutteil aus der tradierten Rolle der Sektorenverbände resultiert: Die „Built-in-Lobbyisten", die eingebauten Lobbyisten. Diese Bezeichnung steht für die Institutionalisierung der Einflussnahme vor allem von Verbänden durch die Tatsache, dass Abgeordnete zugleich Funktionäre der verschiedenen Interessenverbänden sind. Also wenn etwa die mit Gesundheitspolitik befassten Abgeordneten in ihrem Beruf Ärzte sind und damit zumindest Mitglied, wenn nicht – wie meist der Fall – Funktionäre des Ärzteverbandes oder der Ärztekammer sind. An sich ist dies Ausdruck des perfekten Lobbyings, obwohl die Betroffenen stets darauf verweisen, dass dies nichts mit Lobbying zu tun habe.

Selbstverständlich wird sich beispielsweise ein Funktionär eines Bauernverbandes, der als Abgeordneter oder Minister tätig ist, nicht für eine höhere Besteuerung der landwirtschaftlichen Nutzflächen aussprechen. Interessant in diesem Zusammenhang ist, dass einige Interessen über solche „Built-in-Lobbyisten" sehr gut, andere jedoch weniger gut vertreten sind. Für die Lobbying-Praxis heißt das, dass durch die Kenntnis der „eingebauten Lobbyisten" damit relativ klar vorab bekannt ist, welche Gruppe welche Argumente vertreten wird und welcher Abgeordnete für welche

Argumente empfänglich ist. Das Credo heißt demnach nicht, Einfluss über persönliche Beziehungen auszuüben, sondern Sachwissen und die Fähigkeit, zur richtigen Zeit die richtigen Hebeln bedienen zu können. In den USA heißt das ganz einfach: „If you go hunting you go were the ducks are!"

Angetrieben von den Veränderungen des Interessenvermittlungssystems gehen auch immer mehr Interessenverbände im deutschsprachigen Raum dazu über, ihre Lobbying-Aktivitäten in den Vordergrund zu rücken. Doch auch die **Gewerkschaftsverbände** ziehen nach. Während Gewerkschaften einst auf gesicherte Kontakte zur Politik setzen konnten, ist heute Lobbying gefragt. Dies wurde früher „meist so nebenbei gemacht, in der Hoffnung, dass die Masse hinter der Adresse die nötige Druckkulisse bedeutet", erklärt Michael Guggermos von IG-Metall Deutschland gegenüber dem Fachmagazin „politik & kommunikation" (Mai 2003, Seite 42). „Erst heute erkennen wir, dass es bei Lobbying meist um die frühzeitige Erkennung von Problemen geht." Und Wolfgang Römisch (verdi, Vereinte Dienstleistungsgewerkschaft Deutschland) ergänzt: „Wir bieten der Politik Lösungen an, die die Handlungsspielräume und Zwänge des Gegenübers bereits berücksichtigen." Ähnliches zeigt sich in Österreich: Nach wochenlanger Konfrontation zwischen Bundesregierung und ÖGB (Österreichischer Gewerkschaftsbund) über die Neugestaltung des Pensionssystems, die im Frühsommer 2003 bis zu Streiks führte, ließ die Gewerkschaft verkünden: „Die Auseinandersetzung um die Pensionsreform wird endgültig von der Straße ins Parlament verlagert. Dort wird der ÖGB bis zur Abstimmung am Mittwoch Lobbying betreiben." (Neue Kronen Zeitung, 8. Juni 2003, Seite 3)

Angewandtes Politik-Management für Unternehmen

„In der Politik kommt es nicht darauf an, dass man Recht hat, sondern dass man Recht bekommt."

Fritz Erler, SPD (zitiert in: Merkle, 2003)

Lobbying ist weder eine Geheimwissenschaft, noch eine Aufgabe, die exklusiven Zirkeln vorbehalten wäre. Lobbying umzusetzen heißt im Kern nichts anderes, als die Funktionsweisen und Handlungsspielräume der Politik zu verstehen und darauf aufbauend die eigenen Interessen zu artikulieren. Ein Lobbyist für ein Unternehmen oder einen Verband zu sein, heißt, sich als „Merchant of Information" – als Informationshändler – zu bewähren. Die einzige Währung im Lobbying ist die Information, die Interessen und Know-how mit politischer Argumentation verschmilzt. Dabei gilt das Hauptaugenmerk den jeweiligen Informationsbedürfnissen und Handlungsspielräumen des oder der relevanten Entscheidungsträger(s).

Eine andere Sichtweise, die Kernaufgabe von Lobbying zu beschreiben, besteht in der sogenannten „Tripple Eye"-Regel, benannt nach den drei identen Anfangsbuchstaben der zentralen Lobbying-Aspekte („i", Englisch):

> ➢ *Interessenvertretung (Interest Representation)*: Was auch immer an Mythen und Gerüchten bestehen mag, Lobbying ist nichts anderes als die punktuelle und systematische Vertretung der spezifischen Interessen zum Vorteil des Auftraggebers.

> ➢ *Informationsaustausch (Information Exchange)*: Realisiert wird professionelles Lobbying durch den Input von relevanten Informationen in Verbindung mit legitimen Interessen zum Vorteil der Entscheidungsträger und des Unternehmens.

> ➢ *Informelles Vorgehen (Informal Operations)*: „informell" steht nicht für geheim, sondern für die Kardinalregel, dass Lobbying dem Verständnis nach „non-public" ist und daher nicht im Scheinwerferlicht der massenmedialen Öffentlichkeit stattfindet, sondern meist in persönlichen Arbeitsgesprächen.

Eine der zentralen Grundregeln der Politik ist, dass politische Entscheidungsträger zur Begründung ihrer Entscheidung eine Brücke zwischen vier Kernaspekten herstellen müssen: Eine politische Entscheidung ist dann hinreichend begründet, wenn sie erstens die Sachfrage, zweitens die entsprechenden Interessen der Partei, drittens die Erwartungen der Wähler und viertens die daran anknüpfenden Wertvorstellungen zu einer Argumentation verknüpft. Dies ist als Vorgabe für die Lobbying-Argumentation zu verstehen und zu befolgen. Kein Politiker hat die Möglichkeit, ausschließlich isolierte Partikularinteressen eines Verbandes oder eines Unternehmens zu akzeptieren und zu verfolgen. Eine solche Vorgangsweise wäre schlichtweg der Funktionsweise der Politik diametral entgegengesetzt.

Ein weiteres Faktum in diesem Zusammenhang ist, dass die Politik selbst professioneller wird. Immer mehr politische Ämter werden von Profipolitikern bekleidet. Wurden Politiker früher primär aus einer fachlichen Vergangenheit rekrutiert – Bauernfunktionäre als Landwirtschaftspolitiker, Gewerkschaftsfunktionäre als Sozialpolitiker zum Beispiel – so zeigt sich heute ein Trend hin zu Profipolitikern. Dabei spielt die fachlich-berufliche Vergangenheit weniger Rolle als etwa Karrieren in politischen Parteien oder Institutionen mit Naheverhältnis zu bestimmten politischen Parteien. Der Terminus „Berufspolitiker" greift daher nicht nur im deutschsprachigen Raum immer mehr um sich – daran knüpft sich auch immer wieder Kritik, die von den politischen Parteien beispielsweise durch die Platzierung von

„Quereinsteigern" – etwa Managern aus Unternehmen – zu kompensieren versucht wird.

Aus dieser Entwicklung des politischen Systems resultiert letztlich, dass politische Entscheidungsträger primär als Generalisten agieren und die erforderliche inhaltliche Kompetenz der Entscheidungsvorbereitung auf ihre Mitarbeiter und Stäbe überwälzen. Für die Lobbying-Argumentation ist in diesem Zusammenhang entscheidend, dass diese Profipolitiker nach den Kriterien „generell/abstrakt" entscheiden. Auf Basis der genannten vier zentralen Faktoren versucht der Politiker Entscheidungen zu treffen, die generelle Gültigkeit haben und nicht im Detail verhaftet bleiben. Im Unterschied dazu sind die Interessen und Anliegen von Unternehmen oder Verbänden im Regelfall „individuell, konkret und spezifisch". Diesen scheinbaren Widerspruch zu überbrücken, ist daher eine wesentliche Aufgabe der effektiven Lobbying-Argumentation und daher in jedem Fall zu berücksichtigen.

Der Versuch eines Unternehmens, rein sein Partikularinteresse durchsetzen zu wollen, wird aus diesen Gründen nicht nur auf wenig Gegenliebe, sondern auch auf Unverständnis stoßen. Eine der zentralen Aufgaben des Lobbyings ist es, von vornherein eine argumentative Verbindung zwischen den eigenen Interessen und dem Interesse des politischen Entscheidungsträger zu schaffen. Nur so kann Lobbying erfolgversprechend sein.

Lobbying betreiben zu wollen und dabei seinen eigenen Handlungsspielraum zu überschätzen oder nicht auf die Bedürfnisse der Politik einzugehen, kann fatale Folgen haben.

> Am Beginn der europaweiten **BSE-Krise** hatten die Lobbyisten der deutschen Landwirtschaft und Tierfutterproduktion gegenüber der Politik behauptet, in Deutschland sei BSE de facto nicht möglich. Ein Verbot der Fütterung von Rindern mit Tiermehl wäre deshalb in Deutschland nicht erforderlich. Diesen Informationen Glauben schenkend, sprach der deutsche Bundes-Landwirtschaftsminister wiederholt vom „sicheren" deutschen Rindfleisch. Selbst die Warnung einer europäischen Expertenkommission wonach BSE in Deutschland nur noch nicht nachgewiesen, allerdings wahrscheinlich sei, erschütterte den Minister nicht. Und dann gab es doch deutsche BSE-Rinder. Die Politiker, die der Landwirtschaft geglaubt hatten, waren blamiert. Landwirtschaftsminister und Gesundheitsminister mussten in Folge zurücktreten und die politischen Entscheidungsträger wandten sich in Fragen der Tiergesundheit nicht mehr an die Lobbyisten der Landwirtschaft, sondern an die Experten der Tierschutzverbände. (nach: Merkle, 2003)

Ob irreführende Informationen- oder Fehleinschätzung, Fehler im Umgang mit der Politik rächen sich in jedem Fall. Professionelles Lobbying kann – und soll – einem politischen Entscheidungsträger in seiner Arbeit helfen. Der Beitrag des Lobbyisten kann, angehängt an der Artikulation des spezifischen Interesses, in Richtung Aufbau von Expertise, Zugang zu unmittelbarer Information, Treffen von vollziehbaren Entscheidungen gehen, oder auch in Richtung Machtgewinn oder Wiederwahl. Idealerweise profitiert ein politischer Entscheidungsträger in seiner Arbeit durch die Fakten, Informationen und Ideen von Lobbyisten. In einer Win-Win-Situation, die bewusst vom Lobbyisten herbeigeführt wird, profitieren beide Seiten: das Unternehmen durch die Verankerung des spezifischen Interesses und der politische Entscheidungsträger durch den Erhalt seines Handlungsspielraumes, eine erfolgreiche Entscheidungsfindung oder den Aufbau von Expertise, was zu Anerkennung führen kann.

Glaubwürdigkeit ist das vielleicht wichtigste Kapital im Lobbying. Neben Ehrlichkeit und Aufrichtigkeit ist die Wahrheit ein wesentliches Element der Glaubwürdigkeit. Was im Zusammenhang mit der Durchsetzung von Interessen eine wenig pathetisch klingen mag, steht in der Realität in engem Zusammenhang mit dem Aufbau von Vertrauen. Daher sollten Lobbyisten auch davor nicht zurückschrecken, neben den eigenen Interessen und Argumenten auch – wenn passend – die Gegenpositionen ins Treffen zu führen. Dies erleichtert nicht nur die Arbeit des politischen Entscheidungsträgers, sondern erhöht auch Glaubwürdigkeit und Akzeptanz des Lobbyings.

Was politische Entscheidungsträger von professionellen Lobbyisten erwarten:

➢ Genaue Kenntnis der Materie und der Zusammenhänge

➢ Genaue Kenntnis der Zuständigkeiten, Prozesse und Handlungsspielräume des Gesprächspartners

➢ Zahlen, Daten, Fakten, Hintergründe, Zusammenhänge, klare Einschätzung der Auswirkungen

➢ Ehrliche und aufrichtige Information, Emotionslosigkeit

➢ Kürze, Prägnanz und Genauigkeit

➢ Wichtiges von Unwichtigem trennen zu können

➢ Nicht nur Eigeninteressen, sondern auch Argumentationsbausteine für den Politiker liefern zu können (politische Argumente, etc.)

➢ Keine Verschleierungen: Offenlegung aller Quellen, des Auftraggebers, der Intentionen und Ziele

> Unternehmensinterne Verankerung des Lobbyisten auf höchster Ebene
> Sich nicht als „Zeitdieb" zu verhalten

Die Frage der Legitimation

Zwei wesentliche Faktoren stehen Akzeptanz und Anwendung von Lobbying nach wie vor teilweise entgegen: Zum einen herrscht in Europa nach wie vor das Obrigkeitsdenken vor. Politische Entscheidungsträger und ihr Umfeld gelten als „unantastbar", man hat gelernt, dem politischen System zu vertrauen, Entscheidungen dorthin zu verlagern – wenn auch die Ergebnisse nicht oder nicht ausreichend zufriedenstellend sind. Es gehört sich nicht, so die gelernte Tradition, im politischen System aktiv mitzuwirken. Zum anderen hüten Interessenverbände und Kammern eifersüchtig ihre vielfältigen politischen Einflusssphären und sehen in vielen Unternehmensaktivitäten Konkurrenz und Gefahr für die Demokratie.

Die politische Diskussion, getrieben von abnehmenden Mitgliederzahlen in politischen Parteien und konfrontiert mit einer zunehmenden Aufsplitterung der politischen Landschaft, versucht Lobbying entweder weiter zu dämonisieren oder das Recht zur Mitwirkung ausschließlich traditionellen Interessenvertretungen zuzuerkennen. Umgekehrt reklamieren Verbände, Kammern und politische Parteien den Interessenvertretungsanspruch exklusiv für sich. Lobbying ist ein seriöses politisches Instrument, das jenen Interessen Gehör verschaffen kann, die ansonsten nicht gehört werden. Lobbying als politische Interessenartikulation will Entscheidungen beeinflussen, natürlich zum subjektiv eigenen Vorteil. Einfluss und Zugang zu den Gremien der Entscheidungsfindung hängen heute nicht mehr von der allgemeinen politischen Bedeutung oder Bekanntheit der Akteure ab, sondern sind zu einem Informationswettkampf geworden: Möge das bessere Argument gewinnen.

In teilweise völliger Verkennung der Realität wird der Begriff Lobbying heute nahezu für alle artverwandten Tätigkeiten verwendet. Sie wollen in die Medien kommen? Lobbying ist die Antwort. Der Vorstandskollege geht eigene Wege? Mit Lobbying wird er zurückgeholt. Und selbst die schlechten Schulnoten der Kinder werden heute mit Lobbying korrigiert, auch wenn damit nur der reumütige Gang in die Sprechstunde des Klassenlehrers gemeint ist. Lobbying wurde domestiziert und zugleich sinnentleert.

Einerseits wurden bei der Übernahme des englischen Begriffes in den deutschen Sprachgebrauch Bedeutung und Inhalt nicht vollständig mitgenommen. Andererseits vermuten klassische PR- und teils auch Werbeagenturen hinter dem vieldiskutierten Begriff Lobbying ein lukratives

Geschäftsfeld. Manche davon verfügen zweifelsohne über ausreichend Kompetenz, um Lobbying-Beratung anbieten zu können. Das marktschreierische Verhalten gepaart mit herkömmliche Angebotsmuster droht jedoch Gefahr zu laufen, Unheil und Verwirrung zu stiften.

Lobbying ist die Beeinflussung von politischen Entscheidungen durch Personen, die nicht an diesen Entscheidungen beteiligt sind.

– Regierungsentscheidungen sind Entscheidungen des politischen im Allgemeinen und des bürokratischen Bereichs im Speziellen. Dazu gehören vor allem Gesetze, Verordnungen, Novellierungen und Regulierungen.

– Im weitesten Sinne sind damit sämtliche Institutionen und Behörden Adressaten des Lobbying, die diese Regelungen vorbereiten, ausführen und kontrollieren. Damit ist auch die Vergabe von Förderungen, Zuschüssen oder Aufträgen in diesen Bereichen inkludiert.

– Geht man noch weiter, dann gehören zu den Regierungsentscheidungen auch sämtliche vorgelagerten und staatsnahen Organe: etwa Gewerkschaften, Parteien und Interessenvertretungen, Non-Profit- und Nichtregierungsorganisationen.

– Damit ist klar, dass Lobbying sowohl auf kommunaler, regionaler und nationaler Ebene Platz greift wie in zwischenstaatlichen und supranationalen Fragen.

– Sämtliche Aktivitäten, die zwar solche Entscheidungen beeinflussen, diese Beeinflussung jedoch Zufall ist und so nicht beabsichtigt war (Kriege, Katastrophen etc.), sind nicht als Lobbying zu verstehen.

– Eine der wesentlichsten Einschränkungen von Lobbying ist darin zu sehen, dass Lobbying eigentlich nur dann vorliegt, wenn die Beeinflussungsversuche von Personen oder Gruppen ausgehen, die selbst nicht an der Entscheidung beteiligt sind. Wenn also ein Beamter, der am Entwurf einer Entscheidung beteiligt ist, selbst aus eigener Überzeugung einen einzelnen Paragraphen abändert, hat dies (vermutlich) nichts mit Lobbying zu tun.

„Lobbyist" wird oftmals als Schimpfwort gebraucht. So geht auch die Mär vom Lobbyisten als anrüchigem Schwerverdiener, der seine Geschäfte bei teuren Menüs und auf luxuriösen Yachten ausübt. Bestechung und Skandale gehören daher zum öffentlichen Bild des Lobbyisten. Unbedarften Bürgern erscheint ein Lobbyist, der mit Mobiltelefon und schwarzem Aktenkoffer hintern den Säulen des Parlaments auf seinen Abgeordneten wartet, als Grenzgänger zwischen Mafia und Geheimdienst. Ein Image, dass sowohl von schwarzen Schafen der Branche stammt als auch von manchen Politikern und Verbandsvertretern geschürt wird.

Die Realität des Lobbyismus ist davon weit entfernt. Seriöse Lobbyisten sind mit seriösen Rechtsanwälten zu vergleichen. Im Auftrag des Klienten werden spezielle Interessen vertreten, meist jene Interessen, die vom Unternehmen selbst oder dem Branchen- oder Berufsverband nicht oder nicht ausreichend wahrgenommen werden. Ein Lobbyist managt die Anliegen und Interessen eines Unternehmens. Lobbyisten suchen Verbündete, um dem Anliegen mehr politisches Gewicht zu verleihen, sie initiieren Medienberichte und schreiben politische Reden, um den Auftrag des Klienten zu erfüllen. So wie der Anwalt Zeugen, Beweisstücke und Gutachten auffährt und damit seinem Klienten eine punktuelle Argumentationsplattform aufbaut, mit welcher er vielleicht gewinnen wird.

Einer der größten Fehler im Lobbying besteht im Irrglauben, alleine zu sein. Lobbyisten definieren Argumente und Aussagen in den Schnittmengen der Positionen des Umfeldes, heben einzelne hervor, schließen sich anderen an und versuchen wieder andere zu verhindern. Das Wissen um die Positionierung des eigenen Anliegens im Verbund aller anderen Haltungen trennt die Interessenlage in drei Felder: Neutrale, Gegner und potentielle Verbündete.

Um ein punktuelles Interesse aus seiner Isolation herauszuführen und zu einem respektierten Anliegen mit Aussicht auf Erfolg zu trimmen, gehören Geschicklichkeit, Know-how und Professionalität. Ein singuläres Interesse von einem Unternehmen, einer kleinen Gruppe oder einem spontanen Zusammenschluss solcher Akteure tritt in Widerspruch zu den bestehenden Interessen. Das primäre Ziel ist es, respektiert und akzeptiert zu werden, oder anders gesagt, Zugang zur Entscheidungsfindung zu finden.

Akzeptiert und respektiert, also gehört zu werden, verlangt nach dem situationsspezifischen Zugang zum jeweiligen Entscheidungszentrum. Versagt der Verband oder sieht er sich nicht in der Lage, das Interesse zu vertreten, muss der direkte Weg gesucht werden. Das Interesse muss also versuchen, die Durchsetzung nicht Dritten zu überlassen, sondern selbst in die Hand zu nehmen. Doch wo beginnen? Wer trifft die Entscheidung? Wer ist daran beteiligt? In welchem Stadium befindet sich die Entscheidungsfindung? Wann soll diese öffentlich werden? Wo passt die eigene Forderung hinein? Hier kommen die Lobbyisten zum Zug, die die richtigen Personen und den effizientesten Zugang kennen oder aufbauen.

Die in Österreich so gerne verwendete Bezeichnung der „Freunderlwirtschaft" für Lobbying ist dabei grundfalsch. Es ist nicht ausschlaggebend, zu welchen Politikern oder Beamten der Lobbyist gute Beziehungen hält. Viel wichtiger ist, ob sich der Lobbyist Zugang zum betreffenden Entscheidungsträger verschaffen kann. Lobbying ist nicht mit Gefälligkeit ident, obwohl dies oft vermutet und teilweise auch versucht wird. Persönliche

Bekanntschaften können nützlich sein, um die Vorarbeiten für Lobbying ausführen zu können, also die Karte zu zeichnen, nach der navigiert wird. In oftmals jahrelanger Arbeit werden Puzzleteile zusammengetragen, die aus dem offiziellen Rechtskodex nicht abzulesen sind, jedoch über Erfolg und Misserfolg von Lobbying entscheiden; Informationen miteinander verknüpft, die sich zu einem Gesamtbild fügen.

Dazu zählt des Weiteren das Wissen um die Effizienz unterschiedlicher Kommunikationskanäle. Nicht nur wer welche Entscheidung trifft, ist wichtig zu wissen, sondern auch wer auf wen hört und wer sich welcher Informationsquellen bedient. So können einerseits die Massenmedien das Interesse des Klienten breitenwirksam darstellen, den direkt oder indirekt angesprochenen Entscheidungsträger jedoch andererseits in höchstem Maße verstimmen. Damit ist die Chance auf erfolgreiches Lobbying vorbei. Wenn auch nach drei Wochen beständigen Telefonierens der Abgeordnete aus Zeitmangel keinen Gesprächstermin gewährt, ist das persönliche Gespräch, in dem die Anliegen erklärt werden sollten, eindeutig nicht zielführend. Hier kann etwa eine schriftliche Argumentation effizienter sein.

Lobbying als politischer Tauschprozess

Seriöses Lobbying bedient sich in weiten Bereichen der Instrumente von Interessenverbänden: Einem Unternehmen ist es etwa nicht möglich, politischen Druck auszuüben und die Androhung einer Leistungsverweigerung durch einen Konzern ist gegenüber dem Staat nur wenig effizient. Der ausschlaggebende Aspekt des Lobbyings ist die sachdienliche Information. Sie bildet den wahren Machtfaktor. Informationen, die für die Entscheidungsfindung von Bedeutung sind, die Abgabe dieser Information nach zeitlichen und politischen Kriterien, ihre Aufbereitung, Quelle und Verlässlichkeit bilden die Basis des professionellen Lobbying. Die Kunst besteht darin, Informationen dieser Art so effizient wie möglich zu kommunizieren und an den richtigen Adressaten zu kanalisieren.

Boten früher die tradierten Verbände ihre Expertise, ihre Ressourcen und ihre Rückkoppelung an die Gesellschaft als Währung im politischen Tauschprozess an, so wird diese Funktion mehr und mehr von Unternehmen eingenommen. Über lange Zeit verfügten Verbände und Kammern über eine Monopolstellung in diesem Tauschprozess, da es außer ihnen kaum ernstzunehmende oder auch interessierte Gruppierungen gab, die ihnen diese Stellung streitig machen konnten. Daraus resultierten jedoch historisch gesehen immer größere Forderungen im politischen Tauschprozess. Aus der ursprünglichen Intention der Gewerkschaft, gehört zu werden, die Interessen der Arbeitnehmer zu berücksichtigen, entstanden Forderungen, die über die permanente Einbindung bei sämtlichen Entscheidungsprozessen bis hin zur Reklamation wesentlicher politischer Ämter führten. Die Gegenleistung für das politische System mutierte von der anfänglichen Unterstützung hin zur heute aktuellen primären Machtdemonstration in der Begrenzung auf die Androhung von Streik und Protest. Die verständliche Formel dieses Tauschprozesses lautet daher: Je intensiver wir als Interessenvertretung in die Politik einbezogen werden, desto mehr garantieren wir die Ruhestellung unserer Mitglieder.

Auch auf Seiten der politischen Entscheidungsfindung ergaben sich drastische Änderungen, die die Anforderungen an Beitragsleistungen veränderten. Ein Rechtssystem ist zu keiner Zeit vollendet in dem Sinne, dass keine weiteren Regelungen mehr erforderlich sind. Es folgen Adaptierungen und Novellierungen, Anpassungen an internationale Regelungen oder es entstehen durch sich ändernde gesellschaftliche Bedingungen neu zu regelnde Materien. In jedem Fall sehen Experten eine Verlagerung in Richtung eines vermehrt technokratischeren Regelungsbedarfes: spezifische punktuelle Fragen anstatt allgemeinpolitischer Aspekte.

Information als Währung

„Viele Abgeordnete wenden sich aus eigenem Antrieb an Lobbyisten", weiß der deutsche Politologe Klaus von Beyme zu berichten, „Je schlechter die Abgeordneten mit Sekretariatshilfe, Assistenten und einem umfangreichen parlamentarischen Hilfsdienst versorgt sind, um so stärker müssen sie dazu greifen, sich ihre Informationen von interessierten Verbänden zu besorgen." Verbände, Unternehmen oder andere Lobbies verfügen über sehr spezielles und praxisrelevantes Know-how, das sie von ihren Mitgliedern oder aus ihrer eigenen Tätigkeit akquirieren. Die politische Entscheidungsfindung will realisierbare Entscheidungen fällen und benötigt diese Informationen. Demnach kommt den Unternehmen, im Sinne der Government Relations, de facto eine Bringschuld in Sachen Information zu. Mit Offenheit und dem aktiven Anbieten von Informationen können eigene Interessen eher kommuniziert werden als mit abwartender Zurückhaltung und der Hoffnung, dass nichts passieren wird. Wer auf der politischen Bühne nicht aktiv kommuniziert und sachlich informiert, der darf sich auch bei einer nachteiligen Entscheidung nicht lautstark ärgern.

Umgekehrt liegt der Grund für die Akzeptanz solcher Informationen darin, dass die befassten Beamten und Sachbearbeiter die Komplexität in der Gesamtheit ihrer Handlungsanforderungen kaum mehr alleine bewältigen können. Sie können auch selten den Überblick über alle mit einem Problem zusammenhängenden Sachfragen behalten. Politische Entscheidungsträger haben die notwendige Berufsneigung, Probleme isoliert zu betrachten und kurzfristige Lösungen anzustreben. Auch wenn die Beamten eine spezielle Fachausbildung aufweisen, ist es praktisch für sie unmöglich, neben ihrer alltäglichen Arbeit in Sachen aktueller Forschungsstand auf dem Laufenden zu bleiben. Deshalb ist die fachliche Ergänzung durch externe Experten eher als Hilfe denn als Einmischung zu bewerten. Jener Ministerialbeamte, der mit der Ausarbeitung eines Gesetzes über Emissionsgrenzen in Verbrennungskesseln befasst ist, wird gerne die Expertise eines Technikers einholen, der für einen internationalen Kesselproduzenten tätig ist, weil dieser in der Lage ist, sein Wissen zu ergänzen, internationale Erfahrungen einzubringen, die technische Machbarkeit zu demonstrieren und damit an einer seriösen Regelung mitwirkt.

Bedenkt man die Fülle an Verordnungen, Novellen und Gesetzen, die alljährlich entstehen, und die damit implizierten gesellschaftlichen Konsequenzen, dann wird die Last der Entscheidung deutlich. Aussagen von Abgeordneten, sie hätten – spät nachts und übermüdet – nicht gewusst, welchen gesetzlichen Inhalten sie eigentlich mit dem Heben ihrer Hand zustimmten, dürfen nicht verwundern. Manchmal gestehen selbst Politiker ein, dass sie ein beschlossenes Gesetz nicht wirklich verstehen. Hier setzt die Mitwirkung von Unternehmens-Lobbying an.

Hilfestellungen in Form von Expertenwissen oder detaillierten Sachkenntnissen verschaffen dem Entscheidungsträger eine Übersicht über die anstehende Problematik und über die aktuellen gesellschaftlichen Interessenlagen. Die Mitarbeiter in Ministerien und Behörden können nicht immer sämtliche Aspekte eines Sachverhaltes kennen oder deren Bedeutung in allen Facetten abschätzen. Lobbying, so die Schlussfolgerung, muss daher eine klare Analyse und Bewertung des eigenen Status Quo und der zu erwartenden Entwicklungen anbieten und die Forderungen argumentativ untermauern können. Auch die Objektivität muss gewahrt sein. Dies erscheint auf den ersten Blick unlogisch, handelt es sich beim Lobbying doch um subjektive Interessenartikulation. Gemeint ist damit, nicht nur die eigenen Wünsche und Interessen in den Vordergrund zu stellen, sondern entgegengesetzte Interessen zu berücksichtigen; die Sache ist damit deutlich seriöser und besser zu verwenden. Objektivität ist weiters gleichzusetzen mit Gewissenhaftigkeit und Vertrauenswürdigkeit. Wenn ein Abgeordneter Informationen, die ihm ein Lobbyist zukommen ließ, im Parlament oder der Öffentlichkeit verwendet und diese Informationen erweisen sich später als nicht stichhaltig oder überhaupt als falsch, so ist damit mehr als nur die Vertrauensbasis zerstört.

Wendet sich ein Entscheidungsträger auf der Suche nach speziellen Informationen an Unternehmen, so erwartet er sich Hilfestellung und Unterstützung. Lobbying als Geben und Nehmen von sachlichen Informationen zwischen Lobbyisten und Entscheidungsträgern ist ein politischer Tauschprozess, bei dem, wenn er seriös verläuft, die Vorteile auf beiden Seiten liegen.

Die Information ist in jedem Fall die Währung im politischen Tauschprozess: Je besser, effizienter und zweckdienlicher die Information für die Arbeit des Beamten oder Politikers ist, desto eher ist dieser bereit, einzelne darin enthaltene Interessen und Anliegen zu akzeptieren. Informationen, die den Adressaten in seiner Arbeit unterstützen können oder ein Problem lösen helfen, sind die elementaren Bausteine. Lobbyisten werden daher auch als „merchants of informations", als Informationshändler, bezeichnet.

Effizientes Lobbying Step by Step

Lobbying folgt keinem Rezept. Es muss dem jeweiligen Bedarfsfall angepasst sein. Instrumente und Ziele variieren von Fall zu Fall. Lobbying ist kein isoliertes Kommunikationsinstrument, der Erfolg der Einflussnahme hängt von der Vernetzung mit anderen Public-Affairs-Aktivitäten ab. Basierend auf dem Public-Affairs-Management sind folgende zentrale Aspekte zu beachten:

1. Möglichst frühzeitig beginnen
- Kontaktaufnahme zu den relevanten Entscheidungsträgern, möglichst noch bevor die Gegenseite diesen Schritt setzt.
- Diese Kontakte auch suchen und aufbauen, wenn kein konkreter (krisenhafter) Anlass vorliegt.
- Einrichtung einer internen Koordinierungsgruppe.

2. Expertise aufbauen
- Wissen um die Entwicklungsgeschichte des Themas/Gesetzes.
- Auswirkungen – lokal, regional, national, eventuell supranational – berücksichtigen.
- Eigene Positionierung und Argumentation dazu erstellen.
- Was kann der jeweilige Ansprechpartner unternehmen?

3. Auf den Ansprechpartner einstellen
- Ist seine Zuständigkeit tatsächlich gegeben?
- Ist er bereits in die Materie eingearbeitet?
- Welchen Standpunkt vertritt er? (Eventuell bei ähnlichen Fragen)
- Welche Aufgabe kann er bei dieser Frage übernehmen?

4. Exakte Recherche der Entscheidungsfindung
- Kenntnis der formalen Entscheidungsverläufe ist die Grundvoraussetzung.
- Recherche, welche Ausschüsse, Gremien und Personen wofür zuständig sind.

➢ Genaues Studium aller relevanten Gesetze und Berichte der Parteien sowie Parlamentsklubs.

➢ Treffen mit Parlamentariern an deren sitzungsfreien Tagen ansetzen.

5. Treffen mit politischen Entscheidungsträgern

➢ Pünktlichkeit auch dann, wenn das Gegenüber gerne zu spät kommt.

➢ Nach Möglichkeit zuerst mit dem zuständigen Mitarbeiter des Entscheidungsträgers über die Frage diskutieren, zur Auslotung der Stimmung und Positionen.

➢ Selbstsicher, aber nicht unverschämt sein, jedenfalls das Gespräch nicht in Grundsatzdiskurse abschweifen lassen.

➢ Sachlage klar und verständlich vorbringen, Offenheit für Fragen bewahren und nicht mehr Zeit in Anspruch nehmen, als unbedingt notwendig ist.

➢ Nicht vergessen: konkrete Fragen bringen konkrete Antworten, Aktivitäten besprechen.

6. Sachinformationen und Unterlagen vorbereiten

➢ Entscheidungsträger sind in ihrer Arbeit auf solide Informationen angewiesen, daher: Aufstellung der Daten, Fakten, Interpretationen und Meinungen mitbringen.

➢ Zusätzlich zu allen mitgebrachten Unterlagen eine Zusammenfassung auf einer Seite vorbereiten – die eigenen Anliegen dabei nicht vergessen.

➢ Bei all dem: fachliche Korrektheit, keine Fehler und keine Verwirrung stiften.

➢ Für alle Informationen vor dem Treffen: Check – Recheck – Double-Check!

7. Nachbearbeitung des Treffens mit dem Entscheidungsträger

➢ Zusammenfassende Gesprächsnotiz an den Gesprächspartner senden.

➢ Verbindung, auch zu den Mitarbeitern, aufrecht erhalten und sie informiert halten.

➢ Aktivitäten des Gesprächspartners in der Sache verfolgen.

8. Interessenskoalitionen aufbauen

➢ Unterstützung bei anderen Organisationen, Unternehmen oder Personen suchen.

➤ Selektive Weitergabe von Informationen zur Materie an diese Partner, zugeschnitten auf deren Bedürfnisse und Ziele, aber stets im gemeinsamen Interesse.

➤ Koordination gemeinsamer Aktionen jedenfalls behalten.

➤ Permanenter Kontakt zu den Koalitionspartnern, den Informationsfluss aufrecht erhalten und Flexibilität für Kurskorrekturen bewahren.

9. Sieg oder Niederlage

➤ Egal ob Sieg oder Niederlage: Den Unterstützern danken.

➤ Im Siegesfall die „Verlierer" nicht ignorieren oder beschimpfen.

➤ Bei einer Niederlage: Nicht jammern, sondern sofort mit der Planung neuer Maßnahmen beginnen.

➤ In jedem Fall Würde bewahren: Die Opposition von heute kann morgen schon der wichtigste Verbündete sein.

Exkurs: Lobbying in den USA

Für das Funktionieren des politischen Systems der USA ist Lobbying eine Selbstverständlichkeit. Ohne die Unterstützung der Lobbies und Unternehmen werden keine Präsidenten und Abgeordnete gewählt, ohne Druck und Gegendruck entstehen keine Gesetze. Lobbyismus durchdringt die Gesellschaft der Vereinigten Staaten von Amerika von den Wurzeln bis zur Spitze des Staates. Zwar gilt Washington, D.C., als Hauptstadt des Lobbyismus, Lobbyisten sind aber in jeder Hauptstadt aller 50 Bundesstaaten zu finden. Ihre Gesamtzahl beläuft sich auf gut 200.000 Personen. Das amerikanische Lobbying bezieht sich in seiner Legitimation auf die Verfassung der Vereinigten Staaten. Im First Amandment der „Bill of Rights" ist neben der Redefreiheit und der Pressefreiheit auch die Versammlungsfreiheit der Bürger verankert sowie, und dies ist der Kern für Lobbyismus, „the right to petition" – das Recht eines jeden Bürgers, Petitionen an die Regierung zu stellen, um Missstände zu beheben.

Natürlich leiten nicht nur einzelne Bürger aus dem First Amandment ihr Recht auf Beeinflussung der Politik ab, sondern auch Verbände und Unternehmen, die ihre vitalen Interessen zu schützen oder verteidigen beabsichtigen. Wer ein Interesse hat, der muss es vertreten, schützen und notfalls auch verteidigen.

Die Hauptstadt der USA ist längst zur Hauptstadt der Lobbyisten geworden. Von der „town of lobbyists" ist ebenso die Rede, wie von der „army on Potomac", benannt nach dem Fluss der durch Washington fließt.

Annähernd 40.000 eingetragene Lobbyisten üben den Beruf der politischen Beeinflussung alleine in Washington, D.C., aus und seit Jahrzehnten ist Lobbying ein professioneller Berufsstand mit Kodex, Transparenz und Verband. Der berüchtigte Umstieg von Spitzenbeamten und Politikern ins Lobbying-Geschäft, das so genannte „Revolving Door Syndrome", und damit die Beeinflussung ehemaliger Kollegen bereits wenige Tage nach dem Berufswechsel wurde vor wenigen Jahren per Gesetz erschwert: Heute gilt ein einjähriges Berufsverbot. Jedes Jahr veröffentlich schließlich das Wirtschaftsmagazin Fortune eine Liste der einflussreichsten Lobby-Organisationen und Lobbyisten in Washington, D.C. Einer aus dieser Kategorie, der besonders vom Mythos Macht umgeben ist, ist Tom Korologos – auch gerne mystifizierend als 101. Senator der Vereinigten Staaten beschrieben. Aktiv für die größten Konzerne der USA lebt er seine eigene Theorie, die ihn bereits zu Lebenszeiten in die Ruhmeshalle der Lobbyisten erhoben hat: „Democracy is not a spectator sport. God damn, it's a hands on sport to help those that help us!"

Mit Sicherheit einer der bekanntesten Lobbyisten Washingtons ist jedoch von ganz anderer politischer Bedeutung: 1982 gründete der ehemalige US-Außenminister Henry Kissinger seine Lobbying-Firma, „Kissinger Associates Inc.". Nach eigenen Angaben konzentriert sich die Firma auf politische Analysen und Strategieberatung für Kunden wie Coca Cola, Volvo oder China. Einer der Partner von Kissinger Associates, Lawrence Eagleburger, wurde 1989 in das Amt eines Staatssekretärs der Bush-Administration erhoben. Er musste dafür dem Kongress ein Liste jener Kunden vorlegen, für die er bei Kissinger Associates als Lobbyist arbeitete. Seine Neubestellung in ein politisches Amt wurde in Washington als genialer Lobbying-Schachzug von Henry Kissinger und seinen Partnern gewertet. Als Präsident George W. Bush 2002 Henry Kissinger zum Vorsitzenden der Regierungskommission für die Aufklärung der terroristischen Attentate am 11. September 2001 machen wollte, lehnte Kissinger dankend ab – er hätte dafür nämlich seinen Lobbyisten-Job vorübergehend aufgeben müssen.

Das politische System der USA in Form des Zweiparteiensystems ist stark polarisiert und fragmentiert. Aufgrund des Persönlichkeitswahlrechts sowie der nach europäischen Verhältnissen schwachen Parteistrukturen sind die politischen Amtsinhaber und Kandidaten darauf angewiesen, sich ihre Unterstützungen von anderen Gruppierungen als ihrer eigenen Partei holen, vor allem auch finanzielle Unterstützung in Wahlkämpfen. Das Persönlichkeitswahlrecht führt außerdem dazu, dass jeder gewählte Amtsinhaber seinen Wählern verantwortlich ist – respektive über Wiederwahl oder Abwahl zur Rechenschaft gezogen wird. Lobbies und Unternehmens-Lobbyisten treten daher immer mit dem direkten Konnex zum jeweiligen

Wahlkreis in Erscheinung. Ein wesentliches Element des Lobbyismus ist die finanzielle Unterstützungen der wahlwerbenden Kandidaten, wobei die meisten Lobbies jeweils beide Konkurrenten oder je einen aus den beiden politischen Lagern unterstützen. Da Wahlkämpfe in den USA nur so finanziert werden können und diese Finanzierungen öffentlich einsehbar sind, wird sich der gewählte Kandidat hüten, gerade jene Gruppen aktiv zu unterstützen, die ihm finanziell halfen. Hier geht es um Zugang der Lobbies zu den Entscheidungsträgern, der durch die Mitfinanzierung des Wahlkampfes errichtet wird.

Aus rechtlichen Gründen unterstützen Lobbies die Politiker nicht direkt, sondern über zwischengeschaltete, eigens gegründete PACs: Political Action Committees. Gut die Hälfte der registrierten Lobbies verfügt über solche PACs, die vorwiegend mit Fund Raising betraut sind, dem Sammeln von Geldmitteln für die Kampagne der Politiker. Die Politiker revanchieren sich bei ihren Spendern mit persönlichen Besuchen im Unternehmen, Dinner-Parties für leitende Mitarbeiter oder Ansprachen bei der betrieblichen Weihnachtsfeier. Alle auf diesem Weg eingehobenen Geldbeträge müssen öffentlich ausgewiesen werden. Diese öffentlich zugänglichen „Contribution Records" listen Namen, Adresse und Höhe sämtlicher Geldspenden auf. Nicht selten entstehen hitzige Diskussion über Spender und Spenden, wenn diese Listen in den Medien diskutiert werden.

Die historische Entwicklung des Lobbyismus in den USA führte 1946 zum „Federal Regulation of Lobbying Act". Ein Gesetz, dass mehr Transparenz und Offenheit bringen sollte, nicht jedoch dazu gedacht war, den Lobbyismus zu beschränken. Das Gesetz ist weltweit einzigartig und verdeutlicht den offenen Umgang des politisches Systems der USA mit Lobbying. Unter das Gesetz fallen nur jene Lobbyisten, die hauptberuflich der Beeinflussung nachgehen. Ebenfalls nicht unter das Gesetz fallen die zahlreichen konfessionellen Vereinigungen, neben diversen Sekten auch alle Kirchen. Damit fällt vermutlich ein Drittel der Washingtoner Lobbyisten durch den Rost, die sich nicht eintragen müssen. Das Gesetz verpflichtet die Lobbyisten über ihre Einnahmen und Ausgaben Buch zu führen und diese Finanzberichte quartalsmäßig dem Repräsentantenhaus vorzulegen. Bereits vor Antritt der Tätigkeit haben sich die Lobbyisten dort einzuschreiben und ihre Klienten bekannt zu geben. Neben den Honoraren sowie Art und Höhe der Spesen, müssen jene Medien genannt werden, in denen Artikel „auf Veranlassung" erschienen sind. Beide Häuser des Kongresses interessiert außerdem, welche Gesetzesmaterien die Lobbyisten im Auftrag ihrer Klienten zu unterstützen oder verhindern trachten. 1995 wurde dem Gesetz der „Lobbying Disclosure Act" hinzugefügt, der die Registrierungspflicht weiter ausdehnt und die Meldung über Klienten und Honorare zwei Mal pro Jahr vorsieht.

Lobbying in den USA ist trotz dieser Tatsachen nicht nur ein akzeptierter Bestandteil des politischen Alltags, sondern darüber hinaus ein eigener Berufsstand inklusive Verband und vor allem eine boomende und höchst einträgliche Branche. Dass bei diesen Voraussetzungen die renommierte George Washington University in der Bundeshauptstadt ein sehr angesehenes Lobbying-Studium anbietet, ist weiter nicht verwunderlich (siehe Kapitel 10).

Wie beschrieben, müssen sich Lobbyisten gemäß dem „Lobbying Disclosure Act 1995" zweimal jährlich im Büro des US-Senates eintragen und Auskunft über ihre Klienten sowie das erhaltene Honorar geben. Damit wissen die Abgeordneten auf Knopfdruck, welcher Lobbyist für wen arbeitet und welche Honorare bezahlt werden. Diese Angaben werden vom „United States Senate Office of Public Records" (http://sopr.senate.gov) auch der Öffentlichkeit zugänglich gemacht. Nachstehendes Beispiel ist ein Auszug aus dem Jahresbericht von Top-Lobbyist Tom Korologos: seine Firma Timmons and Company, Inc. gibt dabei an, im Jahr 2002 für den Klienten DaimlerChrysler Corporation 175.000 US-Dollar Honorar erhalten zu haben.

00030072561

Clerk of the House of Representatives	Secretary of the Senate
Legislative Resource Center	Office of Public Records
B-106 Cannon Building	232 Hart Building
Washington, DC 20515	Washington, DC 20510

SECRETARY OF THE SENATE
03 FEB 14 AM 9 17

LOBBYING REPORT
Lobbying Disclosure Act of 1995 (Section 5) - All Filers Are Required to Complete This Page

1. Registrant Name
   Timmons and Company, Inc.

2. Registrant Address ☐ Check if different than previously reported
   Address **Suite 850**   **1850 K Street, NW**
   City **Washington**   State/Zip (or Country) **DC 20006**

3. Principal Place of Business (if different from line 2)
   City   State/Zip (or Country)

4. Contact Name   Telephone   E-mail (optional)   5. Senate ID #
   Michael J. Bates   **202-331-1760**   **mb@timmonsandco.com**   **38164-87**

7. Client Name ☐ Self   6. House ID #
   DaimlerChrysler Corporation   **30974005**

TYPE OF REPORT 8. Year **2002**   Midyear (January 1-June 30) ☐   OR   Year End (July 1-December 31) ☒

9. Check if this filing amends a previously filed version of this report ☐

10. Check if this is a Termination Report ☐ >> Termination Date _____   11. No Lobbying Activity ☐

INCOME OR EXPENSES - Complete Either Line 12 OR Line 13

12. Lobbying Firms	13. Organizations
INCOME relating to lobbying activities for this reporting period was:	EXPENSES relating to lobbying activities for this reporting period were:
Less than $10,000 ☐	Less than $10,000 ☐
$10,000 or more ☒ >> $ **$175,000.00** (Income to nearest $20,000)	$10,000 or more ☐ >> $ _____ Expenses to nearest $20,000
Provide a good faith estimate, rounded to the nearest $20,000 of all lobbying related income from the client (including all payments to the registrant by any other entity for lobbying activities on behalf of the client).	14. REPORTING METHOD. Check box to indicate expense accounting method. See instructions for description of options.
	☐ Method A. Reporting amounts using LDA definitions only
	☐ Method B. Reporting amounts under section 6033(b)(8) of the Internal Revenue Code
	☐ Method C. Reporting amounts under section 162(e) of the Internal Revenue Code

Signature _Michael J. Bates_   Date **2/12/2003**

Printed Name and Title **Michael J. Bates - Vice President and General Counsel**   Page 1 of 6

2. Die Techniken des Lobbyings

Die Systeme Politik und Wirtschaft könnten unterschiedlicher nicht sein und dennoch sind sie in ihrem tagtäglichen Zusammenspiel voneinander abhängig. Unter Politik wird gemeinhin die Ausgestaltung des Zusammenlebens einer Gesellschaft und der dafür erforderlichen Spielregeln verstanden. In einer modernen demokratischen Gesellschaft muss diese Politik laufend widerstrebende Interessen verschiedener gesellschaftlicher Gruppen ausgleichen, um im Sinne des Gemeinwohls steuernd agieren zu können. Ohne diesen permanenten Ausgleich, dessen zentralste Zäsur die Wahlen bilden, kann die Politik ihrem Zielekanon nicht gerecht werden. Die politischen Entscheidungsträger haben gelernt, dass sie vom Input aus Wirtschaft und Gesellschaft in ihrer Arbeit der Entscheidungsfindung enorm profitieren können, dass ihre Arbeit über weite Bereiche von diesem Input abhängt. Die Unternehmen prägen indessen immer professionellere Wege der politischen Mitgestaltung aus. „Gäbe es keine Lobbies, dann müsste man diese erfinden", sagte in diesem Zusammenhang schon Ted Kennedy, Abgeordneter zum US-Repräsentantenhaus.

In einer Gesellschaft entstehen laufend neue Themen oder Anliegen, die aus dem Fortschritt von Wirtschaft, Technik und Gesellschaft ebenso resultieren, wie aus der Globalisierung oder der Regionalisierung. Darüber hinaus wandern Themen auf den Agenden von Politik, Medien und Gesellschaft nach oben, die ebenfalls Handlungs- beziehungsweise Regulierungsbedarf in der Politik auslösen und an denen unterschiedliche Interessen hängen. Privatisierung von Staatseigentum, Erhöhung des Pensionsantrittsalters, leistbare Gesundheitssysteme, Fragen der Forschungs- und Technologieführerschaft, Lebensmittelsicherheit, Betriebsan- und -absiedelungen im globalisierten Wettbewerb, versteckte Monopole oder der Erhalt des ländlichen Raums, um nur einige dieser politischen Herausforderungen zu nennen. Noch bevor sich zu solchen Themenbereichen eigene Gruppen ausprägen, existiert bereits Know-how bei einzelnen Unternehmen und parallel dazu Handlungsbedarf in der Politik. Die Unternehmen haben – teils schmerzhaft und kostenintensiv – gelernt, dass es sich mit Passivität gegenüber der Politik nur schwer leben lässt und die großen Verbände ihre spezifischen Interessen nur zu einem Teil mittragen können. Lobbying findet daher vermehrt Anwendung durch Unternehmen. Teils durch Unternehmensrepräsentanten selbst, teils durch externe Lobbyisten und Lobbying-Experten.

Im Rahmen der Public Affairs, der Anstrengungen eines Unternehmens, seine Rechte und Pflichten als Bürger einer Gesellschaft auszuüben, nimmt Lobbying eine zentrale Rolle ein. Lobbying ist angewandtes Politik-Management für die Belange der Wirtschaft – im übrigen auch für Verbände – und hat die Mitgestaltung an der legislativen und administrativen Ausformung des relevanten Unternehmensumfeldes zum Ziel.

Modernes Lobbying, verstanden als Arbeitsunterstützung der politischen Entscheidungsträger sowie Durchsetzung von spezifischen Anliegen, ist in der Lage, die Handlungsspielräume der Unternehmen zu erhalten beziehungsweise zu vergrößern. Dazu kommen primär politische Instrumente zum Einsatz, die in ihrer Form eine Arbeitserleichterung für die Entscheider darstellen. Dass in dieser, von Professionalität und Fachexpertise geprägten Arbeitsbeziehung zwischen Lobbyist und Entscheidungsträger die massenmediale Öffentlichkeit meist als störend empfunden wird, ist selbstredend. Denn Lobbying ist vom Grundgedanken her „non-public", es geht um den frühzeitigen, sachlichen und punktuellen interessengesteuerten Input in die Entscheidungsfindung. Oder anders gesagt: Lobbying errichtet Win-Win-Situationen, bei denen das Unternehmensinteresse ebenso zum Zug kommt wie die Interessen und Bedürfnisse der Entscheidungsträger.

Die Lobbying-Instrumente

„Lobbying is, what lobbyists do."
US-Sprichwort

Die zum Einsatz kommenden Lobbying-Instrumente basieren auf Kommunikation. Obwohl in der Praxis meist kombinierte Strategien realisiert werden, unterscheidet man prinzipiell:

- **Direktes Lobbying**: die direkte interessengesteuerte Kommunikation mit dem Entscheidungsträger etwa im Rahmen von persönlichen Gesprächen.
- **Indirektes Lobbying**: Mittel und Wege, um anders als über direkte Kommunikation die Interessen zum Entscheidungsträger zu kanalisieren.

Dem Lobbying vorgelagert ist die Tätigkeit des Monitorings oder des „Political Audits". Hier kommen die Tätigkeiten der Public Affairs zum Tragen, also das Sammeln und Auswerten von relevanten Informationen und Dokumenten. Gespräche mit Politikern, Meinungsführern und Experten zählen ebenso zum Monitoring wie klassisches Desk-Research, die Arbeit in Bibliotheken und die Analyse der Medienberichte. All diese Arbeiten dienen nicht nur dem Zweck des wettbewerbsentscheidenden Informationsvorsprungs und der Generierung von Know-how, sondern oftmals schlicht der genauen Definition der eigenen Position. Aus Gesprächen mit politischen Entscheidungsträgern ist am einfachsten abzuleiten, welche Position in einer Diskussion von einem Unternehmen am besten eingenommen werden kann und soll.

Die Professionalisierung des klassischen Lobbyings hin zum Public-Affairs-Management steht – wie dargestellt – nicht zuletzt für den Einsatz von Issues- und Stakeholder-Analyse sowie der Risikobewertung. Die Sammlung und Analyse von Information und der Aufbau der tragfähigen Arbeitsbeziehungen mit den relevanten Entscheidungsträgern sind Grundbaustein des erfolgreichen Lobbyings.

Direktes Lobbying

Dazu zählen sämtliche Wege der direkten und persönlichen Kommunikation, also das Vier-Augen-Gespräch zwischen dem Unternehmenslobbyisten auf der einen Seite und dem Entscheidungsträger und seinen Mitarbeitern auf der anderen Seite. Der informelle Charakter dieser Vorgangsweise wird manchmal kritisiert oder auch skandalisiert, wobei mangelnde Transparenz behauptet wird. Lobbying ist jedoch der Nachvollzug der sozialen Realität, wonach die wirklichen Entscheidungen nur selten im Rampenlicht der Öffentlichkeit getroffen werden. Wenn zwei Abgeordnete unterschiedlicher Fraktionen abseits der Ausschusssitzung Übereinkommen in einem strittigen Punkt erzielen, ist das ein Erfolg der Politik. Wenn ein Lobbyist einen Abgeordneten über seine Interessen informiert und punktuelle Entscheidungen anregt, ist das Prinzip das gleiche.

Direkte Gespräche zählen in jedem Fall zu den effizientesten Methoden des Lobbyings. Eine Untersuchung in den USA ergab, dass 52 Prozent der befragten Lobbyisten persönliche Präsentationen als „sehr effektiv" an die erste Stelle aller Instrumente reihten. Die Voraussetzung für erfolgreiches direktes Lobbying ist neben dem Fachwissen vor allem die detaillierte Kenntnis um den Wissensstand, den Handlungsspielraum und die Sachzwänge des Gegenübers.

Denn die persönliche Präsentation der Anliegen bei einem politischen Entscheidungsträger setzt voraus, dass dessen Meinung, Stellung innerhalb der Partei, seine berufliche und persönliche Herkunft und Kompetenz in der betreffenden Frage ausreichend bekannt sind. Auch bisherige Äußerungen zur betreffende Frage sind zu recherchieren. Was in der Werbung im Nachhinein als Streuverlust bezeichnet wird, ist bei direkten Gesprächen sofort und unmittelbar zu spüren. So kann es passieren, dass mühsam ein Termin gefunden wird, bei dem der Adressat skeptisch ist und der Unternehmensvertreter euphorisch seinen Erfolg auskostet, während nach zehn Minuten klar ist, dass der Politiker mit der Thematik nichts zu tun hat.

In jedem Fall ist dem Gesprächspartner eine kurze und prägnante Zusammenfassung der Argumente und Aussagen zu hinterlassen. Niemand wird mitschreiben, wenn ein Bittsteller zu ihm kommt, schon gar nicht bei komplexen Materien. Ein Faktenblatt mit allen wichtigen Daten und Fakten sowie dem konkreten Anliegen und der Adresse für Rückfragen ist die beste Visitenkarte des Lobbyisten. Es sind Kleinigkeiten wie diese, die den Erfolg ausmachen können: Eine Seite mit kleiner Schrift, zu geringem Zeilenabstand und einem Datenfriedhof hat ebenso wenig Chancen gelesen zu werden wie ein Konvolut aus mehreren Aktenordnern.

Der Lobbying-Knigge

➢ Der Lobbyist selbst steht nicht im Vordergrund.

➢ Offenheit und Ehrlichkeit gegenüber den Entscheidungsträgern.

➢ Generelle Verschwiegenheit und Vertraulichkeit.

➢ Arbeitsverständnis als Mittler, Unterhändler und Brückenbauer.

➢ Professionelle Lobbyisten sind Teil der Lösung, nicht des Problems.

➢ Maßvoll fordern!

➢ Zuständigkeit des Ansprechpartners vorab überprüfen.

➢ Keinerlei Machtdemonstrationen – sie fordern Ablehnung heraus.

➢ Nicht Besserwisserei an den Tag legen, sondern Informationsbedürfnisse stillen.

➢ Vergessen Sie niemals: *Sie* wollen etwas!

Der Grundbaustein Information kann in vielfältiger Art und Weise zum Entscheidungsträger kanalisiert werden, jedoch sind in der politischen Kommunikation gewisse Spezifika zu beachten:

➢ Nur zutreffende und genaue Materialien weitergeben. Jegliche Irreführung oder Unverständlichkeit ist zu vermeiden.

➢ Das eigene Interesse ist selbstverständlich das wichtigste. Wer es versteckt oder verheimlicht, weckt Skepsis.

➢ Ehrliche und geradlinige Darstellung des Anliegens. Das Anliegen darf kein Ratespiel für den Adressaten sein.

➢ Nicht zuviel Information auf einmal anbieten, sondern knapp und präzise argumentieren.

➢ Minimaler Einsatz von Fach- und Branchentermini, aber sachliche und verständliche Darstellung wählen.

➢ Wenn möglich, die größere, allgemeinere Bedeutung des Themas darstellen. Die Privatmeinung alleine ist ein demokratisches Recht, aber relativ uninteressant!

➢ Effizienter Einsatz grafischer Darstellungen und wissenschaftlicher Studien.

➢ Neben all der faktischen Richtigkeit darf die politische Argumentation nicht vergessen werden.

Jede Kommunikation mit politischen Entscheidungsträgern muss das Ziel haben, dass der Entscheidungsträger die Argumentation als Teil seines persönlichen Denkens über das Problem annimmt. Im günstigsten Fall sollte der Entscheidungsträger der Meinung sein, er wäre selbst auf diese Lösung gekommen. Die Information und Argumentation muss daher tatsächlich als Arbeitsunterstützung fungieren können. Wer glaubt, er könne einen Politiker mit falschen Informationen zu seinen Gunsten „füttern", täuscht sich. Dies ist, wenn überhaupt, nur einmal möglich. Denn blamiert sich der Politiker mit diesen Informationen, wird er nicht nur die Schuld auf den Lobbyisten abwälzen, sondern wohl auch von weiterem Kontakt Abstand nehmen.

Nur die Kommunikation des Anliegens zum Entscheidungsträger reicht jedoch nicht aus. Manche meinen, diese Art der Kommunikation bedeute bereits das Ausüben von Macht, weil der Entscheidungsträger *überredet* werden soll, etwas zu tun, was er andernfalls nicht gemacht hätte. Andere glauben hingegen, dass es ausreiche, die Meinungen und Anliegen abzuliefern und dass sich der Adressat eigentlich dafür zu bedanken hätte. Bei diesen konträren Positionen wird stets ein schlichtweg menschliches Kriterium ignoriert: Alleine der Entscheidungsträger urteilt, ob eine Information für ihn relevant ist, ob die Quelle dieser Information vertrauenswürdig ist und ob das vorgetragene Interesse akzeptabel und zu berücksichtigen ist. Nur der Politiker entscheidet aus eigenem Interesse und eingebettet in individuelle Prädispositionen wie Bildung, soziale Zugehörigkeit oder berufliche Ausrichtung über Erfolg und Misserfolg des Lobbyings.

Aus diesem Grund ist es notwendig, die Darstellung der Anliegen und Informationen so weit als möglich auf den Nutzen für den Adressaten zu konzentrieren. Je mehr diesem Kriterium Rechnung getragen wird und je seriöser, glaubwürdiger und sachdienlicher Lobbying verläuft, umso größer ist die Chance, dass sich der Adressat der vorgebrachten Meinung anschließt und auch in diese Richtung entscheidet.

Die Techniken des direkten Lobbyings

➢ Persönliches Briefing von politischen Entscheidungsträgern und deren Mitarbeitern und Beratern
➢ Planung und Umsetzung von parlamentarischen Instrumenten (Anträge, etc.)
➢ Vorformulierung von Gesetzesmaterien
➢ Schaffung von Entscheidungsgrundlagen für die Politik durch Positionspapiere, Übersichten, etc.
➢ Verfassen von Reden oder Vorträgen für politische Entscheidungsträger

➤ Kanalisierung von faktischem Know-how (Studien, Umfragen, Technik, Rechtsgutachten, etc.)

➤ Assistenzleistungen für Beamte und Politiker in ihrer Arbeit (Recherchen, etc.)

➤ Formung der Implementierung von politischen Entscheidungen

➤ Mitgestaltung der politischen Agenda

Im Grenzbereich zwischen direktem und indirektem Lobbying kommen weiters folgende Techniken zum Einsatz:

➤ Erstellung und Distribution von Policy-Papers, Issue-Briefings, etc.

➤ Briefing von Experten für Hearings, Enqueten, Lobbying-Termine

➤ Errichtung von Interessenkoalitionen

➤ Berechnung/Abschätzung von Folgewirkungen einer politischen Entscheidung

➤ Besuche von Entscheidungsträgern im Unternehmen

Indirektes Lobbying

Indirektes Lobbying wird entweder als Unterstützung von direktem Lobbying eingesetzt, oder wenn das direkte Lobbying nicht ans Ziel führt. Hier geht es darum, die Unternehmensinteressen anders als über die direkte Kommunikation an die Entscheidungsträger zu kanalisieren. In der Informations- und Interessenvermittlung zwischen Interessent und Adressat wird zumindest eine weitere, vermittelnde Stufe eingeführt.

Zum Einsatz kommt diese Strategie wenn

– die Entscheidungsträger nicht bekannt sind,

– eine größere Gruppe von Entscheidungsträgern gleichzeitig zu bearbeiten ist,

– die Herstellung einer breiteren Öffentlichkeit für ein Anliegen zielführend ist,

– die Dokumentation breiter Unterstützung für ein Anliegen erforderlich ist,

– zu wenig Akzeptanz der Lobby beim Entscheidungsträger vorliegt,

– das Ausüben von Druck auf die Entscheidungsträger beabsichtigt wird.

Indirektes Lobbying basiert im Wesentlichen auf dem Konzept der Meinungsführer, auch „opinion leader" genannt. Solche Meinungsführer zeichnen sich dadurch aus, dass sie ihre Information und ihre Meinung an Dritte weitergeben und dabei hohe Glaubwürdigkeit aufweisen. Innerhalb einer Gesellschaft und seiner Subsysteme existiert eine Vielzahl solcher Opinion-Leader und daher auch im System Politik. Meinungsführer sind neben Politikern, Wissenschaftler oder Journalisten alle jene Personen, zu denen der betreffende Entscheidungsträger entweder ein inhaltliches oder ein persönliches Naheverhältnis hat. Dieses Naheverhältnis kann die Zugehörigkeit zur selben Partei, Gesellschafts- oder Berufsgruppe sein, oder die lokale oder berufliche Herkunft, etc. Auch persönliche Bekannte, ehemalige Universitätsprofessoren oder Arbeitskollegen können zu diesem Kreis zählen.

Diese Meinungsführer sind in der Lage, auf Seiten des für das Lobbying relevanten Entscheidungsträgers bestehende Vorurteile und potenzielle Kommunikationsbarrieren abzubauen oder deren Entstehung zu verhindern. Informationen der richtigen Meinungsführer finden einfacheren Zugang zum Entscheidungsträger, da er seinen Nahestehenden mehr vertraut und ihnen außerdem größere Akzeptanz entgegenbringt.

Indirekte Lobbyinginstrumente im Überblick

> Aussagen/Auftreten bei Hearings
> Präsentation von Umfragen, Forschungsergebnissen und technischen Daten
> Aufbau oder Eintritt von (in) Interessenkoalitionen
> Anstrengungen, die Implementierung eines Gesetzes zu formen
> Medienarbeit und Direct-Mailings zur Artikulation der Interessen
> Unterstützung der Beamten bei der Erstellung von Gesetzen, Verordnungen, Novellierungen
> Formung der politischen Agenda durch Einbringung neuer Themen oder Setzung spezifischer Prioritäten
> Initiierung der Kontaktaufnahmen von Wählern zu ihrem Abgeordneten
> Initiierung von Kontaktaufnahmen persönlicher Bekannter, Meinungsführer, Politiker zum Entscheidungsträger
> Experten für Beiräte und Ausschüsse
> Mitsprache bei der Besetzung von Stellen in Regierungsinstitutionen, auf Beamtenebene, in Ausschüssen, Beiräten
> Unterstützung der dafür nominierten Personen
> Anzeigen/Werbung für Positionen zur Generierung öffentlicher Unterstützung
> Organisation von Protesten oder Demonstrationen

Indirektes Lobbying über Interessenkoalitionen

Eine weitere strategische Möglichkeit, um seinen Interessen zu mehr Gewicht zu verhelfen, ist die Einrichtung von Interessenkoalitionen. Dabei wird eine für die Politik übliche und beliebte Strategie für die Zwecke der Interessendurchsetzung adaptiert – die Koalition. Auf allen Ebenen der Politik existieren Koalitionen zwischen Parteien in Form von Regierungskoalitionen und in den Parlamenten werden für einzelne Abstimmungen Koalitionen gesucht. Solche Koalitionen dienen auch in der Politik dem Ziel der Durchsetzung von gemeinsamen Interessen. Koalitionen sind in der Politik ein gängiges Mittel und finden daher, von Verbänden und Unternehmen umgesetzt, rasch Akzeptanz in der Politik.

Solche Interessen- oder Meinungskoalitionen sind ein wahrer Machtfaktor im Lobbying. Das Coalition-Building, die Errichtung von punktuellen Koalitionen, stellt die Optimierung von Kreativität und strategischem Können des effizienten Lobbyismus dar. Die Basis dieses Vorgehens ist, dass sich ein Interesse für einen gewissen Bestandteil der Strategie taktische Partner sucht und zumindest punktuell ein gemeinsames Vorgehen realisiert.

Ausgangspunkt für die Errichtung von Interessenkoalitionen, die auch „Issue-Koalitionen" genannt werden, ist ein gemeinsames Interesse eines Unternehmens mit anderen Unternehmen, Verbänden, Vereinen, politischen Institutionen oder Nichtregierungsorganisationen. Selbst wenn an sich keine gemeinsamen Interessen vorliegen, kann doch bei bestimmten Fragen eine punktuelle Übereinstimmung im Hinblick auf die Erreichung eines Zieles hergestellt werden. Im Mittelpunkt dieser Strategie steht die Überlegung: Wer von einer Entscheidung oder einem Issue ebenfalls betroffen ist, könnte bereit sein, in eine gemeinsame Vorgangsweise einzutreten.

Was spricht für eine Interessenkoalition?

➢ *Breitere Interessen*: Verbündete können das Interesse eines Unternehmens aus seiner Isolation als Partikularinteresse im Sinne eines allgemeineren Interesses zu einem Vorteil gegenüber der politischen Entscheidungsfindung verhelfen.

➢ *Mehr Ressourcen*: Die Partner in einer Interessenkoalitionen bringen neben zusätzlichen inhaltlichen Aspekten auch wertvolle Ressourcen wie Zeit, Geld und politische Zugänge ein. Mitgliederverbände oder Nichtregierungsorganisationen können des Weiteren ihr Mobilisierungspotenzial in die Koalition einbringen.

➢ *Überraschungseffekt*: Der Zusammenschluss von mehreren Akteuren zieht mehr Aufmerksamkeit und Akzeptanz nach sich, da den politischen Entscheidungsträgern damit signalisiert wird, dass

> hinter einem spezifischen Anliegen unterschiedliche Unternehmen
> oder Gruppen stehen. Besondere Aufmerksamkeit bringen so ge-
> nannte „unlikely coalitions" mit sich – etwa wenn sich Unterneh-
> men, die an sich im Wettbewerb zueinander stehen, für ein Anlie-
> gen zusammenschließen oder wenn ein Unternehmen gemeinsam
> mit Konsumentenschützern vorgeht.

Die Gefahren bei solchen Interessenkoalitionen liegen in der Glaubwürdigkeit, die es immer zu erhalten gilt, der impliziten Spaltungsgefahr
und im Ressourcenaufwand für Koordination und Kontrolle.

Solche Zweckbündnisse können als informelle Gruppe, ohne feste Struktur, Hierarchie und Briefpapier eingerichtet werden, oder aber als Verband.
Idealerweise sollte eine Issue-Koalition wieder aufgelöst werden, wenn das
Lobbying-Ziel erreicht wurde. In der Realität werden Interessenkoalitionen
allerdings oftmals als Verbände konstituiert und tendieren damit zur Ver-
selbständigung. Diese Entwicklung ist aus der Sicht des Unternehmens, das
die Koalition ins Leben gerufen hat, nicht immer von Vorteil und sollte daher
als Chance, aber auch als Risiko von vornherein mitbedacht werden.

Checklist Coalition-Building

> ➢ Koalitionen sollten nur dann errichtet werden, wenn es wirklich
>   notwendig ist. Sie bedeuten eine enorme Investition in Zeit und
>   Geld.
> ➢ Die naheliegenden Koalitionspartner sind dort zu finden, wo die
>   Betroffenheit durch das Thema gegeben ist.
> ➢ Unbedingt auf das Thema konzentrieren, das die Koalition zu-
>   sammen gebracht hat, und andere Themen vermeiden.
> ➢ Klare Definition des Themas und der gemeinsamen Zielsetzung
>   an den Anfang stellen.
> ➢ Sich immer die Grenzen betreffend Handlungsspielraum und
>   Glaubwürdigkeit aller Kooperationspartner vor Augen halten.
> ➢ Umsetzungsorientierung vor Prozessorientierung – zu lange und
>   zu häufige Meetings vermeiden.
> ➢ Erfolge und Niederlagen gerecht verteilen.
> ➢ Ein Danke an die Partner baut Brücken für die Zukunft.

Indirektes Lobbying über Cross Lobbying

Jedes Unternehmen ist Mitglied in diversen Verbänden und zahlt dorthin, mitunter nicht unerhebliche, Beiträge. Branchen-, Interessen- und

Fachverbände sind dazu angehalten, die Interessen aller ihrer Mitglieder zu vertreten. In der Regel geschieht dies entweder in der Ausprägung als kleinster gemeinsamer Nenner aller Mitglieder oder unter dem Diktat jenes Mitglieds, das den Verband – aus welchem Grund auch immer – beherrscht.

Den Verbänden kommt im Interessenvermittlungssystem nach wie vor große Bedeutung zu: Von ihnen ruft die Politik Expertise und Mitarbeiter ab und sie sind das Symbol für „allgemeine Interessen" im Gegensatz zu Partikularinteressen. Dem Gebot von Public Affairs und Lobbying nach Optimierung der Ressourcen folgend, versteht Cross Lobbying die Verbände als wertvolle und effektive Ressource: Cross Lobbying nützt die Rolle der Verbände und Kammern im politischen System zum Vorteil des Unternehmens. Dies kann auf zwei Arten geschehen:

➢ Erstens: Lobbying nicht direkt beim politischen Entscheidungsträger zu betreiben, sondern bei den Fachexperten der Verbände, die bekanntermaßen als Experten vom politischen Entscheidungsträger konsultiert werden. Wenn es gelingt, die eigenen Interessen beim Verbandsexperten zu verankern, dann werden diese Unternehmensinteressen vom Experten – möglicherweise als „Eigeninteresse oder -expertise" – an die Entscheidungsträger weiter gegeben. Diese Vorgangsweise verspricht mitunter erfolgreicher zu sein, als direkt beim zuständigen Beamten oder Politiker vorstellig zu werden – wenn dieser ohnehin den Verbandsexperten um Rat fragen wird. Wichtig dabei ist es, die entsprechenden Kanäle ausfindig zu machen. Generell hören konservative, bürgerliche Parteien in Wirtschaftsfragen auf den Rat von Wirtschaftsverbänden und -kammern sowie die Interessenvertretung der Industrie. Sozialdemokratische Parteien haben ihre eigenen Think Tanks, jedenfalls von Bedeutung sind die Experten der Gewerkschaften.

➢ Die zweite Möglichkeit besteht darin, den entsprechenden Verband direkt zu nutzen, indem beispielsweise eine Funktion übernommen wird. Anstatt nur an Gremien und Sitzungen teilzunehmen, besteht die Möglichkeit, eine Funktion zu übernehmen – bis hin zum Verbandsvorstand – und damit die Politik des Verbandes aktiv mitzugestalten. Doch auch bei Versammlungen und in Gremien das Wort zu erheben oder bei dieser Gelegenheit Fachinformationen in den Verband zu kanalisieren, kann bereits ein Stück weiterhelfen. Das Entsenden von Experten in Fachausschüsse ist ebenso ein legitimes Mittel, die Verbandspolitik mitzugestalten, wie der Aufbau einer eigenen Machtbasis unter den Mitgliedern. Alle diese Techniken sind jedenfalls besser, als den Verband oder die Kammer ungenützt zu lassen und sich möglicherweise über die Politik des Verbandes zu ärgern.

Indirektes Lobbying über Grassroots

„Lobbying from the grassroots" ist in den USA das Um und Auf aller Lobbying-Kampagnen. Es geht dabei um die Mobilisierung möglichst breiter Bevölkerungskreise – den „Graswurzeln" der politischen Entscheidung. Im Vordergrund steht die strategische Überlegung, dass ein Interesse, das von Hunderten, vielleicht Tausenden Menschen unterstützt wird, einfacher politische Aufmerksamkeit findet als das singuläre Anliegen eines Unternehmens oder Verbandes.

Grassroots-Lobbying ist ein Prozess, durch den ein Unternehmen oder eine Organisation Personen identifiziert, rekrutiert und aktiviert, die im Interesse des Unternehmens aufgrund der übereinstimmenden Auffassung politische Entscheidungsträger kontaktieren. Mobilisiert werden dabei meistens Personen, die in einem Naheverhältnis zum Unternehmen oder zur Organisation stehen, etwa Mitglieder, Mitarbeiter, Anrainer, Kunden oder Pensionisten. Der potenzielle Kreis, aus dem Grassroots-Aktionen aktiviert werden können, variiert je nach Aufgabe und Zielsetzung und beinhaltet nahezu alle Stakeholder-Gruppen. Grassroots ist ein bisher in Europa von Unternehmen und Verbänden vernachlässigtes Instrument, das jedoch von Non-Profit-Organisationen seit geraumer Zeit massiv und erfolgreich eingesetzt wird. Den Unternehmen fehlt bis heute die Erkenntnis, welche starke politische Stimme ihre Mitarbeiter, Kunden, Anrainer oder Pensionisten für das Interesse des Unternehmens artikulieren können.

Grassroots werden in erster Linie über folgende technische Kommunikationsmittel realisiert: Massenbriefe, Massenfaxe, E-Mail oder Telefonate. Tausende Briefe an einen Abgeordneten sind nicht nur für ihn selbst Dokumentation einer bestimmen Interessenlage, sondern auch dem Umfeld nicht zu verheimlichen. Bei dieser Vorgehensweise steht die Quantität der Aktion im Vordergrund, die ein singuläres Interesse aus seiner Isolation holt. Vor allem Postkarten, die nur mehr unterschrieben werden müssen, werden zu solchen Zwecken in großen Auflagen vorgedruckt.

Die in Westeuropa bekanntesten Formen der Mobilisierung sind Streik, Demonstration oder auch Arbeitsniederlegungen und ähnliche Instrumente aus dem Fundus der Gewerkschaften. Natürlich können Protestmärsche, Streiks oder Demonstrationen auch für Unternehmenslobbying eingesetzt werden, wobei die Mobilisierung ungleich schwieriger ist als durch eine Gewerkschaft. Dennoch gehören diese Aspekte zum Grassroots-Lobbying und werden auch realisiert.

In den USA werden primär die Wahlkreise bestimmter Abgeordneter mobilisiert, um „ihrem" Abgeordneten ein Anliegen deutlich zu machen. Aufgrund des Persönlichkeitswahlrechts sind solche Aktionen meist mit hohen Erfolgsaussichten ausgestattet. „Pressure from back home" gehört zu einem machtvollen Stilmittel. Das hierorts geltende Verhältniswahlrecht blockiert Aktionen dieser Art bis zu einem gewissen Grad. Jedoch gilt im Sinne der politischen Systematik, dass sich ein Bürgermeister oder auch ein Abgeordneter einem akkordierten Appell „seiner" Wähler nicht verwehren kann.

Neben der Stimulierung von orchestrierten schriftlichen Aktionen per Postkarte, Brief, E-Mail oder Fax existiert eine weitere Form der Massenmobilisierung, die „chaining" (von engl. *chain*, Kette) genannt wird. Dies ist sinngemäß zu übersetzen mit der Auslösung von „Schneeballeffekten". Einige wenige Personen werden als Knotenpunkte eines zu errichtenden Netzwerkes definiert, die ausgerüstet mit Informationen, Argumenten und einem guten Ruf weitere Personen zu einer bestimmten Aktionen anleiten. Dies funktioniert etwa mit Telefonketten. Dabei beginnt eine Gruppe ihre jeweiligen Verbündeten anzurufen und zu einer Handlung – etwa dem Schreiben von Briefen – zu motivieren. Zweitens sollen möglichst viele Bekannte oder inhaltlich Nahestehende zur selben Handlung motiviert werden. Damit wird, ebenfalls von der Graswurzel weg, eine breite Stakeholder-Gruppe zur gemeinsamen Aktion angeleitet, wodurch breite Unterstützung generiert werden kann.

Sämtliche Aktionen dieser Art sind in enger Korrelation zwischen der Homogenität der zu mobilisierenden Zielgruppe und der betreffenden Thematik zu sehen. Je homogener die Gruppe, umso offener und kreativer kann Grassroots-Lobbying funktionieren. Hingegen müssen die Vorgaben, Anleitungen und die Kontrolle mit abnehmender Gruppenhomogenität steigen. Die Pensionisten eines Unternehmens sind eher für persönliche Briefe zu gewinnen, mit denen der Erhalt der Betriebskrankenkasse argumentiert werden soll. Der Protest der Studenten gegen die Einführung von Studiengebühren ist allerdings besser mit vorgefertigten Protestbriefen und Unterschriftslisten zu bewerkstelligen.

Im Unterschied zu Grassroots-Lobbying geht Grasstops-Lobbying (von der Spitze zur Wurzel) anhand des Konzeptes über die Wirkung von Meinungsführern vor: Nicht möglichst viele, sondern einige wenige Personen, die in ihren Gruppen über Einfluss und Akzeptanz verfügen, werden aktiviert. Diese Personen artikulieren das Anliegen dann direkt gegenüber dem Entscheidungsträger und können außerdem als Initiatoren von breiteren Grassroots-Aktionen eingesetzt werden. Grassroots- und Grasstops-Aktivitäten zusammen werden auch vermehrt als Party-Building-Instrumente eingesetzt: Maßnahmen zur Gewinnung, Pflege und Mobilisierung von Mitgliedern einer politischen Partei.

Fünf Erfolgstipps für Grassroots-Lobbying: Erfolgreiche Grass-roots-Aktionen haben folgende Charakteristika gemeinsam:

➢ Es handelt sich um ein Anliegen, rund um das sich ausreichend Personen gruppieren können.

➢ Es besteht einfacher Zugang zu einem Personenkreis, der aus Übereinstimmung mit dem Anliegen mobilisiert werden kann.

➢ Detailliertes Wissen über sämtliche Aspekte und Auswirkungen der anstehenden Entscheidung ist in der Gruppe vorhanden oder ist leicht herzustellen.

➢ Eine Informationskampage, die die mobilisierten Personen laufend informiert und aktiviert, ist einfach zu realisieren.

➢ Taktische Maßnahmen, um die Artikulation der mobilisierten Personen möglichst orchestriert kanalisieren zu können, sind wegen der Homogenität der Gruppe einfach zu gestalten.

Indirektes Lobbying über politische Inserate

Lobbying bedient sich der klassischen Werbung dann, wenn die Öffentlichkeit informiert oder mobilisiert werden soll. Mit Aktionen dieser Art wird allerdings massiver Druck auf die betreffenden Entscheidungsträger ausgeübt und sie sind daher mit Vorsicht und Bedacht zu wählen. Inserate, die einen Politiker direkt zum Handeln auffordern oder die Leser zum Protest gegen eine Entscheidung aufrufen, werden fast immer vom Adressaten als direkter Angriff gewertet und verhindern damit meist seine Zugänglichkeit für weitere Argumente.

Aus der Sicht des Lobbyings sind Inserate allerdings auch ein nützliches Informationsmittel, bei dem – im Unterschied zur klassischen Produktwerbung – die Streuverluste nicht interessieren. Denn, der Adressat bekommt das Inserat in jedem Fall zu sehen; wenn nicht direkt, dann wird es ihm zugetragen. Zu unterscheiden sind in jedem Fall zwei Kategorien von Inseraten, die im Lobbying eingesetzt werden: Entweder richtet sich das Inserat direkt an den Politiker oder es wird die Öffentlichkeit allgemein angesprochen und möglicherweise zu einer Handlung aufgefordert. Die gängigste Form des politischen Inserats ist der „offene Brief", der in Printmedien abgedruckt wird. Doch auch anders gestaltete Inserate sind immer wieder zu finden.

Wird der Entscheidungsträger direkt angesprochen, so besteht die Zielgruppe primär aus dieser einen Person. In Wahrheit jedoch wird damit ein für den Leser stets interessanter Konflikt ans Tageslicht gebracht, der meist außerdem eine eindeutige Schuldzuweisung in Richtung des adressierten Entscheidungsträgers vornimmt und damit leicht verständlich ist.

Damit werden Konflikte und anstehende Entscheidungen an die Öffentlichkeit gezerrt und die anstehende politische Entscheidung veröffentlicht. Zugzwang und öffentlicher Gegenwind für einen Entscheidungsträger sind die Folge – die Reaktion des Entscheidungsträgers ist allerdings meist die der Bunkermentalität. Neben dem Adressaten selbst zielen solche Inserate daher wesentlich auf sein politisches Umfeld, das ihn dann unter Druck setzen kann oder die Entscheidung sogar abzieht. Ein einzelnes Inserat kann eine Druckwelle auslösen. Aus diesem Grund sollten Aktionen dieser Art nicht leichtfertig und aus reiner Protesthaltung durchgeführt werden.

Ist das Inserat an die Öffentlichkeit adressiert, so wird meist zu konkreten Handlungen aufgefordert. Dabei geht es in erster Linie ebenfalls um Massenmobilisierung, weshalb solche Inserate meist Bestandteil von Grassroots-Kampagnen sind. Die Bandbreite reicht von Aufforderungen zum Protest oder Boykott bis zum Abdrucken von Unterschriftskupons. In diesen Fällen besteht der Adressatenkreis sowohl aus der zu mobilisierenden Stakeholder-Gruppe wie aus dem politischen Adressatenkreis.

Unterstützung von Politikern als Lobbying-Instrument

Um den Zugang zu politischen Entscheidungsträgern herzustellen und zu verbessern, gehen viele Unternehmen auch in Deutschland und Österreich dazu über, Wahlkämpfe oder Parteien finanziell oder organisatorisch zu unterstützen. Diese Strategie wird meist nicht an die Öffentlichkeit getragen. Im Falle einer Veröffentlichung handelt es sich dann fast immer um einen Skandal. Dennoch nimmt dieser Bereich auch im deutschsprachigen Raum immer mehr zu. Unternehmen oder Verbände geben dabei Gelder direkt an politische Parteien, meist über zwischengeschaltete Verbände, Vereine oder Komitees.

Wahlkämpfe einzelner Politiker werden auch direkt von Unternehmen und Lobbies unterstützt. Etwa durch die Bereitstellung von Autos oder Bedarfsflugzeugen für den Wahlkampf, Büro-Equipment oder Büroräumlichkeiten. Weiters werden Personen für die Abwicklung des Wahlkampfes „ausgeborgt" oder firmeneigene Druckereien für die Produktion des Wahlkampfmaterials bereit gestellt. Auch Webseiten von Politikern werden heute zusehends von Unternehmen gesponsert.

Im Sinne des Lobbyismus sind dies gängige Möglichkeiten der Wahlkampfunterstützung. Im Gegenzug werden die unterstützten Politiker zu Betriebsbesuchen, Diskussionen mit den Mitarbeitern oder zu Vorträgen bei betriebsinternen Veranstaltungen eingeladen. Solche Aktivitäten helfen beiden Partnern: dem wahlwerbenden Politiker und dem Unternehmen. Die Politiker können ihre Pläne und Vorschläge präsentieren und erhalten im Gegenzug Unterstützung für die immer teurer und intensiver werdenden Wahlkämpfe.

Es kann nicht außer Streit gestellt werden, dass sich solche Aktivitäten oftmals in der Grauzone der verbotenen Geschenkannahme bewegen. Für Medien und Oppositionspolitiker in jedem Fall eine lohnende Kerbe, in die sich trefflich schlagen lässt. Aus der Sicht des Unternehmens ist daher jedenfalls große Vorsicht anzuraten. Andererseits ist auch festzuhalten, dass sich die von Unternehmen oder Verbänden unterstützten Politiker oder Parteien in aller Regel hüten werden, gerade den Interessen und Anliegen ihrer Sponsoren zu folgen. Im Gegenteil, meist herrscht gerade in dieser Beziehung Bedachtsamkeit und Vorsicht – denn alle wissen um die Gefahr des nächsten Skandals.

Die Erfolgskontrolle von Lobbying

„Lobbying zu betreiben kann teuer sein. Kein Lobbying zu betreiben ist aber in jedem Fall teurer."
Sprichwort

Der Aufwand für Lobbying ist mit Hinblick auf den Ressourcenaufwand zu kalkulieren. Schwieriger ist es mitunter, den aktuellen Erfolg von Lobbying-Maßnahmen zu berechnen. Der politische Markt ist gekennzeichnet von Unsicherheit und teils irrationalen Verläufen und entzieht sich daher oftmals einer klaren Kalkulationsbasis. Nicht immer ist es einfach, ein klares Bild zu zeichnen, was passieren könnte, wenn kein Lobbying betrieben wird – zumindest was die Verschriftlichung von direkten und indirekten Kosten betrifft. Es kann allerdings auf Basis von Analysen und vergleichbaren Entscheidungen damit argumentiert werden, dass ohne eigenes Unternehmenslobbying politische Entscheidungen getroffen werden, die auf der Einschätzung von Bürokraten und Politikern sowie dem Einfluss anderer Lobbyisten beruhen. Anders gesagt: Der Worst-Case wäre eine Entscheidung, die das Unternehmen betrifft, bei dem sich ausschließlich die konkurrierenden Interessen durchgesetzt haben.

Die Erfolgskontrolle im Lobbying hängt in vieler Hinsicht von der genauen Zielformulierung ab und ist im Sinne der Zielerreichung auch nur dann einigermaßen genau kalkulierbar. Besteht das Ziel beispielsweise darin, eine anstehende Verordnung dahingehend abzuändern, dass die zu befürchtenden zehn Millionen Euro zusätzlichen Kosten für das Unternehmen nicht entstehen, dann ist – bei entsprechender Zielformulierung – die Erfolgskontrolle recht einfach.

Bei Erfolgsberechnungen dieser Art muss in jedem Fall beachtet werden, dass nur wenige Lobbying-Projekte kurzfristig einer Lösung zugeführt werden können. Viele politischen Prozesse, bei deren Entwicklung Lobbying auf unterschiedlichen Ebenen ansetzt, verlaufen über einen längeren Zeitraum – nicht selten über mehr als ein Jahr. Erfolgskontrolle kann dabei nur über Etappenziele („milestones") effizient betrieben werden. Die Erfolgskontrolle im Lobbying hängt von guter Planung, realistischer Zielsetzung und dem Willen zur langfristigen Mitwirkung ab.

Zielformulierung und Erfolgskontrolle im Lobbying

- Ziele und Subziele („milestones") spezifisch, punktuell und genau beschreiben – „to manage something means to be able to control it".
- Die Ziele, Strategien und der Mitteleinsatz sind realisierbar zu formulieren.
- Der eigene Handlungsspielraum ist exakt und realistisch einzuschätzen.
- Nur schriftlich festgehaltene Ziele sind auf ihre Erreichung zu überprüfen – „if it is not in writing, it does not exist".

Zehn Grundregeln für erfolgreiches Lobbying

➢ **Tiefes Politikverständnis**: Grundvoraussetzung für Lobbying ist die umfassende Kenntnis der relevanten formalen und informellen Kriterien des Entscheidungsfindungsprozesses sowie des politischen Umfeldes.

➢ **Know-who ist zu wenig**: Möglichst viele politische Entscheidungsträger persönlich zu kennen ist weit weniger wichtig als die Fertigkeit, sich den jeweils relevanten Zugang aufbauen zu können. Der Rest gehört zur „Society"-Berichterstattung.

➢ **Know-how zählt**: Detailliertes Sachwissen über die betreffende Materie muss mit politischer Argumentation kombiniert werden, um Wirkung zu zeigen. Recht-Haben alleine ist zu wenig.

➢ **Politischer Instinkt**: Jeder politische Entscheidungsträger muss bei seinen Entscheidungen mehrere Interessenslagen vereinen. Lobbying spricht daher die effizienteste Motivlage an (Agenda beziehungsweise Interesse der eigenen Karriere, der politischen Partei, der Organisation, der eigenen Expertise, etc.).

➢ **Arbeitsebenen finden:** Die aus den Medien bekannten Politiker sind nicht notwendigerweise die für Lobbying relevanten Entscheidungsträger: Meist ist die Zusammenarbeit mit deren Beratern oder Mitarbeitern nicht nur einfacher, sondern auch effizienter.

➢ **Agenda beachten**: Die Politik verfolgt eine eigene Agenda, die nur selten deckungsgleich ist mit der Agenda der Massenmedien.

Seine punktuellen Interessen über die Massenmedien an die Politik kommunizieren zu wollen, ist daher meist ebenso einfach wie sinnlos.

➢ **Eigene Interessen betreiben**: Lobbying zu betreiben, heißt nicht Hobby-Politiker zu spielen, sondern politische Entscheidungen kalkuliert und beabsichtigt zum eigenen Vorteil zu beeinflussen. Es bringt daher auch nichts, seine Anliegen zu verstecken.

➢ **Kontinuität beachten**: Um seine Interessen gegenüber dem politischen System zu vertreten, ist es erforderlich, konsequent am Markt der Politik präsent zu sein. Wunder erlebt, wer sich nie um die Politik kümmert und in einer Krisensituation umgehenden Zugang und Unterstützung erwartet.

➢ **Professionalität gewinnt**: Ex-Politiker sind nicht notwendigerweise die besseren Lobbyisten. Ihre Zugänge sind meist linear zur eigenen Partei und die Türen zu anderen Entscheidungsträger oft gerade deshalb verschlossen. Auch wer sich nur auf „seine" Partei oder „seine" Leute verlässt, ist meist verlassen.

➢ **Realistisch bleiben**: Der eigene Handlungsspielraum sowie der Handlungsspielraum des politischen Entscheidungsträgers muss realistisch eingeschätzt werden. Nur dann kann Lobbying erfolgreich sein.

Exkurs: Lobbying in der Europäischen Union

„Brüssel" ist ohne Zweifel das Machtzentrum Europas und Lobbying ist ein zentraler Bestandteil aller Entscheidungsbereiche der Europäischen Union. Tausende Lobbyisten von Unternehmen, Verbänden und Institutionen aus aller Welt sowie eine Heerschar unabhängiger Berater bevölkern die belgische Stadt. Da den Brüsseler Behörden der bürokratische Unterbau in den Mitgliedsstaaten fehlt, jedoch die Interessen der Mitgliedsländer sowie der Interessengruppen koordiniert werden müssen, ist hier mehr noch als auf nationaler Basis professionelles Lobbying gefragt.

Die Institutionen der Entscheidungsfindung der Europäischen Union haben daher auch die Mitwirkung der Interessengruppen vorgesehen, um diesem Manko entgegenwirken zu können. Die administrative Arbeit der Kommission wird dabei von rund 14.500 Beamten vorgenommen, im Vergleich zu den nationalen Regierungen der Mitgliedsstaaten eine relativ kleine Bürokratie, die die mancherorts auftauchende Bezeichnung einer „Beamtenhochburg Brüssel" ad absurdum führt. Bereits Walter Hallstein, der erste Kommissionspräsident, forderte die Integration der Interessengruppen in die Entscheidungsfindung, da er die Beeinflussungsversuche als „Integrationsfaktor" nutzen wollte. Diese Notwendigkeit der Lobbies als Integrationsfaktor einerseits und Politikunterstützung andererseits wird damit begründet, dass diese Lobbies „potenziell schon Vorkompromisse der nationalen Realitäten ausarbeiten und damit fürchterliche Fehler der EG-Bürokratie verhindern helfen können" (Köppl, 2000).

Auch der mit der Erstellung eines Berichts über die Vorteile des gemeinsamen Binnenmarktes von der EU-Kommission beauftragte ehemalige italienische Finanzminister Paolo Cecchini machte 1988 die Bedeutung der aktiven Mitwirkung der Wirtschaft sehr deutlich:

> „Business cannot afford to sit passivly by, idly expecting governments to keep to long-term commitments, unaided. There is a need of more active political involvement, in these sense of constructive input to policy, orchestrated at community level but targeted above all at the seats of national political power."

Martin Brunner, der ehemalige Kabinettschef des deutschen EU-Kommissars Martin Bangemann meint: „Wer in Brüssel nicht unter die Räder kommen will, muss möglichst schon den ersten Kommissionsentwurf beeinflussen. (...) Viele deutsche Verbände wachen viel zu spät auf. Sie melden sich erst dann, wenn ein Dossier im Ministerrat endgültig verabschiedet werden soll. Erst wenn ein europäisches Problem auch in Bonn auf der politischen Tagesordnung steht, klopfen sie auch in Brüssel an. Dann lässt sich jedoch in der Regel nicht mehr viel ändern. (...) Je früher ein berechtigtes nationales Interesse also vorgebracht wird, desto größer sind die späteren Erfolgsaussichten." (Strauch, 1993)

Der EU-Bürokratie stehen weniger als 3.500 Entscheidungsträger („senior administrators") zur Verfügung, die für diverse Entscheidungsentwürfe verantwortlich zeichnen. Die tatsächlich mit der Ausarbeitung der Entwürfe befassten Beamte der nachgereihten Dienstränge nehmen dabei die entscheidende Rolle ein. Unter Umständen ist ein einziger Sachbearbeiter mit dem Regelungsentwurf befasst. Bei der Suche nach den notwendigen Entscheidungsgrundlagen wenden sich die Kommissionsbeamten aus eigenem Antrieb an die Lobbyisten der Verbände und Unternehmen, um ihre Arbeit effizient, rasch und möglichst ohne Bevorteilung für einzelne Mitgliedsländer realisieren zu können.

Das Interessenvermittlungssystem der Europäischen Union wird daher auch als „dynamic market for policy ideas" charakterisiert, das durch eine große Anzahl ständig wechselnder Akteure gekennzeichnet ist. Welche Bedeutung die Kommission der Europäischen Union der Arbeit der Lobbies zuerkennt, ist etwa aus einem offiziellen Dokument der Kommission aus dem Jahre 1993 (Amtsblatt der Europäischen Gemeinschaften vom 5. März 1993; Informationsnummer 93/C63/02) unter dem Titel „Ein offener und strukturierter Dialog zwischen der Kommission und den Interessengruppen" zu erkennen. Hier wird betont, dass die Kommission gegenüber „Anregungen von außen stets aufgeschlossen" ist. Die Beamten der Kommission anerkennen diesen Dialog mit allen Beteiligten und „begrüßen ihn". Es liege im eigenen Interesse der Beamten, Beziehungen dieser Art zu erhalten, da Informationen und Anregungen für ihre Arbeit „sehr wertvoll" sein können. Die Kommission definiert auch „Leitprinzipien" für die Gestaltung der Beziehungen mit Interessengruppen, etwa jenes, dass die Beamten der Kommission bei Kontakten zu Interessengruppen stets wissen müssen, „wer wen vertritt". Diese Auskunft ist von den Lobbyisten zu erbringen. Weiters wird darauf verwiesen, dass die Kommission sich „um gleiche Behandlung aller Interessengruppen bemüht" um sicherzustellen, „dass alle beteiligten Gruppen, unabhängig von ihrer Größe oder ihren finanziellen Mitteln, die Möglichkeit haben, angehört zu werden".

Die Sachbearbeiter gelten auch in der EU-Hauptstadt als primäre Adressaten des Lobbyismus, da die grundlegende Arbeit jedes Entscheidungsfindungsprozesses auf dieser Ebene stattfindet. Jener EU-Beamte, der gerne als „low-ranking Eurocrat" oder „relatively isolated Commission official" bezeichnet wird, der also an der Ausarbeitung einer Richtlinie arbeitet, gilt daher als zentraler Ansprechpartner des EU-Lobbying. Das Einbringen punktueller, meist technischer Informationen und von Expertenwissen ist für den Erstentwurf des Sachbearbeiters eine sowohl inhaltliche wie auch organisatorische Unterstützung. Das Ziel des effizienten Unternehmenslobbying liegt darin, diesen zuständigen Sachbearbeiter zu finden, der mit dem Entwurf der Eckpfeiler eines Vorschlages beginnt. Obwohl meist mehrere Fachabteilungen, auch unterschiedlicher Direktorien oder Generaldirektionen, zusammen an einem „draft proposal" arbeiten, ist eine Abteilung davon – und damit ein Sachbearbeiter – federführend tätig. Darum heißt es auch: „(...) that single low-level civil servant (...) is normally the single most important target of a major lobbying campaign." (Köppl, 2000)

Hier besteht die größte Chance, erfolgreiches Lobbying zu betreiben. Ist der Vorschlag erst einmal aus der zuständigen Generaldirektion nach „draußen" gedrungen, versuchen ohnehin alle daran zu ziehen und zu stoßen. Nur wer sein Interesse auf „national" trimmt, hat hier eventuell bessere Erfolgsaussichten. Meist verläuft die Einflussnahme vielschichtiger als hier dargestellt. So müssen Abgeordnete des Europaparlaments ebenso kontaktiert werden wie Mitglieder des Wirstchafts- und Sozialausschusses, die Vertreter im Ausschuss der Regionen, die Personen des AStV, die Experten der unzähligen Beiräte, etc. Doch im Kern ist Lobbying am effizientesten, wenn es zur richtigen Zeit bei der richtigen Person, also am Ursprung der Entscheidung, ansetzt.

Was erwarten Kommissionsbeamte der Europäischen Union von Lobbyisten?

> Informationen und Anliegen müssen „rasch", „umfassend und ausgewogen", zu „punktuellen, sachlichen Anliegen" geliefert werden.

> Für „sehr wichtig" erachtet werden „Expertengespräche" (75 Prozent), „schriftliche Unterlagen" (35 Prozent), „Datenmaterial" (30 Prozent), „Beispiele/Folgeberechnungen" (23 Prozent), „Eigen- oder Gegenvorschläge" (23 Prozent).

> Nicht akzeptiert werden: „fachliche Inkompetenz", „unbrauchbare Unterlagen", „mangelnde Kompromissbereitschaft", „Ausübung von Druck".

> Eine deutliche Mehrheit sagt, dass „persönliche Bekanntschaften" keine Bedeutung haben.

> „Medienkampagnen" erachten nur 12 Prozent als wichtig.

> „Arbeitsessen" halten nur 17 Prozent für wichtig.

> 85 Prozent der befragten EU-Kommissions-Beamten sagen: „Ja, Lobbying ist wichtig".

> 42 Prozent sehen die Arbeit der Lobbies als notwendig, um Fehler vermeiden zu helfen.

> Mehr als 50 Prozent haben zumindest einmal pro Woche direkten persönlichen Kontakt zu Lobbies und mehr als die Hälfte der Beamte initiiert diese Kontakte regelmäßig selbst.

(Ergebnisse einer Studie des Autors, mit der die 373 Referatsleiter der EU-Kommission zu Lobbying befragt wurden; hier zit. nach: Köppl, 2001)

In der Praxis zeigt sich allerdings, dass speziell in Deutschland und Österreich das Verständnis für die Notwendigkeit von professionellem Lobbying in der EU noch nicht sehr weit gediehen ist. Zwar haben alle erdenklichen Verbände, Vereine, Organisationen, Länder und Institutionen ihre „Verbindungsbüros" in Brüssel, aber die Klagen über fehlende oder schlechte Interessenvertretung in Brüssel ist beinahe täglicher Bestandteil der Medienberichterstattung. Gerne wird das „Ungeheuer EU" beklagt und die Einflussnahme anderer kritisiert, mit dem eigenen Lobbying freilich ist es generell nicht weit her. Die Gründe dafür sind vielfältig: Offizielle Institutionen verlassen sich auf die nationale Politik und die diplomatischen Vertretungen, die allerdings die Vertretung punktueller Interessen nicht wahrnehmen können. Die Verbände versuchen ihr nationales System der Mitsprache auf die Systematik der EU umzulegen, nur um dabei meist kläglich zu scheitern. Und Unternehmen verlassen sich bei der Wahrnehmung ihrer Anliehen sowohl auf ihre Verbände als auch auf Regierungen, um dann nach einer Entscheidung das Resultat zu beklagen. Kurz gesagt: Es besteht der Anschein, dass viele der Akteure auf ihrer Reise noch immer nicht in Brüssel angelangt sind.

In einer Analyse der Lobbying-Effizienz deutscher Interessen heißt es, dass sich Unternehmen und Verbände zu sehr auf die in Deutschland übliche konsensuale Vorgangsweise und die Praxis der vielschichtigen internen Verhandlungen verlassen. Deutsche Interessen treten „aufgrund dieser Prozesse meist viel zu spät in Brüssel in Erscheinung und sind damit abhängig von den formalen politischen Prozessen", nämlich der Einflussnahme über den Rat (nach: van Schendelen, 2002). Die deutschen Interessenvertreter hätten in Brüssel auch ein „nicht ausreichendes Mandat" und seien während dem Entscheidungsverlauf von „Instruktionen von zu Hause" abhängig. In Summe findet die Vertretung von Interessen der deutschen Wirtschaft in Brüssel generell über den Versuch der national koordinierten Sektorpolitik statt, woraus deutliche Defizite entstehen.

Ähnlich kritisch fällt das Urteil für Österreich aus: Österreichische Interessen seien „stigmatisiert durch den nationalen Korporatismus und die akademische Euphorie des Zusammenhalts auf Basis von gegenseitigem Misstrauen" (van Schendelen, 2002). Als zentraler Weg der Einflussnahme auf EU-Entscheidungen wird nach wie vor die formale Ebene der Ministerräte gesehen, was ein Zeichen dafür ist, die Gesetzmäßigkeiten der nationalen Entscheidungsfindung auf die EU übertragen zu wollen. Gemäß dieser Analyse ist die Hauptaufgabe der in Brüssel tätigen österreichischen Interessenvertreter „sich gegenseitig zu beobachten". Die Koordinierung der Interessen auf nationaler Ebene, die als zentrales Element gesehen wird, „kostet allerdings viel Zeit und Energie und bedeutet, dass österreichische Interessen sehr spät in den EU-Entscheidungsfindungsprozess eintreten". Eigeninitiatives Lobbying von österreichischen Unternehmen oder Institutionen bleibt die Ausnahme.

Die professionelle Vertretung und Artikulation der spezifischen Interessen gegenüber den Institutionen der Europäischen Union folgt den in diesem Buch dargestellten Kriterien. Es ist mehr als verwunderlich, dass die Unternehmen und Verbände nicht längst ein viel professionelleres Lobbying in der EU an den Tag legen. Offensichtlich ist es nach wie vor zufriedenstellender, die Vertretung der eigenen Interessen an Dritte zu delegieren und sich im Nachhinein über Mängel lauthals zu ärgern. Welch Schaden damit der Wirtschaft – aber auch den Institutionen und Organisationen – entsteht, kann wohl nur von diesen selbst realistisch eingeschätzt werden.

Was die EU-Kommission von Lobbying hält und erwartet, dokumentieren die nachstehenden Minimalanforderungen an einen Code of Conduct für Lobbyisten.

Minimum Requirements for a Code of Conduct between The Commission and Special Interest Groups

(EU Commission's Communication of 2nd Decembre 1992)

The Commission has always been an institution open to input from special interest groups. The Commission believes this process to be fundamental to the development of sound and workable policies. This dialogue has proved valuable to both the Commission and to interested outside parties. The Commission acknowledges the need for such outside input, welcomes it and intends to build further on this practice in future. To this end the Commission is taking a series of measures intended to broaden participation in the preparation of its decisions.

In the context of this wider dialogue, the Commission believes that there should be a broad understanding with special interest groups on some basic rules of conduct. Over the course of many years, both have followed principles of conduct which the Commission would like to see the special interest groups continue to adhere to. The Commission feels that special interest groups are best placed to establish and enforce codes of conduct. The Commission therefore invites the sectors concerned to draw up such codes, which should include the following minimum requirements

1. Public presentation

Special interest groups should not misrepresent themselves to the public by the use of any title, logo, symbol or form of words (particularly those employed by the Commission) designed either to lend false authority to the representative or to mislead clients and/or officials as to his or her status.

2. Behaviour

Special interest groups should behave at all times in accordance with the highest possible professional standards. Honesty and competence in all dealings with the Commission are specifically viewed as being of the greatest importance.

Special interest groups shoul126d avoid working in situations where a conflict of interests is either inevitable or likely to arise. The representative should declare the name of the client for whom he or she is working each time he or she consults the Commission.

In any communication with the Commission (either written and/or oral), the representative should declare all previous contact he or she has had with other representatives of the Commission regarding the same or a related subject.

Special interest groups should neither employ, nor seek to employ, officials who are working for the Commission. Nor should they offer any form of inducement to Commission officials in order to obtain information or to receive privileged treatment.

3. Dissemination of Commission information

Special interest groups should not disseminate misleading information.

Special interest groups should not obtain information by dishonest means.

Special interest groups should not seek to trade copies of Commission documents for profit.

4. Organizations

The establishment of one or more organizations, through which special interest groups would communicate with the Commission, would be welcomed. Such an organization should be open to all representatives of special interest groups and it is therefore hoped that an individual firm's subscription can be in proportion to its relative size.

(Quelle:http://www.europa.eu.int/comm/secretariat_general/sgc/lobbies/communication/annexe2_en.htm#public)

Kapitel 5:
Reputation und Unternehmenswert –
Die Steuerung der Wahrnehmung

„Um erfolgreich zu sein, muss man auch als erfolgreich wahrgenommen werden."
Peter F. Drucker

Auf einen Blick

Die Reputation eines Unternehmens ist ein immaterieller Vermögenswert. Sie bestimmt den Aktienkurs ebenso mit wie das Verhalten der Kunden und die Glaubwürdigkeit des Unternehmens bei den Anspruchsgruppen.

In diesem Kapitel erfahren Sie:

➢ Welche Kriterien formen die Reputation eines Unternehmens?
➢ Woran messen die Anspruchsgruppen die Reputation eines Unternehmens?
➢ Warum agiert Public Affairs als Wächter der Reputation?
➢ Wie kann die Reputation eines Unternehmens aufgebaut und gesteuert werden?

Gegenüber allen Stakeholder-Gruppen spielt die Reputation eines Unternehmens eine entscheidende Rolle. Denn die Reputation ist es, die über die Akzeptanz der Anliegen, die Glaubwürdigkeit der Argumentation sowie die Legitimität des Handelns bestimmt. Auch Medien und Konsumenten definieren ihr Verhalten gegenüber einem Unternehmen in weiten Bereichen über die zugemessene Reputation. Trotz der bekannten reellen Bedeutung der Reputation gibt es immer wieder Situationen, auf die Unternehmen scheinbar nicht vorbereitet sind und in denen dennoch alles von der Reputation abhängt. Beispiele dafür aus der täglichen Berichterstattung sind etwa:

– Mitglieder des Managements in der Öffentlichkeit verteidigen zu müssen, die über Jahre mit fiktiven Bilanzzahlen agiert haben.

– Die Mitarbeiter davon zu überzeugen, dass das Unternehmen ein guter Arbeitgeber ist, just in der Zeit, wenn Entlassungen durchgeführt werden.

– Den Eigentümern die Dividende zu kürzen, während anderseits unangekündigte Ausgaben verkündet werden.

- Den Konsumenten glaubhaft zu machen, dass die Marke bestehen bleibt, während parallel eine Produktionsstätte geschlossen wird.
- Jene Politiker in Krisenzeiten um Hilfe bitten zu müssen, um die bis dahin ein großer Bogen gemacht wurde.
- Entscheidungsträger von der Glaubwürdigkeit der Informationen und Argumente überzeugen zu müssen, die in öffentlichen Aussagen bisher nur abwertend erwähnt wurden.

Unausgesprochen wird allgemein akzeptiert, dass die eigene Reputation eines der wertvollsten Güter eines Unternehmens ist und dennoch wird meist wenig für den Aufbau der Reputation getan – zumindest im Vergleich zum Millionengeschäft der Image-Werbung. Investitionen in die Reputation können jedoch helfen, Krisen zu vermeiden beziehungsweise in Krisenzeiten die Glaubwürdigkeit zu erhalten.

Die nicht ausreichende Sorge um die Reputation zeigt sich bei nahezu alltäglichen Herausforderungen, die jedoch oftmals in eine unmittelbare Bedrohung umschlagen, etwa in folgenden Situationen:

- Wenn die simple Verlagerung eines Unternehmens über Wochen negative Schlagzeilen macht.
- Wenn Mitarbeiter kündigen, weil von Dritten öffentlich Sicherheitsmängel am Produktionsstandort bekannt gemacht werden.
- Wenn der Aktienkurs aufgrund der Einstellung des Managements zur Arbeitssituation in Ländern der Dritten Welt sinkt.
- Wenn der Mitbewerb schamlos und unwidersprochen in einer Flüsterkampagne das Ende der Marke behauptet.
- Wenn wichtige Entscheidungsträger in krisenhaften Situationen nicht zurückrufen oder Termine einfach nicht zustande kommen.
- Wenn Journalisten wiederholt Vorstände als „krank", „unfähig" oder „vor dem Rücktritt" bezeichnen dürfen und niemand etwas dagegen sagt.

Aufgrund der Vielschichtigkeit des Faktors Reputation kommt den Public-Affairs-Experten die Aufgabe zu, als Wächter und Promotoren der Reputation gegenüber allen Stakeholdern zu agieren. Die nur sehr schwer zu beantwortende Frage, die sich in diesem Zusammenhang immer wieder stellt: Was würde es kosten, eine ramponierte Reputation wieder aufzubauen und welche Kosten würden entstehen, wenn nichts unternommen wird? Anders gesagt: Die Maßnahmen für die Verhinderung einer vorab erkannten Krise sind bezifferbar – offen bleibt die Frage, was die Bewältigung der Krise im Nachhinein an Kosten verursacht hätte. Um sich der Aufgabe des Reputationsmanagements zu stellen, ist es notwendig zu wissen, welche Faktoren als Treiber einer Reputation bestehen.

Die Reputation des Unternehmens, aber auch die Reputation der im Namen des Unternehmens agierenden Personen, ist mit einem Bankkonto vergleichbar: Man muss zuerst einzahlen, um später davon abbuchen zu können.

Was ist Corporate Reputation?

Die Reputation – auch bekannt als das Ansehen oder der gute Ruf – eines Unternehmens hat eine oft unterschätzte Bedeutung für die Erreichung der Unternehmensziele. Gemäß Betriebswirtschaftslehre zählt die Reputation zu den immateriellen Vermögenswerten eines Unternehmens.

> **„Reputation** ist die generelle Einschätzung eines Unternehmens durch seine Stakeholder. Die Corporate Reputation ist demnach die Summe der emotionalen Reaktionen von Kunden, Investoren, MitarbeiterInnen und der Öffentlichkeit gegenüber einem Unternehmen – ob gut oder schlecht, schwach oder stark." (Fombrun, 1996)

Die Corporate Reputation besteht im Kern aus vier Prinzipien, die sich gegenseitig beeinflussen (nach Fombrun):

Die vier Prinzipien der Corporate Reputation

> ➢ **Das Prinzip der Zuverlässigkeit**: Je zuverlässiger, sprich berechenbarer, ein Unternehmen in seinen Handlungen in den Augen der Stakeholder erscheint, desto höher ist seine Reputation.
>
> ➢ **Das Prinzip der Glaubwürdigkeit**: Je glaubwürdiger ein Unternehmen und seine Spitzenrepräsentanten in den Augen der Stakeholder sind, desto besser ist seine Reputation.
>
> ➢ **Das Prinzip der Vertrauenswürdigkeit**: Je vertrauenswürdiger ein Unternehmen, seine Leistungen und Vertreter in den Augen der Stakeholder sind, desto angesehener ist das Unternehmen.
>
> ➢ **Das Prinzip des Verantwortungsbewusstseins**: Je verantwortungsvoller ein Unternehmen in den Augen seiner wichtigsten Stakeholder agiert, desto höher ist seine Reputation.

Anders gesagt, entsteht eine Corporate Reputation durch die Leistungen und die Selbstdarstellung eines Unternehmens im Verhältnis zu den Erwartungen der Stakeholder. Versteht man Images als Außenwahrnehmungen der Identität eines Unternehmens bei den einzelnen Stakeholdern, dann ist die Reputation das daraus resultierende auf Wahrnehmungen und Empfindungen basierende Vorstellungsbild des Unternehmens.

Eine Reputation entsteht damit nicht von selbst, sondern muss aktiv errichtet und ausgebaut werden. Auf formaler Ebene bildet sich Reputation primär, sekundär und zyklisch aus (Darstellung nach: Bazil, 2001).

➢ **Primäre Reputation**

Die primäre Reputation beruht auf direkten Kontakten, von Angesicht zu Angesicht, wie zum Beispiel Kontakte mit Mitarbeitern, dem Empfang oder Telefonisten, wobei unvermittelte und persönliche Wahrnehmungen entstehen. Hier kommt das Phänomen des Ersteindrucks zum Tragen, das besagt, dass bei der ersten Wahrnehmung Annahmen miteinbezogen werden, die die erste Einstellung prägen.

➢ **Sekundäre Reputation**

Hier handelt es sich um vermittelte, nicht selbst erlebte Erfahrungen, die etwa auf der Selbstdarstellung des Unternehmens durch Werbung, Architektur oder durch Opinion-Leader, Medienberichte, etc. begründet wird. Bei diesen unpersönlichen Wahrnehmungen können Stereotypen oder Vorurteile prägend wirken.

➢ **Zyklische Reputation**

Die zyklische Form der Reputation bedeutet, dass sich Unternehmen tendenziell so verhalten, wie das Management glaubt, die vorherrschenden Einstellungen zu kennen. So bestärkt das Verhalten meist die bestehende Reputation (oder die Annahme davon), ohne Änderungen erreichen zu können. Sind diese Annahmen jedoch falsch, werden nachhaltige Irritationen ausgelöst.

Abgesehen von formalen Kriterien – wie entsteht Reputation nun tatsächlich? Und wie kann sie zum eigenen Vorteil beeinflusst werden? Folgende sechs Charakteristika prägen die Reputation und sind damit zugleich die Hebel zur Steuerung der Reputation (nach Fombrun, 1996):

1. **„Emotional Appeal"** (Bewunderung, Vertrauen, positives Empfinden)

   Ist das Unternehmen beliebt, gut angesehen? Wird es bewundert und respektiert? Bringen die Stakeholder dem Unternehmen Vertrauen entgegen?

2. **„Products & Services"** (Qualität, Wert, Innovationskraft)

   Hier geht es um die Qualität der Produkte und Dienstleistungen sowie um die Innovationskraft und Glaubwürdigkeit.

3. **„Financial Performance"** (Profitabilität, Wachstumsaussicht, Investitionen)

   Der finanzielle und wirtschaftliche Erfolg eines Unternehmens sowie der Umgang mit der wirtschaftlichen Verantwortung sind maßgeblicher Bestandteil des Ansehens.

4. **„Vision & Leadership"** (Führungsstil, Führungspersönlichkeiten)

Hat das Unternehmen eine starke Führung? Welche Visionen werden an den Tag gelegt? Ist die Unternehmensführung imstande, Chancen und Gefahren auf dem Markt zu erkennen und zu beantworten?

5. **„Workplace Environment"** (Guter Arbeitgeber, guter Arbeitsplatz, gutes Management)

   Faktoren wie Mitarbeiterzufriedenheit, Sicherheit und Gesundheit am Arbeitsplatz, interne Karrierechancen, Gleichbehandlung von Männern und Frauen sind ebenso bedeutend wie die Attraktivität des Unternehmens für hochqualifizierte Arbeitskräfte.

6. **„Social Responsibility"** (Verantwortungsbewusstsein, Bürger der Gesellschaft)

   Alle drei Faktoren der Corporate Social Responsibility, also der Übernahme der wirtschaftlichen, ökologischen und gesellschaftlichen Verantwortung, bestimmen die Reputation.

Ein Leitfaden für das Reputation-Management

Vor 20 Jahren war die produktorientierte Werbung das Um und Auf der unternehmerischen Existenz. Vor zehn Jahren wurde die strategische Komponente der Public Relations zur Unternehmenspositionierung und Imagewerbung erkannt. In geänderten Zeiten und bei geänderten Bedingungen müssen auch die Instrumente der Positionierung und Erfolgsoptimierung variiert werden. Public Affairs, die Außenpolitik eines Unternehmens, ist daher heute ein wichtiges Management-Instrument, um langfristig Erfolge abzusichern und bei der globalen Umstrukturierung von Wirtschaft und Gesellschaft nicht unter die Räder zu geraten.

Es ist eine Realität, dass die Unternehmensreputation laufend uminterpretiert wird vor dem Hintergrund des gesellschaftspolitischen Wandels, den Effekten der Globalisierung und der Antiglobalisierungsbewegung, der Vertrauenskrise von Wirtschaft und Politik sowie den Auswirkungen des New Consumerism. Verkannt wird dabei in erster Linie, welche direkten wirtschaftlichen Auswirkungen das öffentliche Erscheinungsbild, also die Corporate Reputation, betrieben durch Public Affairs auf ein Unternehmen hat.

Was Corporate Reputation bewirken kann:
- ➢ zur Schaffung von Shareholder-value beitragen
- ➢ das Interesse von Investoren wecken
- ➢ die Mitarbeiter zu höherer Produktivität anspornen
- ➢ hochqualifizierte Mitarbeiter halten und gewinnen
- ➢ die unternehmensinterne Moral anheben
- ➢ Unterstützung aus der Gesellschaft für Anliegen des Unternehmens gewinnen

> ➤ helfen, Krisen zu bestehen und die negativen Folgen zu minimieren.
> ➤ zu Loyalität gegenüber der Marke und dem Unternehmen führen
> ➤ eine Hochpreispolitik („premium pricing") stützen
> ➤ die Glaubwürdigkeit des Managements erhöhen
> ➤ tragfähige Beziehungen zu relevanten Stakeholdern schaffen
> ➤ Medien gegen das Wiedergeben von Gerüchten immunisieren
> ➤ die Aufmerksamkeit für die Marke erhöhen
> ➤ Einstellungen gegenüber dem Unternehmen ändern
> ➤ Wettbewerbsvorteile schaffen

Letztlich stimmen die Konsumenten bei ihrer Kaufentscheidung, die Medien mit dem Stil der Berichte und die Politik in der Form der Kooperation über die Reputation eines Unternehmens ab. In einer Broschüre von PriceWaterhouseCoopers heißt es daher zu Recht: „reputation management is a core business function".

Als immaterieller Vermögenswert und Produktionsfaktor kommt der Reputation die Aufgabe zu, Menschen zum Handeln zu bewegen. Es geht um das Formen von Verhalten und die Bedienung der vielschichtigen Interessen und Ansprüchen. Jedes Unternehmen erwartet zu Recht von der Gesellschaft, dass seine Produkte gekauft werden, in seine Aktien investiert wird und Verständnis für seine Aktivitäten besteht. Das Unternehmen möchte ein guter Arbeitgeber, Produzent und Nachbar sein. Die Gesellschaft soll daher zumindest nicht gegen, wenn schon nicht für das Unternehmen eintreten. Diese Kriterien positiv zu beeinflussen, heißt, den wirtschaftlichen Erfolg und die Reputation bestmöglich zu gestalten. Reputation entsteht nicht von sich aus, sondern muss gestaltet werden.

Reputation ist mehr als das Image, dass primär über Werbung erzeugt wird. Bei der Reputation geht es um Werte und Grundsätze des Unternehmens und seines Geschäftswesens – die Wahrnehmung dieser Faktoren und die subjektive Überprüfbarkeit. Einfach formuliert ist unter Reputation zu verstehen, wie Dritte das Unternehmen sehen und bewerten und damit ihre Aktivität – Produktkauf, Unterstützung, Wohlwollen, etc. legitimieren. Ist diese Wahrnehmung positiv und deckungsgleich mit den Erwartungen, steigt die Reputation aus der Sicht der Stakeholder. Die Reputation ist daher im Kern die Summe aller Aktivitäten eines Unternehmens, die beabsichtigte oder unbeabsichtigte Auswirkungen auf das Umfeld haben.

Die Reputation kommt bei jedem Kontakt des Unternehmens mit seinen Stakeholdern ins Spiel, da sie alle Bereiche des Unternehmens umfasst:

vom Produkt-Launch bis zum Sozial-Sponsoring, vom Kundenservice bis zu den Benefits für Mitarbeiter, vom Gespräch mit politischen Entscheidungsträgern bis zur Glaubwürdigkeit gegenüber den Anspruchsgruppen.

Wie ist die Reputation steuerbar?

Studien haben ergeben, dass die Reputation eines Unternehmens die Entscheidungen der Konsumenten beim Kauf der Produkte ebenso beeinflusst wie die Entscheidung eines Investors, Aktien zu kaufen. Manche Untersuchungen dokumentieren, dass rund 40 Prozent der Reputation eines Unternehmens dem CEO zugerechnet werden. Ähnliches geht aus folgender Aufstellung einer Befragung von Analysten hervor. (nach: Stöhlker, 2001)

Faktoren, die aus der Sicht der Analysten den Wert von Aktien steigern (Performance-Vorteil in Prozent):

– das Image des CEO: 20 Prozent

– gute Investor-Relations-Arbeit: 15 Prozent

– hohe Liquidität: 15 Prozent

– Popularität des Unternehmens: 15 Prozent

– Listung in einem bedeutenden Index: 5 Prozent

Abgeleitet für die tägliche Arbeit – welche Faktoren bestimmen nun tatsächlich, was eine gute Reputation ausmacht, an welchen Rädern ist zu drehen? Zu beachten ist jedenfalls, dass die Reputation bei den verschiedenen Stakeholdern variiert – die Reputation ein und desselben Unternehmens ist in einzelnen Aspekten bei Konsumenten anders gelagert als bei politischen Entscheidungsträgern, dort wieder anders als bei Regulatoren, Aktivisten, der Fachpresse, den Mitarbeitern, den Anrainern, den Analysten, etc. Daher gilt es herauszufinden, welche Erwartungshaltungen in der jeweiligen Stakeholder-Gruppe bestehen.

Beispielsweise wurde dem Generaldirektor eines großen österreichischen Unternehmens Applaus seitens der Gewerkschaft dafür gezollt, dass er einer einmaligen Zahlung für einen Teil der Mitarbeiter zustimmte. Dies war notwendig, um einen drohenden Streik abzuwenden. Seitens der politischen Entscheidungsträger wurde dieses Verhalten allerdings als Führungsschwäche gewertet und die Aufsichtsräte kritisierten es als nicht notwendiges Geschenk.

Von allgemeiner Gültigkeit für alle Stakeholder-Gruppen ist vor allem die Dokumentation und Beweisführung nachstehender Kernelemente, die die Reputation bestimmen:

– die zuerkannte Qualität des Managements,

– die finanzielle Performance,

- die Innovations-Kraft,
- die Qualität der Produkte, Dienstleistungen, Services,
- die Unternehmensmarke beziehungsweise die Produktmarken,
- die Fähigkeit, Top-Mitarbeiter anzuziehen, zu halten oder aufzubauen,
- die Marktführerschaft des Unternehmens,
- das Verhalten des Unternehmens als Teil der Gesellschaft.

In all diesen Facetten ist die Reputation zu steuern, denn diese umfasst sämtliche Wahrnehmungen der Stakeholder, basierend auf deren Erfahrungen mit dem Verhalten des Unternehmens, seinen Produkten sowie Aussagen von Dritten und Medienberichten über das Unternehmen. Die genannten Kernelemente sind allesamt steuerbar, dokumentierbar und bilden in Summe ein entsprechendes Bild vom Unternehmen – ein Gesamtbild, das wiederum die Zielerreichung und Handlungsfähigkeit des Unternehmens maßgeblich bestimmt.

Von besonderer Bedeutung ist die Reputation in der Wirkung auf das Verhalten der Konsumenten. Die Konsumenten sind nicht nur wählerischer und kritischer geworden, sie haben heute auch deutlich mehr Auswahl und sie haben gelernt, mit werbetechnischer Manipulation umzugehen. Die Reputation des Unternehmens und seiner Produkte wird daher zu einem kaufentscheidenden Kriterium. Im Vordergrund stehen dabei Aspekte wie Qualität und Verlässlichkeit der Produkte, die Glaubwürdigkeit des Unternehmens und die Dokumentation der gesellschaftlichen Verantwortung des Unternehmens. (siehe auch Kapitel 6)

In diesem Zusammenhang kommen die Effekte des „New Consumerism" zum Tragen: Dieser Begriff steht für die allgegenwärtige Dokumentation der neu gewonnenen Souveränität der Konsumenten. Oftmals als „Mündigkeit" der Konsumenten postuliert, geht es im Kern um die gestiegene Artikulationsfähigkeit der Konsumenten gepaart mit gesteigerter medialer Aufmerksamkeit für deren Themen. Unternehmen, Medien und die Politik sind konfrontiert mit einem konstanten Strom an Konsumentenbeschwerden, betreffend etwa die Unzufriedenheit mit Produkten und Leistungen oder mit falschen beziehungsweise mangelhaften Kennzeichnungen, moralisch-ethischen Fragen der Unternehmensführung oder ökologischen und sozialen Fragen der Wertschöpfungskette. Bedrängt vom Skandalisierungsdruck der Massenmedien ist die Politik meist rasch mit Regelungsinitiativen zur Stelle, Konsumentenschützer perpetuieren das Thema aus Eigeninteresse und übrig bleibt letztlich die eine oder andere Delle an der Reputation des Unternehmens. Ist die gute Unternehmensreputation bei den Konsumenten und relevanten politischen Akteuren ausgeprägt, wird die Delle nicht von langer Dauer sein. Unternehmen, die von dieser Machtverlagerung zugunsten des Konsumentenschutzes unvorbereitet getroffen werden, müssen jedoch intensive Schäden und entsprechende Kosten für den Wiederaufbau der Reputation in Kauf nehmen.

Woran messen die Konsumenten die Reputation?

- Aktivitäten im Bereich Umweltschutz, Engagement für soziale Fragen
- Gesellschaftliche und kommunale Mitwirkung
- Ehrlichkeit und Glaubwürdigkeit
- Sicherheit der Produkte und Leistungen
- Behandlung der Mitarbeiter durch das Unternehmen
- Das Verhalten der Mitarbeiter nach außen
- Sozial-Sponsoring, Charity

Das Reputation-Management stellt sicher, dass das Verhalten des Unternehmens gegenüber den Stakeholdern einer konsistenten Strategie folgt und zwar mit dem Ziel, die entsprechenden Beweisführungen zu verbreiten, gestützt auf haltbaren Versprechungen. Dazu ist es erforderlich zu analysieren, wie das Unternehmen wahrgenommen wird, um den Änderungs- oder Bestärkungsbedarf zu erkennen. Im Unterschied zur Image-Werbung beschreibt Reputation-Management die Fähigkeit, die Reputation eines Unternehmens mit der Geschäftsstrategie zu verbinden. Damit können Stakeholder zu Advokaten des Unternehmens gemacht werden, die damit die Glaubwürdigkeit unabhängiger Dritter für das Unternehmen einsetzen, das Unternehmen in Krisen verteidigen oder Interesse des Unternehmens betreiben. Auch hier steht, wie bei allen Public-Affairs-Techniken, das Motto im Vordergrund, dass Unternehmen, die eine gute Balance zwischen Stakeholder-Interessen und Shareholder-Interessen herstellen, in aller Regel erfolgreicher sind.

Umsetzung von Reputation-Management in fünf Schritten:

➢ **Stakeholder-Definition**: Welche Stakeholder sind entscheidend, weil sie den Erfolg, die Projektrealisierung oder die Gesamtwahrnehmung direkt oder indirekt beeinflussen?

➢ **Wahrnehmungsanalyse**: Wie wird das Unternehmen bei diesen Stakeholdern wahrgenommen? Hier können bestehende Umfragen, Kundenbarometer, Auswertung von Hotlines/Servicenummern oder eigenen Befragungen eingesetzt werden.

➢ **Defizit-Analyse**: Welche Differenzen, Lücken oder Widersprüche bestehenden zwischen der Wahrnehmung und dem Reputationsziel, welche Chance bestehen für Korrekturen?

➢ **Kernbotschaften definieren**: Welche Botschaften sollten aus Sicht des Unternehmens bei diesen Stakeholdern verankert werden – wie soll die Wahrnehmung sein?

> ➤ **Entwicklung einer entsprechenden Strategie**: Planung und Umsetzung einer maßgeschneiderten Strategie und Integration in alle relevanten Bereiche (PR, Brandmanagement, Marketing, interne Kommunikation, Investor Relations, etc.).

Fallbeispiel: Der Vorstandsvorsitzende einer Aktiengesellschaft hatte vor dem Hintergrund anstehender strittiger Kostenreduktionsmaßnahmen, der Diskussionen über den möglichen Einstieg eines neuen Eigentümers und Ablösegerüchten rund um seine Person mit einem Reputationsproblem gegenüber mehreren Stakeholdern zu kämpfen. Bei politischen und wirtschaftlichen Entscheidungsträgern war er tendenziell unbekannt, bei den Mitarbeitern weitgehend nur aus den internen Medien und bei den Entscheidungsträgern der Medien war ein nur wenig ausgeprägtes Profil vorhanden.

Nach den hier beschriebenen Kriterien wurde ein maßgeschneidertes Reputation-Management-Programm entwickelt und realisiert – in Form einer landesweiten „Tour" mit persönlichen Kontakten innerhalb und außerhalb des Unternehmens. Dazu wurden in einem ersten Schritt alle relevanten externen Stakeholder definiert und ihre Interessen in Überschneidung mit dem Unternehmen analysiert. Eine kleine Broschüre, gedacht zum Hinterlassen bei den Gesprächen, beschrieb seine bisherigen Leistungen für das Unternehmen und seine weiteren Ziele. Jedes Gespräch wurde mit einer Punktuation der wichtigsten anzusprechenden Themen vorbereitet. Für die Besuche bei den wichtigsten Kunden wurde außerdem eine symbolische „Anerkennung für das Vertrauen" in Form einer kleinen Statuette entwickelt. Die politischen Entscheidungsträger erhielten eine Liste mit den konkreten Forderungen des Unternehmens. Innerhalb des Unternehmens besuchte der Vorstandsvorsitzende wo immer möglich Niederlassungen – teils unangemeldet – und sprach mit den Mitarbeitern die konkrete Probleme der täglichen Arbeit durch.

In etwas mehr als einem halben Jahr wurden rund 50 persönliche Stakeholder-Gespräche und unzählige Kontakte mit Mitarbeitern realisiert. Intern sprach man danach von einem „Chef zum Angreifen, der sich um seine Mitarbeiter kümmert", die politischen und wirtschaftlichen Entscheidungsträger sagten ihre konkrete Unterstützung für die Anliegen des Unternehmens zu. Der Vorstandsvorsitzende erhielt dadurch die Reputation eines „Machers", der sein Unternehmen „gut führt" und in Summe gewann das Unternehmen an Reputation bei den relevanten Stakeholdern. Monate später wurde in politischen Kreisen darüber geredet, dass der Vorstandsvorsitzende seine „wichtigen Kontakte eben gut zu bedienen wisse".

Kapitel 6:
Corporate Citizenship – Gesellschaftliches Engagement als Erfolgsfaktor

„Wir sind der Überzeugung, dass unser Corporate Citizenship Gewinne für Shareholder und die Gesellschaft erzeugt. Die Herausforderung ist es, diese Gewinne zu definieren, zu messen und zu kommunizieren."

Henry Wallace, CFO/Group Vice President, Ford Motor Company

„Novartis möchte als verantwortungsvoller Corporate Citizen wahrgenommen werden. Unsere Tätigkeit ist auf Nachhaltigkeit ausgerichtet: wirtschaftlich, sozial und ökologisch – im besten Interesse des langfristigen Erfolges für unser Unternehmen."

(Policy on Corporate Citizenship, Novartis AG, August 2001)

Auf einen Blick

Jedes Unternehmen ist Bürger der Gesellschaft und verfügt über Rechte und Pflichten. Die entsprechenden Erwartungen der Anspruchsgruppen an ein Unternehmen sind vielfältig und können als Quelle der Legitimation ebenso wie als Wettbewerbsvorteil genutzt werden.

In diesem Kapitel erfahren Sie:

➢ Welche außerökonomischen Kriterien der Bewertung von Unternehmen gibt es?

➢ Warum ist Corporate Social Responsibility mehr als ein Marketing-Gag?

➢ Wie kann das Management von gesellschaftlicher Verantwortung umgesetzt werden?

➢ Welche direkten Vorteile für das Unternehmen zieht das Engagement von Freiwilligen nach sich?

Corporate Citizenship ist den USA und in Großbritannien ein wesentlicher Bestandteil des ganzheitlichen Selbstverständnisses einer Unternehmenspersönlichkeit. In Europa wird diese Idee heute noch mit einer Mischung aus Skepsis und müdem Lächeln bedacht und dennoch gewinnt die

Idee des Corporate Citizenship als Erfolgsfaktor auch in unseren Breiten sukzessive an realer Bedeutung.

Die dahinter liegende Idee ist so einfach wie bestechend, geht sie doch auf jahrhundertelange unternehmerische Erfahrung zurück. Ein Unternehmen wird von der Öffentlichkeit und den relevanten Anspruchsgruppen nicht mehr als rein wirtschaftliches oder technisches System betrachtet, sondern vor allem als soziale Organisation, als Teil der Gesellschaft. Und ist es heute noch für kleine und kleinste Unternehmen selbstverständlich, im Einklang mit dem engeren gesellschaftlichen Umfeld zu leben und zu arbeiten, so ist dies für große Unternehmen viel schwieriger.

Die familiär geführte kleine Bäckerei am Land kommt schon rein aus Selbsterhaltungstrieb ihrer gesellschaftlichen Verantwortung nach. Der Chef kennt die Bedürfnisse seiner Mitarbeiterinnen und Mitarbeiter aus den täglichen persönlichen Gesprächen im Wissen, dass die Qualität seiner Produkte von der Zufriedenheit und Identifikation der Mitarbeiter mit dem Unternehmensgegenstand abhängen. Der Chef weiß auch, dass gute Beziehungen mit seinen Lieferanten letztlich die Qualität seiner Leistungen bestimmen. Auch die Erwartungen der Kunden werden über Beobachtung und Gespräche direkt in den Produktionsprozess rückgekoppelt. Mit den lokalen politischen und gesellschaftlichen Entscheidungsträgern sowie den Anrainern wird laufend Einverständnis hergestellt. Die Legitimation des unternehmerischen Handelns basiert auf dieser immanenten Ausrichtung auf Gesellschaftsverträglichkeit. Potenzielle Risiken für den Unternehmensgegenstand können umgehend erkannt und bearbeitet werden und Wettbewerbsvorteile können durch laufende Rückkoppelung mit dem gesellschaftspolitischen Umfeld aufgebaut werden.

Und wie soll das alles bei einem Unternehmen mit Hunderten oder Tausenden Mitarbeitern funktionieren? Denn die Notwendigkeit, diese „license to operate" laufend vom gesellschaftspolitischen Umfeld zu erhalten, bleibt in gleichem Maße auch für Großunternehmen bestehen. In Zeiten der konfliktträchtigen Antiglobalisierungsdebatte steigt de facto mit der Größe und dem Wirkungsbereich eines Unternehmens die Notwendigkeit des systematischen Umfeldmanagements noch an. Doch welcher CEO oder Vorstandsvorsitzende kann auf nationaler Ebene so wie der Bäckermeister in seiner Region agieren? Wie reduziert ein Unternehmen potenzielle Risiken, die aus dem gesellschaftlichen und politischen Umfeld entstehen, und wie können die drohenden Konfliktkosten, etwa bei Standortschließungen, Arbeitskämpfen, politischen Interventionen, sensiblen Infrastrukturprojekten oder Markteinführungen verhindert oder zumindest minimiert werden? Das gelebte Corporate Citizenship ist eine probate Antwort auf diese Herausforderung.

1. Corporate Citizenship: Erfolg verpflichtet

Mit Corporate Citizenship ist die Rolle von Unternehmen in der Gesellschaft und die damit zusammenhängende Verantwortung für das Gemeinwesen – die Bürgergesellschaft – gemeint. Die Notwendigkeit, dieses Engagement von Wirtschaftsunternehmen als neue Benchmark für die Unternehmensbewertung zu beachten, resultiert aus den geänderten Erwartungshaltungen, die heute weit über den finanziellen Erfolg hinausgehen. Es geht in der Bewertung von Unternehmen nicht mehr nur um den finanziellen Gewinn. Im Gegenteil, viele Beispiele zeigen, dass gerade ökonomisch erfolgreiche Unternehmen, die jedwedes weiterführende Engagement vermissen lassen, auf Skepsis oder gar Widerstand stoßen. Ein verantwortungsvolles Unternehmen, so der Tenor der Debatte, hat gleichermaßen Verantwortung für seinen wirtschaftlichen Erfolg wie auch für das es umgebende gesunde und stabile Umfeld. In anderen Worten: „Doing financially well by doing socially good."

Die Basis dafür ist das Verständnis des „Citoyen" aus dem revolutionären Gedankengut des 18. Jahrhunderts. Der Bürger wird darin als Mitglied einer Republik gesehen, die ihrerseits alle Bürger als frei und gleich versteht und ihren Bürgern Rechte und Pflichten, Privilegien und Verantwortlichkeiten zuerkennt. In der Tradition dieses Gedankens steht bei Corporate Citizenship die Frage im Vordergrund, wie ein Unternehmen als Bürger dieser Gesellschaft mit seinen Rechten und Pflichten umgeht.

John Marshall, einer der ersten Höchstrichter der Vereinigten Staaten, schaffte den Grundsatz, dass ein Unternehmen nichts anderes sei, als ein künstliches Wesen, dessen Existenz auf rein rechtlichen Grundlagen beruht. Von Milton Friedmann hingegen stammt die Aussage: „The only corporate responsibility is to generate shareholder value." Eine Aussage, die oftmals aus Ausrede dafür verwendet wird, kein gesellschaftliches Engagement an den Tag zu legen. Wie immer man etwa zur Globalisierung und zum Diktat der Mediengesellschaft stehen mag, beide Strömungen sind reell und üben enormen Druck auf Unternehmen aus. Druck, der nicht mehr nur über gutes Shareholder-Value ausgeglichen werden kann. Schonungslose Medien, die im beinharten Wettbewerb stehen, das Mobilisierungspotenzial des Internets, neu entstehende Aktivistengruppen, die steigende Zahl an Unternehmensskandalen und die wachsende Gruppe der kritischen Aktionäre, sie alle steigern den Druck auf die Reputation und die Performance der Unternehmen.

Seit Jahrzehnten ist der Sportartikelhersteller **Nike** einer der wichtigsten Sponsoren des Universitätssports in den USA Seit geraumer Zeit ist das Unternehmen auch das erklärte Ziel von Protestaktionen gegen die Ausbeutung von Arbeitern in Nike-Fabriken in asiatischen Billiglohnländern – so genannten „sweat shops". 47 amerikanische

Universitäten, darunter auch so renommierte wie die Georgetown University in Washington, D.C., gehören dem „Worker Rights Consortium" (WRC) an. Diese Organisation wirft Nike und anderen Sportartikelherstellern vor, einen Großteil ihrer Produkte unter menschenunwürdigen Bedingungen in Ländern der Dritten Welt herstellen zu lassen. Kaufboykotts, Proteste und Medienkampagnen werden gegen das Unternehmen eingesetzt. Das WRC will vor allem Universitäten dazu bewegen, das Verhalten ihrer Sponsoren strenger zu überwachen. Umgekehrt sind Studenten und Sportler die wichtigsten Zielgruppen von Nike & Co. Speziell Nike verfolgt mit Sorge, wie das progressive und sportlich-faire Image durch diese Proteste potenzieller Kunden Schaden erfährt. Nach und nach sprachen sich Universitäten gegen eine Weiterführung des Sport-Sponsoring durch Nike aus. Im Mai 2000 schlug das Unternehmen zurück und entzog binnen weniger Wochen drei Universitäten die finanzielle Unterstützung in der Höhe vieler Millionen Dollar – die drei Universitäten waren zuvor auf Initiative ihrer Studenten dem WRC beigetreten.

Boykottaufrufe gegen europäische Unternehmen, deren Produkte aus Ländern der Dritten Welt oder Staaten mit repressiven politischen Systemen kommen, sind an der Tagesordnung. Autokonzerne werden in Zusammenhang mit Radikalität und Gewaltbereitschaft gebracht, weil deren Fahrzeuge beliebte Statussymbole diverser Banden sind. Tabak- und Erdölkonzerne gelten als unethische Unternehmen per se. Die Liste ließe sich beinahe beliebig fortsetzen. Im Raum bleibt die Frage stehen: Welche Antworten können Unternehmen darauf geben? Der Prämisse folgend, dass nicht die gesamte Wirtschaft unethischer und skrupelloser geworden ist, sondern primär die Ansprüche der Stakeholder wie auch der gesamten Gesellschaft einem kontinuierlichen Wandel unterliegen, müssen die Unternehmen neue Antworten auf sich verändernde Erwartungen finden.

Die Erwartungen sind im Kern in drei Bereiche zu gliedern: ökonomische, ökologische und gesellschaftliche Verantwortung – die Triade der Corporate Social Responsibility, der gesellschaftlichen Verantwortung von Unternehmen. Viele Unternehmen beantworten die Ansprüche erst, nachdem aus der Kluft zwischen Erwartungen und dem unternehmerischen Verhalten massive Schäden entstanden sind. Philip Morris beispielsweise gibt heute annähernd gleich viel Geld für klassische Werbung (150 Millionen US-Dollar) wie für Sozial-Sponsoring und Philanthropie aus (rund 100 Millionen US-Dollar). Doch es zeigt sich, dass Geldspenden für soziale, ökologische oder karitative Zwecke allein nicht die optimale Verantwortungsstrategie darstellen. Nicht nur, weil dem fast immer der Touch des „Sich-frei-kaufens" anhängt, sondern auch deshalb, weil das isoliert betriebene Sponsoring die Frage nach dem Engagement eines Unternehmens für das gesellschaftliche Wohlergehen nicht beantwortet, sondern in gewissem

Maße sogar konterkariert. Eine Corporate-Citizenship-Strategie eines Unternehmens, die in der Lage ist, über die Bedienung der überwirtschaftlichen Interessen der Anspruchsgruppen die eigenen wirtschaftlichen Interessen zu promoten, muss daher Teil einer aktiven und vielfältigen Unternehmenspolitik sein. Denn es ist heute aus ökonomischen Gründen erforderlich, eine Unternehmenspersönlichkeit auszuprägen, die die gesellschaftliche Verantwortung an den Tag legt und im Handeln unter Beweis stellt. Diese auf gesellschaftlicher Verantwortung basierende Unternehmenspersönlichkeit ist in der Lage, Kunden, Investoren und Humankapital zu gewinnen und das öffentliche Vertrauen in das Management, seine Leistungen und damit letztlich den Aktienwert aufrecht zu erhalten.

Unternehmen in der Bürgergesellschaft

„Eigentum verpflichtet", auf diese Formel bringt das Deutsche Grundgesetz den Kerngedanken des unternehmerischen Engagements für die Gesellschaft. Jeder Mensch verknüpft in seinem Handeln den Eigennutz mit dem Gemeinwohl, etwa im Bereich der Nachbarschaftshilfe, der Kirchengemeinde, am Arbeitsplatz, etc. Auch die „ehrenamtliche" oder freiwillige Betätigung für kommunale, soziale, kirchliche, karitative oder ähnliche Zwecke gehört zum menschlichen Selbstverständnis. Dieses bürgerliche Engagement ist aber nicht nur eine Selbstverständlichkeit, sondern auch eine Notwendigkeit für das Funktionieren von Gesellschaften. Wir spenden Geld oder Zeit für das Gemeinwohl, für die Gemeinde, in der wir leben, um damit unser gesellschaftliches Umfeld mitzugestalten.

Unternehmen leben und zehren vom Human- und Sozialkapital der Gemeinde, in der sie aktiv sind, ihren Standort oder Produktionsstätte haben. Als „Bürger" der Gesellschaft verfügen Unternehmen über Rechte und Pflichten gleichermaßen. Neben dem Erhalt von Arbeitsplätzen, der Bereitstellung von Gütern und Dienstleistungen sowie der Entrichtung der Abgaben und Steuern – die klassischen Pflichten des Unternehmens als Bürger – existieren weitergehende vielfache Erwartungshaltungen der Gemeinde gegenüber dem Unternehmen. Anders gesagt: neben dem Recht auf Mitgestaltung gibt es auch die Pflicht zur Mitwirkung, etwa durch karitatives oder soziales Engagement oder durch andere Wege, um die aus der Gemeinschaft erzielten Vorteile an die Gesellschaft zurück zu geben. Verständlich wird dieser Grundsatz unter der Bezeichnung „giving back to society".

Die Gesellschaft ist in vielfacher Art und Weise von der Existenz und dem Erfolg der Wirtschaft abhängig. Primär wird erwartet, dass Arbeitsplätze geschaffen und erhalten werden, denn dadurch wird der Lebensstandard bestimmt. Steuern und Abgaben der Unternehmen wiederum sind unerlässlich für die Finanzierung lokaler, regionaler und überregionaler Serviceeinrichtungen. Die Verflechtungen zwischen den Unternehmen stimulieren darüber hinaus Handel, Wirtschaftswachstum und die Schaffung neuer Technologien. Auch davon profitiert letztendlich die Gesellschaft. Unternehmen definieren damit die wirtschaftliche Kraft im Umkreis ihrer Tätigkeit – speziell lokal und regional, aber auch überregional. Diese zentrale Rolle in der Gesellschaft führt jedoch auch dazu, dass vielfach ein Missbrauch dieser wirtschaftlichen Macht befürchtet oder vermutet wird. Da jede Entscheidung eines Unternehmens – beispielsweise eine Betriebsansiedlung oder die Aufgabe eines Standorts – die Bevölkerung und damit die Gemeinde unmittelbar betreffen, wird nicht nur Transparenz verlangt, sondern auch erwartet, dass sich die Unternehmen ihrer diversen Verantwortungen bewusst sind und nachkommen. Das „eiserne Gesetz der Verantwortung" besagt demnach, dass langfristig gesehen nur jene Unternehmen erfolgreich sind, die ihre Macht und ihr Potenzial so einsetzen, wie es die Gesellschaft für verantwortungsvoll erachtet. Oder umgekehrt, Unternehmen, die ausschließlich auf ihre ökonomischen Erfolge abstellen und die Interessen ihrer Stakeholder beharrlich außer Acht lassen, weniger Rückhalt in und Unterstützung von der Gesellschaft erwarten können. (Post, 1999)

Die Konsumenten bewerten Unternehmen ebenso wie politische Entscheidungsträger und andere Teile der Gesellschaft nicht nur nach dem wirtschaftlichen Erfolg, sondern auch anhand außerökonomischer Faktoren. Damit im Zusammenhang steht die von allen Stakeholdern eingeforderte gesellschaftliche Verantwortung eines Unternehmens als zusätzlicher Faktor der Kaufentscheidung. Nachstehende Tabelle gibt eine Übersicht über die gängigsten nicht-ökonomischen Bewertungskriterien, anhand von denen Unternehmen gemessen werden.

Außerökonomische Kriterien der Unternehmensbewertung			
Soziale Kriterien	Ökologische Kriterien	Politische Kriterien	Sonstige
Gleichberechtigung Von Frauen	Tierversuche, schonender Umgang mit Ressourcen	Beziehungen zu diktatorischen Ländern	Informationspolitik, Transparenz
Förderungsprogramme für Jugendliche	Landwirtschaftliche Industrieproduktion	Beziehungen zu Ländern der Dritten Welt	Skandale / Bestechungen
Gleichberechtigung von Minderheiten	Militärische Produktion / Rüstungsindustrie	Verhalten zu Gewerkschaften	Produktsicherheit
Karitatives und soziales Engagement	Atomenergie	Wirtschaftsethik	Datensicherheit
Familiengerechte Arbeitszeitmodelle	Treibhausgase	Korruption	
Gleichbehandlung von Behinderten	Wasserverschmutzung	Parteien- und Wahlkampffinanzierung	

So sehr auch die Übernahme gesellschaftlicher Verantwortung von den Unternehmen erwartet wird, niemand verlangt, dass jedes Wirtschaftsunternehmen eine karitative Organisation ist. Speziell die primäre Ausrichtung, nämlich wirtschaftlich erfolgreich zu sein, stellt niemand ernsthaft in Abrede, denn dieser Erfolg schafft erst die Basis für das Übernehmen spezieller Verantwortung. Die Grenzen der Übernahme von Verantwortung liegen in den Bereichen Legitimität – niemand kann sich von „schlechtem" Handeln freikaufen – Kosten – der Ertrag kann und soll nicht geschmälert werden –, Effizienz – wirksame Aktionen sind wichtiger als große, teure und schöne – und Komplexität – die Errichtung von Parallelstrukturen etwa zu staatlichen Einrichtungen ist ebenfalls nicht zielführend. Klarerweise erwartet die Gesellschaft ein Höchstmaß an unternehmerischer Verantwortung, die effektive Umsetzung muss jedoch im Rahmen des Machbaren und Sinnvollen bleiben. Letztlich sind es Entscheidungen über die Strategie des Unternehmens und die langfristigen Ziele, die diese Überlegungen bestimmen.

Die Gesetze und Vorschriften schaffen das Umfeld für unternehmerische Tätigkeiten und die Gesellschaft gibt ethische und moralische Standards vor. Sich daran zu halten, ist das Mindestmaß an Verantwortung. Die traditionellen ökonomischen und gesetzlichen Normen und Standards sind daher notwendig, aber nicht ausreichend. Ein Unternehmen, das diese Vorgaben nicht einhält, wird mehr Probleme als Erfolge haben. Aber auch die schlichte Einhaltung dieser Standards reicht nicht aus, um den langfristigen Erfolg abzusichern. Gesellschaftliches Engagement im Sinne der Übernahme von Verantwortung ist daher ein Schritt nach vorne, ein Schritt, der über das Notwendigste hinausgeht, noch bevor gesellschaftliche Erwartungen als gesetzliche Vorschriften an das Unternehmen zurückkommen. Dennoch muss jede Organisation und jedes Unternehmen für sich selbst entscheiden, wie viel gesellschaftlich relevante Verantwortung übernommen werden soll.

Abgeleitet von dem, was sich die Gesellschaft von einem Unternehmen erwartet, lassen sich einige Prinzipien ableiten, wie diese Verantwortungen übernommen werden können.

Erwartungen	Verantwortung übernehmen durch...
Wirtschaftswachstum und Effizienz	Steigerung der Produktivität, Kooperation mit Regierungsinstitutionen und Know-how-Transfer
Ausbildung	Schaffung von Lehr- und Ausbildungsstellen, Unterstützung von Schulen und Universitäten
Beschäftigung und Weiterbildung	Betriebliche Weiterbildung, Umschulungen bei Entlassungen wegen Rationalisierung
Arbeitsplatz und Menschenrechte	Gleichberechtigungsprogramme, Schulungen zur Verbesserung der internen Kommunikation, Gesunde Arbeitsplatzgestaltung, Ernährung und Fitness am Arbeitsplatz

Stadterneuerung und -entwicklung	Fahrgemeinschaften für Mitarbeiter, Schaffung von Betriebsparkplätzen, Ansiedelungspolitik
Schonung der Umwelt	Emissionsbeschränkungen, Recycling-Programme, Tier- und Artenschutz, Wiederaufforstungen
Kunst und Kultur	Unterstützung und Förderung von Kunsteinrichtungen

2. Corporate Social Responsibility: Management der Verantwortung

„Unser Streben nach exzellenten Leistungen bedeutet einerseits, dass wir unseren Kunden einen herausragenden Service bieten, andererseits werden wir in Fragen der gesellschafts- und umweltpolitischen Verantwortung höchste Standards einhalten."

Chris Gent, Group Chief Executive, Vodafone Group PLC

"Wir bei British Telecom sind der Überzeugung, dass das Schaffen von Wert für Stakeholder der richtige Weg ist, um Gewinne für unsere Shareholder zu erzeugen. Wir glauben, dass die Maximierung der Kunden- und Mitarbeiterzufriedenheit, die Zusammenarbeit mit Lieferanten zum gegenseitig Besten und das Verantwortungsbewusstsein für unsere Handlungen gegenüber der Gesellschaft ebenso von Bedeutung sind, wie Gewinne zu erzielen. Weil alle diese Faktoren in Wahrheit das selbe sind. Denn durch die Berücksichtigung der Stakeholder-Interessen schaffen wir Shareholder-Value."

(British Telecom Enlightened Values Report, Oktober 2001)

Vor dem Hintergrund immer ähnlicher werdender Produkte und Dienstleistungen wird die Profilierung des Unternehmens immer wichtiger. Der Aufbau einer starken Unternehmenspersönlichkeit ist allerdings nur mehr durch die Gesamtheit dessen leistbar, wofür ein Unternehmen steht. Das Unternehmen und sein Verhalten hinter den Produkten, Marken und Erfolgen wird zusehends zum kaufentscheidenden Faktor. In einer sensiblen und kritischen Öffentlichkeit stehen Wirtschaftsunternehmen unter zunehmend aufmerksamer Beobachtung. Nicht nur die Kunden, auch alle direkt und indirekt betroffenen Stakeholder fordern Transparenz, Verantwortlichkeit und die Berücksichtigung ihrer Interessen von den Unternehmen ein. Vertrauen und Verantwortungsbewusstsein gehen weit über Produktkommunikation und inszenierte Produkterlebnisse hinaus und beziehen das gesellschaftliche Verhalten des Unternehmens mit ein.

Erfolgreich zu sein erfordert daher auch, klimagestaltend tätig zu werden. Der Aufbau von Vertrauen und die Ausgestaltung der Unternehmenspersönlichkeit stehen im engen Zusammenhang mit den Aspekten Verantwortung und Legitimität gegenüber den Anspruchsgruppen. Gefragt ist „the company with good citizenship" und seine gesellschaftliche Verantwortung. Das oberste Ziel jedes Unternehmens ist es, wirtschaftlich erfolgreich zu sein. Ohne dem können auch andere Verantwortungen nicht wahrgenommen werden. Corporate Social Responsibility spricht diese weiteren Verantwortlichkeiten einer Organisation an und macht sie gestaltbar: Unternehmen sind heute der Gesellschaft sowie den Stakeholdern gegenüber verantwortlich für ihre Aktivitäten und Handlungen. Ökonomische, ökologische und soziale Verantwortlichkeit bilden eine Einheit und sind eine Messgröße für die Bewertung eines Unternehmens, weit über Image und Erfolg der Produkte hinaus. Ausschlaggebend für den unternehmerischen Erfolg ist die „Corporate Social Performance", also die Ausgestaltung der gesellschaftlichen Verantwortung eines Unternehmens als Bürger der Gesellschaft.

„License to operate"

„Giving back to society" kann in diesem Zusammengang auch folgendermaßen übersetzt werden: Ohne Übereinstimmung mit der Unternehmensumgebung ist kein Geschäft zu machen. Die Übernahme und Steuerung der gesellschaftlichen Verantwortung in Übereinstimmung mit den Organisationszielen ist dabei ein effizientes Mittel, um den Rechten und Pflichten gleichermaßen nachzukommen. Längst ist bekannt, dass eine Organisation heute auf mehreren Märkten zugleich erfolgreich sein muss: auf dem Kernmarkt der Produkte oder Leistungen, dem Kapitalmarkt, dem Mitarbeitermarkt und dem Markt „Politik und Gesellschaft". Produktabsatz und Kapitalbeschaffung, die Fähigkeit gute Mitarbeiter zu halten und in das Unternehmen zu holen beziehungsweise das Entgegenkommen in Politik und Gesellschaft gehen Hand in Hand. Wie wird ein Produkt hergestellt? Welche Leistungen fließen im Rahmen der Wertschöpfungskette an die Gesellschaft zurück? Wer diese Antworten aus freien Stücken mitliefert, hat bereits an Vertrauen gewonnen, denn jedes Unternehmen wird primär anhand außerökonomischer Kriterien bewertet. Mitarbeiter, Medien, Konsumenten und die Politik stellen Fragen nach sozialer, ökologischer und letztlich ökonomischer Verantwortung, um sich ein Gesamtbild zu machen und damit ihre Entscheidung zu begründen.

Vor dem Hintergrund des „New Consumerism" genügen die Bereitstellung von Gütern und Dienstleistungen als Legitimation nicht mehr aus. Der Beitrag des Unternehmens zum Gemeinwohl wird aktiv eingefordert, verknüpft mit Erwartungen und Forderungen. Reichte vor einigen Jahren der möglichst günstige Verkaufspreis eines Konsumproduktes – etwa eines Fernsehgerätes – aus, so muss das Unternehmen heute zuerst beweisen, dass bei der Herstellung keine Menschenrechte verletzt werden und mit den natürlichen Ressourcen schonend umgegangen wird. Manche Unternehmen haben diese Erwartungen zur bestimmenden Kraft ihres Wirtschaftens erhoben: „The Body Shop" etwa machte weltweit Furore mit der Garantie, nur Kosmetikprodukte zu verkaufen, die ohne Tierversuche hergestellt werden. „Ben & Jerry's Ice Cream" in den USA garantiert die ausschließliche Verwendung von lokalen Grundstoffen aus nachhaltiger Produktion, spendet einen zweistelligen Prozentsatz des Gewinns für soziale Projekte, hat das Niveau der Vorstandsbezüge an die Gehälter der einfachen Mitarbeiter im Faktor eins zu fünf gekoppelt und verlangt für die Eiscreme deutlich höhere Preise als die Konkurrenz – und das noch dazu sehr erfolgreich.

Unter Corporate Social Responsibility (CSR) wird die aktive, dem Unternehmensziel förderliche Übernahme der gesellschaftlichen Verantwortung eines Unternehmens verstanden und zwar in den drei Bereichen ökonomische, ökologische und gesellschaftliche (soziale) Verantwortung. Leider werden vielfach CSR und die Übernahme gesellschaftlicher Verantwortung als „PR-Trick" mit Blick auf einen raschen positiven Medienbericht verstanden. CSR wird oftmals mit Nachhaltigkeit („sustainability") gleichgesetzt. Trotz inhaltlicher Überschneidungen ist festzuhalten, dass der Begriff Nachhaltigkeit, der fälschlicherweise im Deutschen als Übersetzung für CSR und Sustainability gleichermaßen herhalten muss, weitgehend mit ökologischer Nachhaltigkeit gleichzusetzen ist. Corporate Social Responsibility ist aber mehr: Das Management der gesellschaftlichen Verantwortung hilft bei der Risikobewältigung, dem Interessensabgleich mit den Anspruchsgruppen, dem effizienten Umgang mit allen Ressourcen und unterstützt damit die Zielerreichung. Wer denkt, das alles mit einer schnellen „bunten Broschüre" bewältigen zu können, hat die wahre politische, gesellschaftliche und betriebswirtschaftliche Bedeutung von CSR nicht erkannt.

Auch die Politik schenkt der Thematik seit einigen Jahren vermehrt Aufmerksamkeit. Für Unternehmen bedeutet das, dass die Frage nach ethischen Grundsätzen und der Legitimität von unternehmerischen Aktivitäten nicht so schnell wieder von der Bildfläche der Wirtschaftspolitik verschwinden wird. Auch Standards, Leitlinien und Leitfäden sowie Restriktionen und Anreize sind in Diskussion. Letztendlich stehen damit unternehmensspezifisch die Glaubwürdigkeit und die Vertrauensbasis für die Government Relations am Spiel. Betriebswirtschaftlich nicht zu unterschätzende Chancen und Risiken werden daher zunehmend vom Verantwortungsmanagement abhängen.

Der „Global Compact" der Vereinten Nationen

Bereits 1999 stellte UNO-Generalsekretär Kofi Annan beim „World Economic Forum" in Davos das Projekt „Global Compact" und die dazugehörigen „Neun Prinzipien" vor. Das Motto: In globalen Märkten sollen auch die Prinzipien und Praktiken des Corporate Citizenship gelten. Es sei im wirtschaftlichen Interesse der Unternehmen, diese Prinzipien in ihre Unternehmensstrategie zu integrieren.

Die „Global Reporting Initiative"

Mit der „Global Reporting Initiative" (2002) der UNEP sollen global einheitliche Rahmenbedingungen für die Bewertung von Unternehmen geschaffen werden („sustainability reporting"). Die Guidelines werden seit einiger Zeit gemeinsam mit rund 100 global agierenden Unternehmen getestet. Die zentralen Aspekte der Global-Reporting-Initiative-Guidelines:

– Ökonomische Kriterien: beinhalten Gehälter und Löhne, Produktivität, Outsourcing, Forschung & Entwicklung und Ausbildung.

– Ökologische Kriterien: Auswirkungen auf Wasser, Luft, Boden, Energieverbrauch, Artenvielfalt und Gesundheit.

– Soziale Kriterien: Sicherheit und Gesundheit am Arbeitsplatz, Arbeitsrechtsbestimmungen, Menschenrechte, Gehälter und Arbeitsbedingungen im Rahmen des Outsourcing.

Die OECD-Guidelines für multinationale Unternehmen

Die OECD-Leitsätze für multinationale Unternehmen sind der bisher einzige umfassende Verhaltenskodex für multinationale Unternehmen, zu dessen Förderung sich die teilnehmenden Regierungen (neben den 29 OECD-Mitgliedern zur Zeit auch Argentinien, Brasilien, Chile und die Slowakei) verpflichtet haben. Die Leitsätze sind eine gemeinsame Empfehlung der Regierungen an die in ihren Ländern oder von ihren Ländern aus operierenden Unternehmen. Sie bilden einen auf Freiwilligkeit basierenden Rahmen für sozial verantwortliches Verhalten. Zur Umsetzung sind in allen Ländern „nationale Kontaktpunkte" eingerichtet. Der nationale Kontaktpunkt, mit dem dort eingerichteten beratenden Ausschuss, dem auch die Sozialpartner und Nichtregierungsorganisationen angehören, ist auch für konkrete Beschwerden wegen behaupteter Verstöße gegen die in den OECD-Leitsätzen niedergelegten Empfehlungen zuständig.

Grünbuch der EU-Kommission „Europäische Rahmenbedingungen für die soziale Verantwortung von Unternehmen" (KOM 2002/347)

In diesem Grünbuch hebt die EU-Kommission die Bedeutung der sozialen Verantwortung von Unternehmen vor allem im Interesse der

Wettbewerbsfähigkeit der europäischen Wirtschaft als auch die nachhaltige Entwicklung Europas hervor: „Die Europäische Union hat die soziale Verantwortung der Unternehmen zu ihrem Anliegen gemacht, denn CSR kann beitragen zur Verwirklichung des in Lissabon vorgegeben strategischen Ziels, die Union zum ‚wettbewerbsfähigsten und dynamischsten wissensbasierten Wirtschaftsraum der Welt zu machen‘ – einem Wirtschaftsraum, der fähig ist, ein dauerhaftes Wirtschaftswachstum mit mehr und besseren Arbeitsplätzen und einem größeren sozialen Zusammenhalt zu erzielen." Das Grünbuch regt EU-weite Initiativen und Projekte im Bereich der Forcierung von CSR an, vor allem im Bereich der Vereinheitlichung von Standards und nationalen Vorgaben.

Corporate-Governance-Kodizes

Bei der Frage der Corporate Governance, einem zumindest international als Bestandteil der Corporate Social Responsibility geltendem Aspekt, hat der Regelungsgrad bereits ein gesetzliches Stadium erreicht. In diesem Bereich geht es um die Frage der Regelung der wirtschaftlichen Verantwortung von Unternehmen und vor allem des Top-Managements. Nach etlichen Bilanzskandalen dies- und jenseits des Atlantiks hat die Politik die Notwendigkeit teils drastischer Reglementierungsschritte erkannt, um das erschütterte Vertrauen in die Kapitalmärkte wiederherzustellen.

Die Bilanzskandale etwa bei Worldcom oder Enron und das scheinbar unkontrollierte Agieren einzelner Spitzenmanager haben das Vertrauen in den US-amerikanischen Kapitalmarkt nachhaltig erschüttert. Die US-Regierung beschloss im Rahmen des sogenannten „Sarbanes-Oxley Act of 2002" eine Verschärfung des Wertpapierrechts und des Börsehandels, um dadurch eine Verbesserung der Corporate Governance zu ermöglichen. Das Hauptaugenmerk gilt dabei einer Verschärfung der Rechnungslegung, durch stärkere Kontrolle von Vorstand und Abschlussprüfern. Dazu gehören etwa nunmehr gesetzlich vorgeschriebene Aspekte wie Manager-Haftung für Bilanzen inklusive disziplinarischer Konsequenzen, die Einführung eines Audit-Komitees und eine externe Prüfung der internen Kontrollsysteme. Betroffen davon sind alle Unternehmen inklusive Tochterunternehmen, die einen der amerikanischen Börseaufsicht (SEC, Securities and Exchange Commission) unterliegenden Kapitalmarkt in Anspruch nehmen. Vorstandsvorsitzender und Finanzvorstand müssen damit schriftlich bestätigen, dass die Angaben in Halbjahres- und Jahresberichten keine unrichtigen oder unwahren Feststellungen enthalten und diese Berichte eine faire Darstellung des operativen Ergebnisses und der Finanzkennzahlen enthält. Wissentlich falsche Bestätigungen werden in den USA strafrechtlich belangt.

Weniger weit gingen Deutschland und Österreich bei den 2002 entwickelten Corporate-Governance-Kodizes. In Deutschland im Auftrag des Justizministeriums und in Österreich im Auftrag des Finanzministeriums, wurden diese Kodices im Rahmen einer Selbstorganisation von börsenotierten Unternehmen und Experten entwickelt. Hier beruhen die Verpflichtungen in weiten Bereichen auf den Vorgaben des jeweiligen Aktien-, Börse- und Kapitalmarktrechts sowie der OECD-Richtlinie für Corporate Governance. Der deutsche und österreichische Corporate-Governance-Kodex bilden einen neuen Ordnungsrahmen für die Leitung und Überwachung eines Unternehmens auf Basis der international üblichen Standards für gute Unternehmensführung. Es geht dabei primär um die Festschreibung von über die gesetzlichen Vorgaben hinausgehenden Richtlinien für die Leitung, Überwachung und Transparenz börsenotierter Unternehmen. Es werden insbesondere die Tätigkeit von Vorstand, Aufsichtsrat und Abschlussprüfern geregelt und Standards für die Transparenz des Unternehmens gegenüber der Öffentlichkeit festgelegt. Das Ziel dieser Kodizes ist eine verantwortliche, auf nachhaltige und langfristige Wertschaffung ausgerichtete Leitung und Kontrolle von Gesellschaften und Konzernen. Ein hohes Maß an Transparenz für alle Stakeholder wird damit angestrebt. Obwohl ursächlich auf börsenotierte Aktiengesellschaften abgestellt, wird empfohlen, dass sich auch nichtbörsenotierte Aktiengesellschaften daran orientieren, soweit die Regeln anwendbar sind. Der Corporate-Governance-Kodex erlangt Geltung durch eine freiwillige Selbstverpflichtung zum Kodex in Form einer öffentlichen Erklärung. Mit dieser Erklärung dokumentiert das Unternehmen seine Verpflichtung zur Einhaltung des Kodex und der Erstellung einer unternehmensspezifischen internen Corporate-Governance-Richtlinie. Nach dem Prinzip „comply or complain", also „zustimmen oder Ablehnung erklären", ist eine jährliche Erklärung zur Einhaltung beziehungsweise begründeten Abweichung von den Richtlinien gefordert. Ebenso besteht die Möglichkeit einer externen Evaluierung der Einhaltung der Kodex-Regelungen.

Derartige Regelwerke, die Grundsätze guter Unternehmensführung festschreiben, werden von internationalen Investoren als wichtige Orientierungshilfe gesehen, ihr Fehlen als klares Manko empfunden. Dies gilt jedoch nicht nur für Unternehmen, deren Aktien an einer Börse notieren, sondern auch für Gesellschaften mit einem geschlossenen Eigentümerkreis sowie Konzerngesellschaften, die weltweit tätig sind und mit industriellen Partnern, Finanzinvestoren und Kreditgebern kooperieren. In Sachen Informationspolitik fordert der Corporate-Governance-Kodex ein integriertes System der externen Kommunikation, das die legitimen Informationsbedürfnisse der verschiedenen Stakeholder adressatengerecht, zeitnah, fundiert und prägnant deckt. Im Sinne von Corporate Social Responsibility ist die Bejahung und Befolgung des Kodex eine Strategie des nachhaltigen Wirtschaftens.

Es handelt sich jedenfalls um einen „driving business force" und ist daher als Ausdruck der Unternehmensethik aktiv den diversen Stakeholdern zu vermitteln.

Checkliste zur Implementierung einer Managementsystematik für Corporate Governance:

1. Durchführung eines grundsätzlichen Corporate-Governance-Checks auf Basis des Kodex, um eventuellen Handlungsbedarf aufzulisten.
2. Einrichtung einer/-s Corporate-Governance-Beauftragten in Abstimmung mit Vorstand und Aufsichtsrat.
   - Für börsenotierte Gesellschaften ist ein „compliance officer" gemäß Emittenten-Compliance-Verordnung verpflichtend; dieser/diese deckt die Aufgabe eines/einer Corporate-Governance-Beauftragten nicht ab.
   - Bei der Einrichtung des/der Corporate-Governance-Beauftragten geht es nicht um die Schaffung einer neuen Position; Corporate Governance ist an sich Aufgabe des/der Vorstandsvorsitzenden, der/die diese Funktion nach außen sowie gegenüber dem Aufsichtsrat einnimmt.
   - Operativ wird dem/den Vorstandsvorsitzenden dabei idealerweise das Investor-Relations-Team zur Seite stehen
3. Erstellung eines Fahrplans zur Implementierung von Corporate Governance in Abstimmung mit Vorstand und Aufsichtsrat.
4. Erstellung einer Corporate Governance-Checkliste auf Basis des Kodex.
5. Öffentliche Kommunikation des Bekenntnisses zum Kodex („committment").
6. Ausarbeitung einer unternehmensspezifischen Corporate-Governance-Richtlinie („Politik") auf Basis des Kodex (durch Investor Relations, Rechtsabteilung, Revision und Unternehmenskommunikation, etc.).
7. Interne und externe Kommunikation dieser Richtlinie gemäß Kodex-Anforderungen (Webseite, etc.).
8. Festlegung des Modus des internen beziehungsweise externen Berichtswesens des/der Corporate-Governance-Beauftragten.
9. Integration der Corporate-Governance-Thematik in die laufende interne und externe Kommunikation.
10. Implementierung von Stakeholder-Dialogen zu diesem Thema (speziell Finanz-Community, Shareholder, Aktionärsvertreter, Finanzjournalisten, Konsumentenschutz, etc.).

Die Umsetzung des Verantwortungsmanagements

Bei Corporate Social Responsibility geht es um die Effekte der unternehmerischen Handlungen auf die Mitarbeiter, die Gesellschaft, die Politik und die Umwelt. Die gesetzlichen Auflagen definieren die Mindeststandards. Die Erwartungen einzelner Stakeholder-Gruppen gehen jedoch weit über die – selbstverständliche – Einhaltung der Vorschriften hinaus. Ansprüche und Erwartungen ändern sich ständig. Das Kernstück dabei ist die Verantwortung eines Unternehmens gegenüber den Eigentümern und Investoren sowie gegenüber anderen Stakeholdern im Sinne der Nachhaltigkeit in allen Belangen des unternehmerischen Handelns.

Das Ziel von Corporate Social Responsibility ist es, aus der systematischen Übernahme, der Dokumentation und Kommunikation dieser Verantwortungsbereiche

- ökonomische Vorteile für das Unternehmen zu erzielen (Wettbewerbsvorteile auf allen Märkten, Listung in Fonds, etc.),
- die Reputation des Unternehmens gegenüber den relevanten Stakeholdern (Investoren, Kunden, Mitarbeiter, Politik, etc.) zu verbessern,
- in der Wirtschaftsethik-Diskussion unangreifbarer zu werden und damit die Effekte des gelebten „Good Citizenship" nutzbar zu machen.

Unabhängig von der Unternehmensgröße und dem Unternehmensgegenstand bilden die nachstehenden Verantwortungsbereiche eines Unternehmens das Kernstück sämtlicher Ratings, Rankings, Bewertungen und Analysen:

- **Verantwortung gegenüber der Gesellschaft/soziale Verantwortung:** Kunden haben ebenso wie die Gesellschaft Interesse am Verhalten und Engagement eines Unternehmens. Das Unternehmen kann daraus Vorteile in den Bereichen Glaubwürdigkeit und Vertrauen gewinnen – bis hin zur Kundenloyalität und Markentreue.
- **Verantwortung gegenüber der Umwelt:** Die Umweltverträglichkeit des Handels im Rahmen der Wertschöpfungskette wird mehr und mehr zu einem Messkriterium für alle Stakeholder – speziell für Investoren – und damit den finanziellen Kennzahlen beinahe ebenbürtig.
- **Verantwortung gegenüber den Mitarbeitern:** Motivation und Leistungsfähigkeit der Mitarbeiter sind ein zentrales Kapital des Unternehmens und haben damit direkte Auswirkung auf die Produktivität. Die British Telecom hat errechnet, dass ein schlecht ausgebildeter oder demotivierter Mitarbeiter bei der Kunden-Hotline durch falsche und mangelhafte Kundenberatung 300.000 Pfund Schaden verursachen kann.

- **Verantwortung gegenüber der Politik**: Über die Einhaltung von gesetzlichen Auflagen hinausgehend, wird durch gelebtes gesellschaftliches Engagement und Transparenz die Basis für eine Kooperation zwischen Politik und Unternehmen geschaffen.

- **Verantwortung im Sinne der Unternehmensethik/Corporate Governance:** Corporate Governance wird immer mehr in direkten Zusammenhang mit der wirtschaftlichen Performance gebracht. Im Mittelpunkt stehen Fragen nach Offenheit und Transparenz, Hierarchien, der Rolle der Vorstände beziehungsweise der Aufsichtsräte bei Ergebnisverantwortung sowie Manager-Gehälter.

Besonders Augenmerk auf Corporate Social Responsibility legen die Investoren, womit CSR speziell für die Investor Relations von besonderer Bedeutung ist. Dies vor allem deshalb, da die Aktivitäten der SRI, der Social Responsible Investors, stark zunehmen. Verstärkt wird heute die Entscheidung eines Investments mit der Frage verbunden, ob das betreffende Unternehmen sozial verantwortlich beziehungsweise nachhaltig agiert. Manche Aspekte haben bereits Eingang in gesetzliche Auflagen gefunden. Die Dow Jones-Gruppe begründet die Bedeutung des „Socially Responsible Investing" mit den folgenden beiden Aspekten: Dieses Konzept ist für Investoren sehr attraktiv, weil es darauf abzielt, den langfristigen Shareholder Value zu steigern. Und das entsprechende unternehmerische Verhalten steht für diszipliniertes Management, was einen wichtigen Erfolgsfaktor darstellt.

Für die reelle Bedeutung von CSR existieren darüber hinaus eine ganze Reihe „handfester" Beweise. Hier eine kurze Zusammenstellung:

- Laut dem britischen „Ethical Investment Research Service" (1999) erwarten 77 Prozent der Pensionsfonds-Anleger eine sozial verantwortliche Investmentpolitik.

- Das britische Treuhändergesetz (Trustee Act, 2000) verpflichtet Pensionsfonds, soziale, ökologische und ethische Faktoren bei Investments zu berücksichtigen.

- Neben Großbritannien („Social Investment Forum" SIF, 1991) gibt es nun auch in auch Deutschland, Frankreich, Italien und Niederlanden ähnliche Foren. Sie liefern genaue Informationen über sozial verantwortliche Unternehmensführung. Die EU-weite Vernetzung – European Social Investing Forum – ist geplant.

- Der „Domini 400 Social Index" (DSI) hat seit der Einführung 1990 den S&P 500 im Vergleichszeitraum um mehr als ein Prozent übertroffen.

- Der „FTSE4Good-Europe-Index" bewertet die Performance der Unternehmen nach folgenden Aspekten: Wahrung der Menschenrechte, ökologische Nachhaltigkeit und die Beziehungen zu Mitarbeitern, Kunden und Aktionären.

– Der „Dow-Jones-Sustainability-Index", der gemeinsam mit Fonds-managern publiziert wird, hat seit 1993 um 180 Prozent zugelegt. (der Dow Jones Global im Vergleichszeitraum um nur 125 Prozent).

Die **Assessment-Kriterien des Dow-Jones-Sustainability-Index** dienen als mustergültiges Beispiel für die von den Investoren, aber auch von anderen Anspruchsgruppen erwarteten Verantwortungsbereiche, die auch einer externen Überprüfung standhalten müssen.

Assessment-Kriterien des Dow-Jones-Sustainability-Index
Ökonomische Bewertungskriterien:
– Corporate Governance (Machtverteilung Aufsichtsrat – Vorstand)
– Strategische Planung
– Organisationsentwicklung
– Codes of Conduct
– Krisenmanagement-Systeme
– Management von Intellectual Capital
– IT Management und Integration
– Qualitätsmanagement

Ökologische Bewertungskriterien:
– Umweltbeauftragter
– Umweltpolitik, Pläne und Vorgaben
– Umweltmanagementsysteme
– Umweltrelevantes Verhalten
– Berichtswesen zu Umwelt, Gesundheits- und Sicherheitsvorkeh-rungen
– Ökologie-Bilanzen

Soziale Bewertungskriterien:
– Beauftragter für soziale Bereiche
– Sozialpolitik des Unternehmens
– Umgang mit Kündigungen
– Freier Zutritt zu Gewerkschaften
– Gleichbehandlung/Nicht-Diskriminierung
– Gesundheit und Sicherheit am Arbeitsplatz
– Konfliktlösungsmodelle für Mitarbeiter
– Standards für Zulieferer
– Sozialbericht

- Zufriedenheit der Mitarbeiter
- Systematik der Löhne/Gehälter, Zulagen, Bonifikationen, Spesen, etc.
- Vergünstigungen für Mitarbeiter

Muster eines CSR-Ablaufschemas

Bei einem unternehmerischen Corporate-Responsibility-Programm umfassen die Schwerpunkte Analyse und Dokumentation, die Kommunikation der Leistungen sowie die Einrichtung eines CSR-Managements. Das CSR-Progamm wird idealerweise in drei Stufen – die in der Realität eine Schleife bilden – abgewickelt.

Stufe 1: Responsibility-Assessment

- Entscheidung der Unternehmensführung pro Responsibility-Management
- Veröffentlichung des Committment als „Unternehmensbericht Nachhaltigkeit"
- Einrichtung einer operativen internen Koordinationsfunktion (Public Affairs)
- Responsibility-Mapping: Erstellung eines unternehmensspezifischen Themenkatalogs nach den Verantwortungsbereichen (Aufstellung eines Projekt- und Zeitplans für das Assessment; Benennung der relevanten unternehmensinternen Abteilungen/Personen aus Human Ressources, Investor Relations, Einkauf, Materialwirtschaft, Kommunikation, Customer Care, Belegschaftsvertretung; Erstellung einer Anforderungsliste in Form eines Fragebogens; persönliche Information der Abteilungen über die Zielsetzung und Motivation zur Einbindung und Mitarbeit)
- Koordination des Reportings aus den Abteilungen
- Sammlung vorliegender relevanter unternehmensspezifischer Unterlagen (Leitbild, Code of Conduct, Business Codex, etc.) oder Initiierung der Erstellung
- Sammlung relevanter Fragebögen zu Responsibility-Rankings und -Ratings
- Erstellung eines umfassenden Master-Fragenkatalogs und Ausarbeitung von Musterantworten
- Errichtung einer internen Kommunikationsplattform mit involvierten, berichtenden Abteilungen zur Sicherstellung des kontinuierlichen Updates
- Festlegung eines Knotenpunktes im Unternehmen: Wer beantwortet einlangende Responsibility-Fragebögen?

- Dokumentation der freiwilligen Leistungen des Unternehmens (zum Beispiel: Sozial-/Öko-Sponsoring; Spenden/Karitatives; Katastrophenhilfe; Leistungen für die Öffentlichkeit; sonstige freiwillige Leistungen aus den Verantwortungsbereichen)
- Sicherstellung des kontinuierlichen Reportings zur laufenden Erweiterung

Stufe 2: Responsibility-Reporting

- Distribution des Master-Fragebogens mit Antworten an Unternehmensführung und Management
- Erstellung einer CSR-Policy (Politik, Leitbild), die das Engagement begründet, in einen unternehmensstrategischen Zusammenhang stellt und eine entsprechende Vision dazu formuliert
- Erste Auswertung für Investor Relations zu den Bereichen „soziale Verantwortung" und „ökologische Verantwortung"
- Eventuell Kommunikation dieser Aussagen über IR an Investoren, Fonds, Banken, etc. bei Anfrage, aber auch systematisches aktives Herantreten an diese
- Erste Auswertung für interne Kommunikation: Bericht in internen Medien über „soziale Verantwortung" und „ökologische Verantwortung"; Initiierung eines Diskussionsprozesses für die Einhaltung der entsprechenden Leitlinien durch die Mitarbeiter; Präsentation/Diskussion in den Ausschüssen der Belegschaftsvertretung
- Erste Auswertung für externe Kommunikation: Integration der dokumentierten Verantwortung in Reden und Präsentationen des Vorstandes; Präsentation gegenüber dem Aufsichtsrat; eventuell Aufnahme der beiden Bereiche in den Geschäftsbericht
- Stakeholder-Dialoge zu den relevanten Verantwortungsbereichen
- Erstellung eines CSR-Berichtes (gedruckt und/oder interaktiv) zur internen Kommunikation sowie zur Kommunikation mit allen relevanten externen Stakeholdern
- Sicherung der kontinuierlichen Weiterführung (vom internen Reporting bis zur Form der Dokumentation und Art der Kommunikation)

Stufe 3: Corporate-Social-Responsibility-Management (Realisierung des Corporate Citizenship)

- Interne Verankerung der CSR-Politik
- Beratung und Unterstützung der Mitarbeiter bei der Umsetzung der Unternehmensrichtlinien in Sachen CSR
- Ansiedlung der CSR-Verantwortung auf höchster Unternehmensebene

- Produktion eines Leitfadens für neue Mitarbeiter („committment")
- Kontinuierliche Überarbeitung/Adaptierung CSR-relevanter Handlungsebenen
- Ableitung von konkreten Handlungsanleitungen für einzelne Abteilungen (Materialwirtschaft, Fuhrparkmanagement, HR, etc.)
- Entwicklung von operativen Leitlinien entsprechend der CSR-Politik (zum Beispiel: Sponsoring-Politik des Unternehmens)
- Motivation und Initiierung einer gelebten CSR-Politik der Mitarbeiter im Sinne der CSR-Politik (zum Beispiel: Engagement im karitativen Bereich)
- Erhebung der Erwartungen an das Unternehmen im Rahmen einer „Corporate Citizenship Expectations and Performance Survey" und Etablierung entsprechender Programme im Sinne
- Integration CSR-relevanter Aspekte in die klassischen Werbung des Unternehmens
- Sicherstellung eines laufenden Review-Prozesses, der Weiterentwicklung, Dokumentation und Kommunikation
- Benchmarking der Aktivitäten gegenüber den Mitbewerbern und anderen Unternehmen

3. Community Relations: Lokale Verpflichtung

„Der Erfolg eines Unternehmens kann heute nicht mehr nur unter rein ökonomischen Aspekten gesehen werden. Es gilt vielmehr, als Unternehmen die Balance zu finden zwischen ökonomischen, ökologischen und sozialen Zielen. Diese drei Säulen der Nachhaltigkeit stehen nicht im Konflikt zueinander, sondern sind das Fundament für den langfristigen Erfolg eines Unternehmens. Nachhaltigkeit begründet Zukunftsfähigkeit. Das gilt für Wirtschaft, Gesellschaft und Politik, das gilt noch mehr für ein nachhaltig wirtschaftendes Unternehmen, das sich damit als Corporate Citizen ebenso aktiv in der Gesellschaft positionieren will, wie es sich im Wettbewerb behaupten muss."
Joachim Milberg, Vorstandsvorsitzender BMW AG

„Community" bezeichnet das lokale Umfeld eines Unternehmens, die Einwohner und deren soziale Einheit, die politischen Institutionen, das ökologische Umfeld und die Gesellschaftsstrukturen im unmittelbaren Einzugsbereich eines Unternehmens. Das Wirken eines Unternehmens beeinflusst die lokale Umgebung in wirtschaftlicher, sozialer und ökologischer Hinsicht. Das lokale Umfeld ist damit die erste Prioritätenebene der

Umsetzung von Corporate-Social-Responsibility-Programmen zur Realisierung des Corporate-Citizenship-Gedankens. Lokale Abgaben und Steuern fließen in die Gemeindebudgets, Arbeitsplätze werden gesichert und Zulieferbetriebe erhalten. Umgekehrt hat diese „community" ebenso großen Einfluss auf das Unternehmen. Genehmigungen, Förderungen, das gesellschaftliche Klima, das Verhalten gegenüber dem Unternehmen, etc.; das alles hat direkte Auswirkungen auf den Erfolg eines Unternehmens. Aufbau und Pflege von guten Beziehungen zum lokalen Umfeld – genannt Community Relations – sind daher wesentlicher Bestandteil des Corporate Citizenship im Rahmen der Public Affairs.

Das Ziel der Community Relations besteht darin, einen gedeihlichen Boden für die wirtschaftlichen Interessen des Unternehmens durch gesellschaftliches Engagement in der lokalen Gemeinde zu gestalten. Darin inkludiert ist die Verankerung des Unternehmens als Bürger der lokalen Gemeinde und die Schaffung von Rückhalt für die Aktivitäten und Programme des Unternehmens. Manche Unternehmen verfügen über eigene Abteilungen für diese Disziplin, weitgehend sind die Community Relations jedoch Bestandteil der Public Affairs, mitunter auch der Public Relations. Die dabei zum Einsatz kommenden Instrumente sind vielfältig und bieten breiten Raum für Kreativität. Die Faustregel ist, dass lokal begrenzte Problemlösungen im Vordergrund stehen und der direkte Austausch mit den lokalen Stakeholdern den Erfolg bestimmt.

Im Juni 1999 wurde von Fleishman-Hillard/Ipsos eine Umfrage bei 4.030 Personen, verteilt auf Frankreich, Deutschland, Italien und England, zum Thema „Europäische Einstellungen zum Corporate Community Investment" durchgeführt. Hier zeigte sich deutlich, wie sehr die Öffentlichkeit heute Unternehmen, fernab der Produkte, beobachtet. „Große Unternehmen sollten ihre Ressourcen auch dazu verwenden, gesellschaftliche Probleme wie Arbeitslosigkeit, medizinische und gesundheitliche Themen, Armut und Umweltschutzaspekte lösen zu helfen." Dieses Statement fand 88 Prozent Zustimmung in den befragten Ländern (83 Prozent in Frankreich, 91 Prozent in Deutschland, 88 Prozent in Italien und 89 Prozent in England). Verstärkt wird die Bedeutung von Corporate Citizenship bei einer weiteren Frage: „Ich wäre mehr dazu geneigt, die Produkte eines Unternehmens zu kaufen, von dem ich weiß, dass das Unternehmen hilft, die Gesellschaft zu verbessern." 86 Prozent der befragten Konsumenten äußerten dazu ihre starke Zustimmung (86 Prozent in Frankreich, 91 Prozent in Deutschland, 82 Prozent in Italien und 83 Prozent in England).

Auch im Zusammenhang mit potenziellen Krisen sind Aktivitäten im Bereich des Corporate Citizenship geeignet, vorbeugende und vertrauensfördernde Wirkung zu erzielen. „Ich tendiere dazu, einem Unternehmen mehr zu vertrauen, das bewiesen hat, bei der Lösung von gesellschaftlichen Problemen wie Arbeitslosigkeit, Gesundheitsfragen, Armut und Umweltschutzthemen zu helfen." 89 Prozent der befragten Konsumenten stimmen dieser Aussage zu (84 Prozent in Frankreich, 94 Prozent in Deutschland, 84 Prozent in Italien und 91 Prozent in England). In welchen gesellschaftlichen Bereichen ein Unternehmen nach der Meinung der Öffentlichkeit aktiv werden sollte, variiert von Land zu Land. Dennoch sind die Hauptthemen deutlich zu erkennen – interessanterweise handelt es sich dabei um Aspekte, die an sich dem Sozialstaat zur Lösung anvertraut wären.

Die Top Fünf des Corporate Community Investments			
Frankreich	**Deutschland**	**Italien**	**England**
1) Verbesserung der Ausbildung sowie der Berufsaus- und Weiterbildung	1) Verbesserung der Ausbildung	1) Maßnahmen zur Reduzierung der Armut	1) Verbesserung der Ausbildung
2) Maßnahmen zur Reduzierung der Armut	2) Maßnahmen zur Reduzierung der Armut	2) Verbesserung der Ausbildung	2) Maßnahmen zur Reduzierung der Armut
3) Umweltschutz	3) Aspekte im Bereich Kinder und Jugendliche	3) Medizinische Forschung	3) Medizinische Forschung
4) Medizinische Forschung	4) Drogenmissbrauch	4) Aspekte im Bereich der älteren Generation	4) Umweltschutz
5) Prävention im Bereich Kriminalität	5) Umweltschutz	5) Umweltschutz	5) Drogenmissbrauch
Quelle: Fleishman-Hillard/Ipsos-Report: „On European Attitudes Towards Corporate Community Investment", June 1999 (Executive Report)			

Community Relations ist im engen Zusammenhang mit der finanziellen Unterstützung lokaler Einrichtungen zu sehen. Die Bereitstellung von Geld- und Sachmitteln ist ein direkter Beitrag zum Gemeinwohl der Gemeinde. Neben den klassischen Spenden für diverse Vereine und kulturelle Einrichtungen zählt auch die Mitwirkung bei kommunalen Entscheidungen zum Verhalten als „good citizen". Dazu gehören etwa Parkraumbewirtschaftung, Planung der Infrastruktur, Bauprojekte, etc. Überall da können die Unternehmen ihr Know-how einbringen. Auch die Unterstützung der lokalen Schulen gewinnt an Bedeutung, etwa durch Zurverfügungstellung von Lehrmaterialen, Betriebsbesichtigungen, Ferialjobs, Vorträge in den Schulen oder Benützung von Unternehmenseinrichtungen für schulische Zwecke. Ebenso werden, vor allem in Großstädten, unternehmerische Engagements in den Bereichen Obdachlosigkeit, Jugendarbeitslosigkeit, Drogenbekämpfung oder Kriminalitätsbekämpfung von der Gesellschaft erwartet.

Speziell bei Unfällen und Naturkatastrophen ist die Unterstützung von Gemeinden durch Unternehmen bei der Bewältigung der dabei entstehenden Probleme von großer Bedeutung. Die Mitarbeiter können etwa freigestellt werden, um bei den Aufräumungsarbeiten zu helfen, die Zurverfügungstellung von Fuhrparks oder unbeschädigten Gebäuden kann ebenso nützlich sein, wie rasche Geldspenden oder die Abstellung von Experten für Krisenmanagement. Gerade in solchen Fällen zeigt sich, wie ernst es die ortsansässigen Unternehmen mit ihren Community Relations tatsächlich meinen.

Doch nicht nur direkte Spenden von Unternehmen kommen hier zum Einsatz. In einem anderen Modell initiiert oder unterstützt das Unternehmen Spendenprogramme der Mitarbeiter, etwa das Sammeln von Spenden für einen lokalen Zweck am Arbeitsplatz. Im Rahmen des so genannten „matched givings" oder der „Komplementärspende" erhöht oder verdoppelt das Unternehmen anschließend den von den Mitarbeitern gesammelten Betrag, stellt Mitarbeiter oder Ressourcen zur Verfügung.

In diesem Zusammenhang ist auch das „Cause Marketing" zu erwähnen, obwohl es nicht unbedingt auf die lokale Umgebung des Unternehmens bezogen ist. Es geht darum, karitative oder soziale Ziele mit Marketingmethoden zu verbinden, um dadurch nicht nur Gutes zu tun, sondern auch der Rolle als Corporate Citizen nachzukommen. Im Kern wird ein bestimmter Betrag aus dem Produktverkauf für einen spezifischen Zweck gewidmet. Nach einer amerikanischen Befragung aus 1997 halten 76 Prozent der Konsumenten diese Vorgangsweise für legitim und begrüßenswert. Generell haben Untersuchungen gezeigt, dass, wenn alle anderen Indikatoren eines Produktes gleich sind (Preis, Leistung, etc.), die Konsumenten dazu tendieren, Produkte von jenen Unternehmen zu kaufen, deren gesellschaftliche Verantwortung bekannt ist.

> **American Express** gilt als Pionier des „Cause Marketing": Um die Verbreitung dieser Kreditkarte auszubauen und gleichzeitig eine karitative Organisation zu fördern, setzte das Unternehmen auf die soziale Verantwortung seiner Kunden. Bei jeder Bezahlung mit der Karte wurde ein bestimmter Betrag als Spende für eine karitative Organisation mit verbucht. Ein Erfolg für beide Seiten.

> **Johnson & Johnson** ging noch einen Schritt weiter in seiner Unterstützung der „Arthritis Foundation": Von jeder verkauften Packung des neue „Arthritis Foundation"- Schmerzmittels ging ein festgesetzter Betrag an diese Stiftung.

Es muss allerdings nicht immer eine Geldspende sein, speziell nicht im Bereich der Community Relations. Von Bedeutung sind vor allem Glaubwürdigkeit, die Interessen und Bedürfnisse der Stakeholder sowie der Einsatz der entsprechenden Mittel des Unternehmens.

Die amerikanische Supermarkt-Kette „**Target**" spendet nicht nur Geld, das über spezielle dafür gekennzeichnete Produkte bei Sonderverkäufen eingenommen wird, an lokale karitative Einrichtungen, sondern „Target" ist vor allem bekannt für seine Sachspenden in Form von Teddybären. Diese Teddys werden für Kinder, die in Unfälle verwickelt waren, über Rettungseinrichtungen und Spitalsnotaufnahmen verteilt.

„**Timberland**" gewährt jedem Mitarbeiter pro Jahr 40 Stunden bezahlten Sonderurlaub für Tätigkeiten im Rahmen des „community service". Nach Vorgabe des Unternehmens sollen die Mitarbeiter aktiv in den Gemeinden mitarbeiten, wo immer Not am Mann ist – „Put on your boots and make a difference" lautet die Devise. Die Mitarbeiter von Timberland helfen bei der Gebäuderenovierung oder dem Säubern von Wanderwegen und Spielplätzen. Begonnen hatte dieses Programm 1989, als das Unternehmen der Bitte einer Jugendselbsthilfegruppe in Boston nachkam, die Ausrüstungsgegenstände aller Art benötigte, um ihren Treffpunkt zu renovieren. Das Unternehmen schenkte ihnen 70 Paar Arbeitsstiefeln und einige Mitarbeiter halfen bei den Bauarbeiten mit.

„**Home Depot**", eine große Baumarktkette in den USA, konzentriert sich seit 1989 auf das Errichten von Häusern und Kinderspielplätzen in desolaten Wohngegenden. Nicht nur die Materialien werden dabei vom Unternehmen zur Verfügung gestellt, auch die Mitarbeiter der jeweiligen Niederlassungen legen bei den Arbeiten selbst Hand mit an. In den Gemeinden, wo eine Home-Depot-Filiale ist, werden alte Gebäude renoviert, neue gebaut und Kinderspielplätze errichtet oder instandgesetzt – immer von den Mitarbeitern gemeinsam mit Jugendlichen und Professionisten aus der Umgebung.

„**Samsung**", der koreanische Elektronikkonzern, schickt seine Mitarbeiter weltweit in Kooperation mit den jeweiligen lokalen Behörden zum Computerunterricht in Jugendstrafhäuser und zum Wiederaufbau nach Naturkatastrophen.

Im Bereich des gesellschaftlichen Engagements von Unternehmen ist nicht nur Geld ein Weg zum Ziel. Das einfallslose "Nachwerfen" von Geldspenden wird zusehends zurückgedrängt. Aufschwung – auch in Europa – erfährt hingegen das Konzept des „Corporate Volunteering": Das Unternehmen spendet nicht nur Zeit von Mitarbeitern für gesellschaftliche Anliegen, sondern verwebt eigene Interessen eng mit gesellschaftlichen Anliegen.

4. Corporate Volunteering: „Freiwillige" mit System

Noch wenig verbreitet im deutschsprachigen Raum ist das „Corporate Volunteering", das de facto jedoch die konsequenteste Form des Corporate Citizenship und damit des unternehmerischen Engagements ist. Im Kern bedeutet diese Idee, dass sich ein Unternehmen über sein Agieren am Markt hinaus für gesellschaftliche Belange einsetzt, und zwar mit der Ressource Personal. Programme dieser Art sind jedoch nicht als uneigennützig zu bezeichnen, denn sie bringen dem Unternehmen meist konkrete Gewinne – etwa im Krieg um die „High Potentials" am Arbeitsmarkt.

Alle Wirtschaftsunternehmen sind gewinnorientiert, also müssen auch seriöse Corporate-Citizenship- und Volunteering-Programme das Ziel einen Gewinn zu realisieren in sich tragen. Speziell in diesem Bereich des unternehmerischen Engagements lassen sich Gewinne für das Unternehmen, die Mitarbeiter und für die Gesellschaft realisieren – wenn auch nicht immer linear monetär bewertbar. Corporate Volunteering kann sich etwa positiv auf die Reputation und die Akzeptanz auswirken. Es kann Übereinstimmung mit relevanten Stakeholder-Ansprüchen hergestellt werden, die sich über reduzierte Konfliktpotenziale rentieren: Positive Aspekte können etwa bei Investoren oder den Kunden ausgelöst werden. Ebenso kann die Mitarbeiterbindung, Teamentwicklung und Arbeitsmoral positiv beeinflusst werden, was zu erhöhter Produktivität, Identifikation und Leistungsbereitschaft führen kann. Neben diesen Nutzensaspekten für das Unternehmen sorgen Corporate-Volunteering-Programme letztlich auch für die Reintegration der Wirtschaft in die Gesellschaft, also dem grundlegenden Prinzip des „doing well by doing good".

Engagement mit direktem Nutzen

Im Unterschied zu klassischen Sponsoring-Aktivitäten, die primär öffentlichkeits- und marketingorientiert sind, sind Corporate-Volunteering-Aktivitäten stärker an direkte unternehmensinterne Interessen angebunden und daran orientiert. Der Fokus liegt nicht primär auf der externen Darstellung, sondern auf den angestrebten positiven Wirkungen für die Unternehmenskultur und erst dadurch der Ausprägung einer entsprechenden Unternehmenspersönlichkeit mit Außenwirkung. Anders gesagt: Die unternehmensinterne Kommunikation hat auf diesem Feld jedenfalls Vorrang vor der externen Kommunikation.

Anhand einer in Deutschland durchgeführten Studie sind folgende drei Bereiche des Corporate Volunteerings im deutschsprachigen Raum festzustellen (zusammenfassende Darstellung nach: Schöffmann, 2001):

- **Corporate Volunteering** im engeren Sinn: Initiative und Zielvorgabe gehen vom Unternehmen aus, oder das Unternehmen übernimmt vorhandene Initiativen von Mitarbeiterinnen und Mitarbeitern.

- **Arbeitnehmerengagement**: Initiative und Zielvorgabe gehen von den Mitarbeitern aus, das Unternehmen unterstützt diese Aktivitäten durch seine eigene Infrastruktur.

- **Partnerschaften**: langfristige Kooperationen zwischen einem Unternehmen und einer gemeinnützigen Organisation, in der sowohl Mitarbeiterengagement und finanzielles Engagement zusammengeführt werden.

Bei all diesen Programmen gilt es die Interessen der drei beteiligten Anspruchsgruppen zu vereinen: die Interessen des Unternehmens, der Mitarbeiter und der Gesellschaft. Kommt auch nur eine dieser Gruppen zu kurz, hat dies unmittelbare Auswirkungen auf die Glaubwürdigkeit der Aktivität. Deshalb ist eine klare Definition der Ziele, Interessen und des Nutzens unabdinglich. Jedenfalls wird das Engagement eines Unternehmens dann zur Inszenierung verkommen, wenn es nicht ein tatsächliches Problem lösen hilft. Zur Absicherung können dazu Befragungen unter den Mitarbeitern oder auch externe Evaluierungen der ins Auge gefassten Kooperationspartner herangezogen werden.

Eine Annäherung an die Möglichkeiten des Corporate Volunteering mit dem Ziel, die Interessen von Unternehmen, Mitarbeitern und gesellschaftlichen Gruppen herzustellen, bietet folgender Überblick:

- *Sozialausbildung („soziales Lernen")*: Junge Mitarbeiter werden mit speziellen gesellschaftlichen Gruppen zusammengebracht, indem sie etwa ihren Arbeitsplatz mit geistig oder körperlich Behinderten teilen oder tauschen und gemeinsame Projekte realisieren. Dies kann der Sensibilisierung, Horizonterweiterung, Teamfähigkeit oder der Erwerbung sozialer Kompetenz dienen.

- *Sozialpraktikum („emotionales Lernen")*: Mitarbeiter beziehungsweise Führungskräfte des Unternehmens arbeiten für eine bestimmte Zeit in einer sozialen Einrichtung (Sozialarbeit, Hospiz, etc.) mit und lernen dadurch andere berufliche und soziale Situationen kennen und steigern ihre soziale und kommunikative Kompetenz.

- *Mentorentätigkeit*: Mitarbeiter oder Führungskräfte begleiten sozial Schwache bei der Lösung ihrer Probleme (jugendliche Arbeitslose in Bewerbungssituationen, Obdachlose bei der Reintegration, Sprachunterricht für Einwanderer, etc.). Weiters besteht hier die Möglichkeit, Mitarbeiter von gemeinnützigen Organisationen in fachlichen Fragen zu begleiten (Finanzen, Marketing, etc.). Auch dabei steht das

Erwerben neuer Kompetenzen und die Teamfähigkeit im Vordergrund. Interessant ist dieses Modell auch für Mitarbeiter am Berufsende entweder zur Umorientierung oder zur Eröffnung neuer, sinnstiftender Perspektiven.

– *Personaltausch*: Führungskräfte des Unternehmens tauschen mit Führungskräften einer sozialen, karitativen oder sonstigen gemeinnützigen Organisation für eine bestimmte Zeit den Arbeitsplatz – dabei erlernen und erleben Manager neue Perspektiven in fremder Umgebung. Dazu gehört auch die Möglichkeit, dass Manager aus Unternehmen aktiv Positionen in gemeinnützigen Organisationen übernehmen (Vorstände, Beiräte, Aufsichtsräte, etc.), um davon nicht nur zu lernen, sondern das Engagement des Unternehmens zu verdeutlichen.

– *Entwicklungsprojekt*: Zur Vertiefung der fachlichen Kompetenz erhält ein Mitarbeiter die Möglichkeit, ein konkretes Problem einer gemeinnützigen Organisation innerhalb einer bestimmten Zeit zu lösen (zum Beispiel eine Veranstaltung zu organisieren, ein Projektmanagement zu etablieren, etc.). Möglich ist es auch, Mitarbeiter für eine bestimmte Zeit an eine Organisation für solche Aufgaben zu „verleihen". Die Arbeitszeit dafür wird in jedem Fall vom Unternehmen beglichen. Als „Secondment" kann dieses Konzept auch im Bereich „mid-career" oder „end-career" beziehungsweise in beruflichen Transitionsphasen eingesetzt werden: Dabei arbeiten Mitarbeiter eines Unternehmens für ein bis zwei Jahre in einer gemeinnützigen Organisation, gleiten damit in den Ruhestand, lernen neue Kompetenzen zur beruflichen Umorientierung oder übernehmen in der Pension ein Ehrenamt.

– *Teamprojekte*: Dies eignet sich speziell für Gruppen innerhalb eines Unternehmens, die zusammen an Projekten oder Aufgaben arbeiten. Diese Gruppen werden extern eingesetzt, etwa für die Renovierung eines Kindergartens, die Reinigung eines Gartens oder ähnliche Aufgaben, die Gruppenkommunikation, Teamfähigkeit und Kooperation in anderen Situationen nicht nur simulieren, sondern in praxi fordern und fördern. Dies kann neben der konkreten – handwerklichen – Aufgabe um die Komponente der gesamten Projekt- und Ablaufplanung für solche Projekte erweitert werden. Eine Ausdehnung solcher Aktivitäten auf mehrere Abteilungen oder ein ganzes Unternehmen ist ebenfalls möglich, etwa für einen „Tag der Freiwilligen" im kommunalen oder sozialen Einsatz.

– *Pro-bono-Dienstleistungen:* Dieses Modell ist speziell für kleine und mittlere Unternehmen interessant und zählt vom Grundgedanken her zum Idealbild des Corporate Citizenship. Hier werden von den Unternehmen (oftmals den Unternehmern selbst) unentgeltliche Leistungen für ein gemeinnütziges Anliegen erbracht – dies kann nur im Bereich der jeweiligen Kernkompetenz erfolgen, was die Glaubwürdigkeit hebt. Hier reicht die Möglichkeit vom Anwalt, der Asylwerber berät, über den Maler, der ein Jugendheim renoviert, bis zum PR-Profi, der eine Presseveranstaltung umsetzt.

– **Talent-Datenbank**: Einrichtung einer Datenbank im Unternehmen, in die jene Mitarbeiter, die an gemeinnützigen Engagements interessiert sind, ihre Fähigkeiten, Fertigkeiten, Interessen eintragen. Die Organisationen können damit konkret bedient werden.

In der Beschreibung dieser Möglichkeiten klingt vieles nicht nur sehr „amerikanisch", sondern vielfach auch als nicht umsetzbar in unserer Gesellschaft. Die nachstehenden Beispiele zeigen jedoch, dass gerade in Deutschland, Österreich oder der Schweiz ausreichend effiziente Fallbeispiele für Aktivitäten aus diesem Bereich existieren. (Darstellung nach: Schöffmann, 2001)

> Die Mitarbeiter der **Ford-Werke AG** in Köln engagieren sich unter dem Titel „Community Service" in der lokalen Umgebung bei Nachhilfeunterricht, Berufsberatung für Schüler, der Pflege von Grünflächen, etc.

> Die Lehrlinge der **Metro AG** renovierten unter anderem den Schulhof einer Berufsschule, indem sie Wände und Zäune strichen sowie Bänke und Tische errichteten, und sie organisierten einen Weihnachtsmarkt, dessen Erlös dem Arbeiter-und-Samariter-Bund zugunsten von Straßenkindern in St. Petersburg zur Verfügung gestellt wurde.

> Rund 400 Mitarbeiter der **Quelle AG** engagieren sich seit 1995 im Rahmen von Umweltschutzprojekten etwa für die Wiederaufforstung, indem an einem Samstag 30.000 Bäume gepflanzt wurden. Das Unternehmen übernahm die Finanzierung und die Bereitstellung der Materialien sowie der Verpflegung, die Mitarbeiter spendeten ihre Freizeit und Arbeitszeit.

> 120 Mitarbeiter der **Siemens AG Management Consulting** in München errichteten im Jahr 2000 ein Sommercamp für Heimkinder für die Brochier-Stiftung in Tschechien.

> Bei der Unternehmensberatung **McKinsey** gehören Pro-bono-Aktivitäten seit der Gründung 1926 zur Firmenkultur. In Deutschland wurden in den vergangenen 15 Jahren mehr als 40 gemeinnützige Klienten mit kostenloser Beratung unterstützt. Beispielsweise das Engagement für die „Deutschen Tafeln e.V.", einer Non-Profit-

Organisation, die Lebensmittel, die sonst vernichtet würden, sammelt und an bedürftige Menschen verteilt. McKinsey erstellte Best-Practice-Studien, entwickelte ein Organisationshandbuch und engagierte sich im Rahmen professioneller Strategie- und Organisationsberatung.

ABB unterstützt weltweit die „Special Olympics", die Olympischen Spiele für geistig und mehrfach behinderte Sportler. Für die Spiele 2000 in Berlin waren 325 ABB-Mitarbeiter als Volunteers in vielfacher Art und Weise aktiv: In der ABB-Kantine verkauften die behinderten Sportler Lebensmittel, um so Geld für die Fahrt der Schwimmgruppe nach Berlin zu sammeln. Ein Team der ABB-Niederlassung in Minden fuhr als Betreuer mit einer Gruppe zu den Spielen. Die Trainees betreuten ein Team aus England und Lehrlinge fertigen die olympische Fackel sowie die Flammenschale. Der Vorstand war in Berlin vor Ort, ganze Abteilungen kamen gemeinsam, ein Fußballturnier wurde gemeinsam organisiert. Neben den positiven internen Wirkungen berichteten 80 Presseartikel über das ABB-Engagement.

Der Generika-Hersteller **„betapharm Arzneimittel GmbH"** unterstützt das medizinische Nachsorge-Modell „Der bunte Kreis", der sich zum Ziel gesetzt hat, chronisch und schwer kranke Kinder möglichst rasch aus den Kliniken zu entlassen und im vertrauten heimischen Umfeld weiter zu betreuen. Dies verbessert nicht nur nachweislich die Heilungschancen, sondern es spart auch Kosten. Allerdings ist medizinische, soziale, finanzielle und psychologische Unterstützung der Familien notwendig, die von betapharm-Mitarbeitern in Form von „Case Managern" bei der Augsburger Kinderklinik koordiniert wird. Weiters hilft betapharm mit finanzieller Unterstützung, Initiativen bei der Weiterbildung von Krankenschwestern zu „Case Managern", der Begleitforschung, einem telefonischen Informationsdienst für Sozialfragen für Familien, Ärzte und Apotheker. Das Projekt erfährt intern und extern hohe Anerkennung. Nebenwirkung laut Geschäftsführung: Seit dem Engagement öffnen sich sogar Türen in Ärzte- und Apothekerkreisen, die sonst für Generika-Hersteller eher verschlossen blieben.

Henkel KGaA in Düsseldorf koordiniert die Freiwilligen-Aktivitäten seiner Mitarbeiter in den Projekten „MIT – Miteinander im Team" und „MMT – Mach-mit-Team". Unter MIT laufen alle finanziellen und ideellen Unterstützungen zusammen, die das Unternehmen dem ehrenamtlichen Engagement seiner Mitarbeiter zukommen lässt. Benötigt etwa ein Mitarbeiter für ein Projekt, bei dem er engagiert ist, finanzielle Mittel, wird dies im Team im Unternehmen beraten und meist genehmigt. Das „Mach-mit-Team" führt die Aktivitäten der Mitarbeiter in einer Datenbank im Intranet zusammen und ermöglicht damit eine verbesserte Koordination der Volunteers.

Bei „**Valeo Auto-Electric**", einem deutschen Unternehmen mit rund 2.500 Mitarbeitern, arbeiten Lehrlinge auf freiwilliger Basis für ein Monat in einer Behindertenwerkstatt, um dort in gemischten Gruppen Projekte zu realisieren. Beispielsweise wurde ein Getränkeautomat in der Werkstatt, der für Rollstuhlfahrer kaum zu bedienen war, weil er zu hoch war, gemeinsam umgebaut.

Beim „Botschafterprojekt" der Deutschen **Lufthansa AG** engagieren sich Mitarbeiter für lokale Anliegen, präsentieren diese im Unternehmen und übernehmen die Patenschaft dafür. In dieser Rolle werden die Umsetzungschancen und der Ressourcenbedarf evaluiert und bei der Umsetzung der Projekte geholfen.

Die **Deutsche Telekom AG** hat im Rahmen ihres Projektes „T @ School" allen deutschen Schulen einen kostenlosen Internetzugang zur Verfügung gestellt. Weiters wurden 20.000 Computer gespendet, wobei die Mitarbeiter die Installationen übernahmen und in ihrer Freizeit außerdem mehr als 36.000 Lehrer schulten.

Zweiter Teil

Die Public-Affairs-Toolbox in der Management-Praxis

Kapitel 7:
Besuch am Feldherrnhügel – Warum Strategie für Public Affairs wichtig ist

„Die Strategie ist die Ökonomie der Kräfte."
Carl von Clausewitz

Auf einen Blick

Eine Strategie ist ein Plan in die Zukunft und gibt vor, was getan und was nicht getan werden soll. Die Politik unterliegt langfristigen Zyklen, denen jedoch nicht mit Taktik, sondern mit Strategie begegnet werden muss.

In diesem Kapitel erfahren Sie:
➢ Worin besteht der Unterschied zwischen Strategie und Taktik?
➢ Wie ist eine Corporate Political Strategy zu formulieren?
➢ Was können Public-Affairs-Experten von Sun Tsu, Machiavelli und Clausewitz lernen?
➢ Warum bringt die Technik des Triangulierens Vorteile in der politischen Argumentation?

„Strategie" ist ein geflügeltes Wort: Jeder gibt vor, eine Strategie zu haben, verleiht dies doch den Anschein, zu wissen, was man vorhat. Doch ohne einer wohlüberlegten, passenden Strategie ist ein Ziel nur per Zufall erreichbar – und wer sagt, dass das Erreichte auch wirklich das Ziel war? In der Realität wird denn auch Strategie oftmals mit Taktik verwechselt oder ganz einfach der Verlauf von Ereignissen im Nachhinein zur Strategie erklärt. Dies könnte man als „Darts"-Strategie beschreiben: Man wirft den Pfeil, zieht rund um den Treffer einen Kreis und erklärt im Nachhinein, eben dieses Zielgebiet angestrebt zu haben.

Taktische Maßnahmen sind kurzfristige zielgerichtete Aktivitäten, die nicht notwendigerweise einer generellen Linie unterliegen müssen. Sie dienen dem spontanen Reagieren auf Herausforderungen und Notwendigkeiten, die eine eigene Aktivität verlangen. Folgen verschiedene taktische Züge einer gemeinsamen generellen Linie, dann liegt der Taktik eine Strategie zugrunde. Ein weiteres Unterscheidungskriterium ist, dass die Taktik am Weg durchaus verändert werden kann – mitunter sogar geändert werden muss –, während das Abgehen von einer Strategie wohlüberlegt sein sollte beziehungsweise nur auf massiven Änderungen des Umfeldes basieren sollte.

Warum ist Strategie wichtig?

Salopp formuliert heißt es: „Nur wer weiß, was er will, bekommt auch, was er verdient". Strategien sind einer einfachen Definition zufolge Pläne in die Zukunft. Eine Strategie ist daher auch zu beschreiben als ein Plan zur bewussten und aktiven Gestaltung eines relevanten Handlungsverlaufs. Der elementarste Bestandteil einer Strategie ist dabei das Ziel, das in einer bestimmten Zukunft (Zeitachse) erreicht werden soll. Zwischen Ausgangspunkt und Ziel liegen idealerweise auf der Zeitachse aufgefädelt Milestones (Subziele), deren konsequente Verfolgung letztlich ans Ziel führt. Die Mechanismen, die zur Erreichung der Ziele und Subziele zu realisieren sind, werden operative Strategie oder Taktik genannt.

Kernstück einer Strategie ist die Zielfindung und -bestimmung. Viele Strategien scheitern, da sie das Ziel aus den Augen verloren haben oder von Beginn an das Ziel nicht klar genug definiert war. Wenn es nicht ausreicht, dass der „Weg das Ziel ist", ist die Bestimmung der zu erreichenden Ziele, die auch tatsächlich erreichbar sind, eine enorme Herausforderung, die über Sieg und Niederlage bestimmen kann.

Ein Ziel ist meist die erwünschte Änderung eines bestimmten Ist-Zustandes oder die Herbeiführung eines gewünschten Soll-Zustandes. Ein Ziel impliziert also eine bewusste und geplante Veränderung, entweder von reellen Fakten oder von in der Zukunft liegenden Parametern, also beispielsweise der Novellierung eines Gesetzes oder aber der Herbeiführung einer neuen gesetzlichen Regelung für einen bestimmten Bereich. Die gängigste Falle bei der Zielbestimmung liegt in der Praxis darin, dass der eigene Handlungsspielraum dabei sehr leicht völlig falsch eingeschätzt wird, entweder weil der Wunsch die Triebfeder des Denkens ist, oder wegen zu ungenauer Kenntnis der Faktoren und Prämissen, die auf den erwünschten Zustand tatsächlich einwirken. Im Lobbying etwa wird mitunter der Rücktritt eines Ministers als Ziel definiert, eine Forderung, die in Ermangelung eines direkten persönliches Wahlrechts nur sehr schwierig – wenn überhaupt – erreicht werden kann.

Eine Strategie im Bereich der Public Affairs muss, basierend auf gesichertem Informationsstand und realistischen Einschätzungen, folgende Antworten geben können, um operationalisierbar zu sein:

Grundelemente einer Public-Affairs-Strategie

- Was konkret soll verändert werden? (Zielbestimmung)
- Warum soll diese Veränderung herbeigeführt werden? (Zielrelevanz, Nutzen)
- Wie soll diese Veränderung herbeigeführt werden? (Taktik, Milestones)

- Wer kann diese Veränderung herbeiführen? (Taktik, Handlungsspielraum)
- Wann soll diese Veränderung herbeigeführt werden? (Zeitachse, Milestones)
- Wodurch könnte die Zielerreichung beeinflusst werden? (Blind Spots, Handlungsspielraum)
- Welche Mittel sind zur Zielerreichung erforderlich? (Ressourcenplanung, Zeitachse)

Corporate Political Strategy

Eine politische Unternehmensstrategie ist nicht nur für die Bereiche Lobbying und Government Relations oder spezifische Projekte erforderlich, sondern auch in Form einer allgemeinen, die Public Affairs eines Unternehmens in Summe beschreibenden und definierenden Art und Weise. Eine solche politische Unternehmensstrategie definiert die Grundparameter der auf die Politik und die Gesellschaft gerichteten Verhaltensmuster eines Unternehmens – wie also generell mit den nicht über den Markt verbundenen relevanten Stakeholdern umgegangen wird. Diese Strategie schreibt damit de facto die politische Programmatik des Unternehmens fest. Folgende grundsätzlichen Möglichkeiten bestehen dafür:

Varianten einer politische Unternehmensstrategie		
	Partizipativ	**Normativ**
Aktiv	**Aktiv-partizipativ:** Einbringen in politische Entscheidungen; eigenbestimmtes Mitwirken auch in allgemeinen politischen Fragen; Initiative bei Know-how-Transfer, Personal- und Ressourcen-Austausch.	**Aktiv-normativ:** Mitwirkung nur bei unternehmens-relevanten politischen Materien; Fachwissen und Expertise werden in relevante Entscheidungen eingebracht.
Passiv	**Passiv-partizipativ:** Nur auf Anfrage Mitwirkung an spezifischen sowie übergeordneten politischen Fragen; Know-how-Transfer etc. nur auf Ersuchen des politischen Systems.	**Passiv-normativ:** Spezifische Expertise wird restriktiv nur auf Aufforderung in unternehmensrelevanten Fragen zur Verfügung gestellt.

Nicht nur die vom Unternehmen selbst für sich festgelegte Rolle ist relevant. Mitunter werden Unternehmen, die im Bereich „aktiv-partizipativ" beziehungsweise „passiv-partizipativ" einzuordnen sind, dem Einflussbereich der einen oder anderen politischen Partei zugeordnet. Etwa wenn leitende Managementpositionen traditionell mit Politikern besetzt werden, diese Unternehmen immer wieder die Wahlkämpfe einer Partei unterstützen oder aber ein und dasselbe Unternehmen wiederholt als Karrieresprung-brett in die Politik (und umgekehrt) fungiert.

Unternehmen aus den beiden anderen Quadranten kümmern sich mehr oder weniger aktiv um die für sie relevanten gesetzlichen Materien im Rah-men der normativen Möglichkeiten (Begutachtungsverfahren, Expertisen, etc.), lassen die Politik jedoch ansonsten außen vor.

Wiewohl obige Kategorisierung keine allgemein gültige Beschreibung liefert, ist sie dennoch eine praxisrelevante und einfache Darstellung von gewolltem und ungewolltem politischen Verhalten. Denn es beschreibt nicht nur, wie die Grundzüge einer politischen Unternehmensstrategie aussehen könnten, sondern sie zeigt auch anschaulich das Bestreben der Politik nach berechenbaren Unternehmen. Diese Berechenbarkeit, die das politische Ver-halten von Unternehmen beschreibt, ist oftmals entscheidend dafür, welche Unternehmen von politischen Entscheidungsträgern als einflussreich oder machtlos, als zu berücksichtigend oder als nicht relevant für eine Ent-scheidung oder einen politischen Prozess gelten. In jedem Fall definiert die politische Strategie und Positionierung – egal ob selbstbestimmt oder fremdbestimmt – den Handlungsspielraum, die Mächtigkeit und die Be-deutung eines Unternehmens im Bereich der Politik. Dies entscheidet in der Praxis darüber, von welchem Unternehmen Experten geholt werden, wie rasch Terminansuchen Erfolg haben, wessen Forderungen Gehör finden, welche Unternehmen zu öffentlichen Aufträgen eingeladen werden, wie mit Förderungsansuchen umgegangen wird, wie ablehnend oder unterstützend die Politik auf Probleme oder Skandale eines Unternehmens reagiert, etc. Die politische Strategie und die damit zu erlangende Positionierung sind deshalb maßgeblich mit entscheidend für wirtschaftliche und überwirt-schaftliche Erfolge.

Die scheinbare Komplexität, Konfliktorientierung und Unberechenbar-keit politischer Prozesse lässt viele Unternehmen davor zurückschrecken, zu nahe an die Politik heranzukommen. Doch welche Alternative besteht zur aktiven Mitwirkung in einer Systematik, die letztlich über Existenz und Erfolg, über Auflagen und Genehmigungen, über Preise und Kosten bestimmt? Was tun, wenn Politiker sich in die Angelegenheiten eines Un-ternehmens einbringen oder zum Produktboykot aufrufen? Was tun, wenn die Regierung einen Handelsboykott gegenüber einem anderen Staat ver-hängt oder die Europäische Union Exporte in kriegsführende Länder limi-tiert? Die marketingorientierte Unternehmensstrategie ist dann längst am Ende und die Produktpolitik hat keine Relevanz mehr. Der Umgang mit den Interessen der Anspruchsgruppen im Unternehmensumfeld erfordert an-dere Verhaltensmuster als das Agieren am Primärmarkt.

Eine „Corporate Political Strategy", deren Formulierung Sache des Managements und deren Umsetzung Kernelement der Public Affairs ist, besteht aus der Definition der einzunehmenden Rolle und den entsprechenden Aktivitäten eines Unternehmens. Berechtigung hat eine solche politische Unternehmensstrategie nicht nur in Zeiten des Konflikts mit dem gesellschaftspolitischen System, sondern ihre gestalterische Rolle kommt vielmehr im Tagesgeschäft so richtig zum Tragen, da sie dabei die politische Positionierung definiert. Ein Unternehmen in einem stark regulierten Markt etwa, das seine politische Strategie als aktiv und gestalterisch definiert, wird als gelebte Taktik beispielsweise einen elektronischen Informationsdienst für die relevanten Entscheidungsträger einsetzen. Damit werden die definierte Aktivität sowie das Selbstverständnis in die Realität umgesetzt und die Politik erkennt deutlich die selbstbestimmte Positionierung des Unternehmens. Ein anderes Unternehmen, dass seine politische Strategie nicht bestimmt hat oder sich seiner Rolle nicht sicher ist, wird viel Zeit darauf verbrauchen zu entscheiden, wie mit den relevanten Entscheidungsträgern zu kommunizieren ist, ob die eigene Expertise dort überhaupt wahrgenommen wird und ob ein eigens Medium dafür die richtige Taktik ist.

Eine Corporate Political Strategy ist Grundlage aller Public-Affairs-Maßnahmen und Teilstrategien. Sie ist, in anderen Worten, das Leitbild für das Verhalten gegenüber Gesellschaft und Politik. Aufbauend auf der politischen Unternehmensstrategie können konkrete Aktivitäten zielgerichtet gesetzt und damit die entsprechende Positionierung am gesellschaftspolitischen Markt errichtet werden. Es empfiehlt sich jedenfalls die schriftliche Ausformulierung der Corporate Political Strategy.

Checkliste Corporate Political Strategy:

➢ Wie soll das Unternehmen von politischen Entscheidungsträgern und gesellschaftlichen Anspruchsgruppen gesehen werden? (Profil)

➢ Wofür steht das Unternehmen in gesellschaftspolitischen Kategorien? (Positionierung)

➢ Wie definiert das Unternehmen sein Verhältnis zu Politik und Gesellschaft?

➢ Bezieht das Unternehmen Stellung zu wichtigen gesellschaftlichen und politischen Fragen?

➢ Welchen Beitrag ist das Unternehmen gewillt gegenüber der Politik zu leisten? (Know-how-Transfer, Expertise)

➢ Wo ist die Trennlinie zwischen Unternehmensanliegen und politischen Eigeninteressen?

Wie formuliert man eine Strategie?

Spricht man von Strategie, kommt man ohne die Militärstrategen der vergangenen Jahrtausende nicht aus. Sun Tsu, Machiavelli und Carl von Clausewitz dachten nicht nur viel über Strategie nach, sie brachten auch Erkenntnisse aus der praktischen Umsetzung in ihre Gedanken ein – vermutlich ein Grund dafür, dass ihre Überlegungen auch heute noch modern sind. In Sachen Strategie meinte beispielsweise Sun Tsu: „Wer mit bescheidenen Mitteln die richtigen Dinge tut, erreicht mehr als der, der mit aller Kraft an falschen Aufgaben arbeitet." Noch deutlicher wird der preußische General Carl von Clausewitz wenn er sagt: „Die Strategie ist die Ökonomie der Kräfte."

Eine Strategie zu formulieren heißt, von kurzfristigen taktischen Manövern zugunsten einer längerfristigen Perspektive abzurücken – trotz aller Hektik und Dynamik des Alltagsgeschäftes. Doch es ist bekannt, dass gerade im politischen Umfeld eine gute Taktik durchaus einen raschen Erfolg bringen kann, während man ohne einer wohl überlegten langfristigen Strategie allerdings gnadenlos überrollt wird. Eine profunde Strategie zu entwickeln verlangt eine kontinuierliche Sammlung und Auswertung von relevanten Fakten und Informationen, um darauf aufbauend Ziele formulieren zu können. Dieses strategische Denken ist die Kunst, die eigenen Kräfte so auf einen Punkt zu konzentrieren, um damit größtmögliche Durchschlagskraft zu erreichen. Mittels dieses strategischen Denkens werden alle möglichen Varianten durchgedacht, Aktionen und Reaktionen des Umfeldes antizipiert und auf die am besten ins Ziel führende Lösung fokussiert.

Eine Strategie zu haben, ist jedenfalls wichtig. Zum Formulieren von Strategien gibt es eine Sammlung an Erkenntnissen von militärisch-nüchternen Formeln bis zu profanen Merksätzen. Seit Jahrtausenden wird versucht, aus den Überlegungen zu Strategien kompakte und allgemeingültige Lehrsätze – sogenannte Strategeme – zu formulieren. Sie alle haben ihr Körnchen Wahrheit und helfen beim strategischen Denken; sich an sie zu klammern, macht wenig Sinn. Nachfolgend ein kurzen Überblick über die wichtigsten Strategeme (zusammenfassende Darstellung nach: Althaus, 2001):

> Vor rund 2.500 Jahren entstand „Die Kunst des Krieges" des chinesischen Philosophen und Militärberaters **Sun Tsu**. Ein zentraler Gedanke darin ist der Versuch, das gegnerische Verhalten zu steuern. „Die beste Form der Kriegsführung ist es, die Strategie des Gegners anzugreifen. Die nächstbeste ist es, die Allianzen des Gegners zu zerbrechen. Die nächstbeste ist es, seine Armee anzugreifen. Die schlechteste ist es, seine befestigten Städte anzugreifen." Basierend auf diesem Grundkonzept formuliert Sun Tsu seine berühmten 36 Strategeme,

die Anregungen für strategisches Denken und die Entwicklung von Strategien darstellen. Sie alle kreisen um die Herausforderungen, selbst das geeignete Schlachtfeld auszusuchen, die Aggression des Gegners gegen ihn selbst umzulenken und das richtige Timing beim Einsatz der taktischen Elemente.

Niccolò Machiavelli gilt als Verfechter der Notwendigkeit des strategischen Denkens schlechthin. Er verstand darin die Antithese zu Taktiererei und Halbherzigkeit. In seinen wichtigsten Büchern „Der Fürst" und „Die Kriegskunst" legt Machiavelli seinen Schwerpunkt vor allem auf List, Trug und Schein als taktische Elemente mit der Kernaussage: „Nichts gelingt so leicht als das, wofür dich der Feind zu wagen außerstande hält." Vielfach als Machttheoretiker missinterpretiert, warnte Machiavelli politische Entscheidungsträger vor der Dummheit, Entscheidungen hinauszuzögern, der Gefahr, unentschlossen zu erscheinen, der grundlegenden Schwäche der Unflexibilität, der allzu marktschreierischen Anbiederung an die Massen und davor, sich Machtkämpfe zur falschen Zeit und am falschen Ort aufzwingen zu lassen, weil man der eigenen Entscheidung darüber ausgewichen ist. Zusammengefasst: „Wer sich am wenigsten auf das Glück verlässt, behauptet sich am besten." Damit hält Machiavelli ein Plädoyer dafür, seinen eigenen Handlungsspielraum zu beachten und in Optionen zu denken, oder anders gesagt, auch bei gutem Wetter an den Sturm zu denken. In Erkenntnis der Bedeutung von Image – dem „künstlich hergestellten Schein" – hielt Machiavelli Schläue und die Anwendung ungewöhnlicher Mittel für unverzichtbar. „Die Menschen pflegen gemeiniglich mehr nach den Augen als nach den Händen zu urteilen, denn jeder ist in der Lage zu sehen, wenige aber können gegenständlich fühlen. Jeder sieht, was der Fürst scheint, aber fast niemand weiß, was er in Wirklichkeit ist."

Carl von Clausewitz ging in seinem monumentalen Werk „Vom Krieg" von folgender Annahme aus: „Alles im Krieg ist einfach, aber die einfachsten Dinge sind schwierig." Er ging vom Konzept eines offenen, dynamischen Systems aus, in dem Strukturen rasch zerfallen und das System daher zu steigender Unordnung und Zufälligkeit tendiert. Clausewitz' Credo geht daher in Richtung bestmöglicher Kontrolle des zu erwartenden Chaos, indem die Offiziere – sprich Manager – vor allem in Analyse und Entscheidung zu schulen seien. Sie sollen damit befähigt werden, mit mangelnder Kontrollierbarkeit und Unsicherheiten umgehen zu können. Dabei soll das Hauptaugenmerk nach Clausewitz nicht auf dem Weg zum Ziel, sondern auf dem Ziel selbst liegen. Carl von Clausewitz bemühte sich,

Strategie und Taktik so weit als möglich zu trennen. „Die Strategie ist die Lehre vom Gebrauch der Gefechte zum Zwecke des Krieges." Die Taktik bezeichnete er als Lehre vom Gebrauch der Truppen im Gefecht und damit als operativen Bestandteil einer Strategie. „Die Strategie bestimmt den Punkt, auf welchem, die Zeit in welcher, und die Streitkräfte, mit welchen gefochten werden soll." Unter diesem Dach sind taktische Entscheidungen notwendige Mittel zum Zweck und Wege ans Ziel.

Die Strategie der Triangulation

Kein Stratagem im Sinne von Clausewitz oder Machiavelli ist das Konzept der „Triangulation", einer Idee, die auf politischem Gespür, Schnelligkeit, Mut und einer ordentlichen Portion Hausverstand beruht. Dieser Strategieansatz ist allerdings, und das ist der unschlagbare Vorteil, aus der Politik und für die Politik entwickelt worden und daher nahezu durchgehend für Public-Affairs-Praktiker anwendbar.

„Triangulation" heißt die politische Strategietechnik, die seit Bill Clintons erstem Wahlkampf um die Präsidentschaft 1992 weltweit eingesetzt wird. Im Kern geht es dabei um das inhaltliche Besetzen von Positionen des politischen Gegners. Da eine solche Vereinnahmung immer aus einer im Vergleich zum Original unterschiedlichen Perspektive geschieht, entsteht eine „Dreiecksituation" – darauf spielt dieser amerikanische Begriff an. Von Kritikern ausgetüftelter Politstrategien schlicht als Diebstahl der Forderungen einer anderen Partei tituliert, steckt doch wesentlich mehr dahinter. Denn in Wahrheit bedeutet politisches Triangulieren nicht, die Position der Gegenseite einfach zu übernehmen und damit die Wähler einer anderen Partei zu ködern. Triangulation steht für den Versuch einer Synergie zwischen zwei Positionen und der Ansprache des Gemeinsamen. Anders gesagt: Mit welchen Argumenten können Wähler aus anderen Lagern für einen Lösungsansatz gewonnen werden, der nicht von der „eigenen" Partei kommt? Ein Lösungsansatz also, der eigene wie fremde Wähler gleichermaßen anziehen soll.

Dick Morris, der ehemalige Clinton-Stratege, der diese Technik entwickelte, plädierte für eine neue Position, die über den beiden orthodoxen Ansätzen steht. 1992 trat der Demokrat beispielsweise für eine Steuersenkung ein, eine Forderung die untypisch für die Demokratische Partei („no tax cuts") und archetypisch für die Republikanische Partei („tax cuts for the wealthy") war. Clintons Triangulation ließ daraus das Konzept der steuerlichen Absetzbarkeit für Schulgeld und Stipendien erstellen. Eine begründete Steuersenkung für die, die daran Bedarf haben, wurde das genannt.

Bill Clinton wurde mit dieser grundsätzlichen Strategie zwei Mal zum US-Präsidenten gewählt (wofür natürlich auch noch einige andere Faktoren ausschlaggebend waren). In Folge wurde dieses Konzept von anderen, vor allem sozialdemokratischen, Parteien verwendet, um am bürgerlichen Wahllager zu knabbern. Tony Blair formte daraus seine „New Labour", eine Partei, die weithin als wirtschaftsliberale und nicht so sehr klassische sozialistische Partei gehandelt wird. Auch Deutschlands Kanzler Schröder triangulierte im Wahlkampf 2002 mit Erfolg, etwa als er mittels der Hartz-Kommission Arbeitsmarktmodelle aus dem bürgerlichen Lager mit eigenen Positionen verschmolz und daraus einen Katalog „neuer" Lösungsansätze formulierte.

Wie so oft kann – und soll – die Wirtschaft von politischen Techniken lernen. Beim Triangulieren wird versucht, die Probleme, mit denen sich die jeweils andere Seite beschäftigt, zu lösen, mit den eigenen Anliegen zu verbinden und daraus einen Wettbewerbsvorteil zu realisieren. Anders gesagt, geht es bei dieser Strategie darum, die eigenen Anliegen und Interessen etwa mit jenen der Stakeholder zu verknüpfen und daraus Win-Win-Situationen zu konstruieren. Die praktischen Anwendungsmöglichkeiten der Triangulation im Sinne der Antizipation potenzieller Widerstände, Einsprüche oder Interessen sind vielfältig.

Soll aus der Sicht eines Unternehmens Lobbying für die Veränderung einer gesetzlichen Bestimmung gemacht werden, ist es meist notwendig, sowohl die Fachbeamtenschaft als auch die verantwortlichen politischen Entscheidungsträger primär von der Notwendigkeit der Änderung zu überzeugen. Dabei ist zu berücksichtigen, dass für die Fachbeamten das inhaltlich Richtige und Notwendige im Vordergrund steht, für die politischen Entscheidungsträger das Machbare und Verkaufbare. Hier kann Triangulation ansetzen und den Änderungsbedarf rechtlich und technisch bei den Beamten und im Sinne von „Macherqualität" und „Entscheidungsfreude" bei den Politikern zu verankern. Idealerweise wird die Änderung letztlich auf die Eigeninitiative des politischen Systems zurückgeführt – die Unternehmensinteressen sind freilich von Beginn an mit dabei.

Bei der Schließung eines Industriestandortes etwa stehen die Interessen des Unternehmens (Kostenreduktion) den Interessen von Gewerkschaften (Arbeitsplatzerhalt) und politischen Entscheidungsträgern (erfolgreiche Wirtschaftspolitik im Sinne von Arbeitsplätzen und Standorterhalt) scheinbar diametral entgegen. Eine mögliche Triangulation könnte sein, der Gewerkschaft die Mitgestaltung bei Arbeitsstiftungen oder ähnlichen Auffangmodalitäten und der Politik die Durchführung eines Gipfelgesprächs mit Unternehmensführung und Gewerkschaft anzubieten. Daraus

entsteht die Situation, dass alle Beteiligten über konkrete Gestaltungs-
möglichkeiten und zukünftige politische Forderungen diskutieren („Handlungsspielraum" der Stakeholder), nicht aber das Unternehmen direkt
angreifen.

Kapitel 8:
Kein Platz für Amateure – Public-Affairs-Officer an der Arbeit

„Der ideale Public-Affairs-Manager ist wie Sokrates, der beständig Fragen stellt, zuhört und das Gehörte hinterfragt. Er ist wie Max Weber, der durch geduldiges Vorbereiten und Analysieren die richtigen Antworten parat hat. Und er ist wie Niccolo Machiavelli, der die sich daraus formenden Interessen geschickt vertritt."

Rinus van Schendelen

Auf einen Blick

Public Affairs ist eine kritische Funktion für den Unternehmenserfolg. Mit der Bearbeitung dieser Disziplin werden daher Experten beauftragt, die in der Lage sind, die Interessen des Unternehmens gegenüber der Politik und anderen Anspruchsgruppen aktiv und effektiv zu vertreten.

In diesem Kapitel erfahren Sie:

➢ Warum ist Public Affairs eine Querschnittsfunktion und wer sollte damit betraut werden?

➢ Welche Probleme und Herausforderungen müssen Public-Affairs-Experten meistern?

➢ Über welche Qualifikationen müssen diese Experten verfügen?

➢ Wie findet man diese Spezialisten und wie kann die Funktion etabliert werden?

Public Affairs ist eine Managementfunktion, die nicht so einfach einer bestehenden Funktion aufaddiert werden kann. Es handelt sich um eine Disziplin, die permanent umgesetzt werden muss und entsprechendes Know-how verlangt. Public-Affairs-Officer, also die unternehmensinternen Public-Affairs-Experten oder Manager, haben ein sehr spezielles Aufgabenfeld zu bearbeiten, weshalb Expertise und persönliche Qualifikationen gefragt sind.

In erster Linien müssen Public-Affairs-Officer „company believer" sein und den Unternehmenszweck sowie die Ziele des Unternehmens vollinhaltlich unterstützen. Was leicht als „Betriebsblindheit" zu verstehen ist, heißt vielmehr, dass Public Affairs für die glaubwürdige Vertretung der Interessen die umfassende Identifikation mit dem Unternehmen erfordert. Halbherzigkeit oder ein Hang zur Belanglosigkeit seitens des Public-Affairs-Verantwortlichen stoßen alsbald intern sowie extern auf Misstrauen und sind Garant für ineffiziente Interessenvertretung.

Public Affairs als Querschnittsfunktion

Dem Wesen nach ist Public Affairs eine Querschnittsfunktion zwischen verschiedenen unternehmensinternen Bereichen. Das Ziel der Funktion besteht bekanntlich darin, Chancen, die aus der Unternehmenstätigkeit und dem unternehmerischen Umfeld resultieren, zu maximieren sowie Risiken, die daraus entstehen oder entstehen könnten, zu minimieren und abzuwenden. Demnach ist es notwendig, dass Public-Affairs-Verantwortliche in die unternehmerische Entscheidungsfindung eingebunden sind. Dies impliziert zumindest die Hinzunahme bei der Erstellung des Business-Plans, der Marketing-Pläne und der Planung spezieller Projekte.

Idealerweise werden die unternehmenseigenen Public-Affairs-Verantwortlichen nicht erst im Nachhinein von solchen Entscheidungen informiert, sondern in die wesentlichen Etappen der Entscheidungsfindung eingebunden. Dadurch kann zu einem sehr frühen Stadium gewährleistet werden, dass die Public-Affairs-Expertise in diese Entscheidungen eingebracht wird und damit potenzielle Krisen, Bedrohungen oder Chancen in die Planung Eingang finden. Dies ist in keinem Fall als Kontrolle anderer Abteilungen oder als eine Art „Schatten-Geschäftsführung" zu verstehen, sondern als interne Serviceaufgabe der Funktion Public Affairs. Im Umkehrschluss kann Public Affairs dadurch bereits sehr früh mit der Planung der erforderlichen begleitenden Schritte beginnen und damit die Zielerreichung des Unternehmens sowie der einzelnen Abteilungen und Projekte unterstützen. Je früher die Public-Affairs-Expertise hinzugezogen wird, umso risikofreier und effizienter gestaltet sich der Projektverlauf.

Nachdem Public Affairs dazu angehalten ist, die Interessen und Anliegen des Unternehmens gegenüber dem gesellschaftlichen Umfeld zu wahren und zu fördern, ergibt sich eine inhaltliche Verbindungen und damit die Erfordernis der Abstimmung mit folgenden klassischen Unternehmensbereichen:

> **Rechts- und/oder Regulierungsabteilung**: Public Affairs unterstützt die Durchsetzung von juristischen Angelegenheiten durch Lobbying, akkordiert juristische Stellungnahmen mit den Unternehmenszielen, flankiert die Arbeit mit Regulierungsbehörden durch Government Relations, etc.

> **Unternehmensstrategie**: Public Affairs unterstützt die strategische Planung durch Issues- und Stakeholder-Analysen sowie Risikoana-

lysen, setzt flankierende Maßnahmen im Umgang mit relevanten Stakeholder-Gruppen, etc.

➢ **Unternehmenskommunikation**: synchronisiert die öffentliche Kommunikation mit der politischen Informationstätigkeit des Unternehmens, kooperiert bei der Krisenvorbeugung und dem Krisenbewältigung durch Issues- und Stakeholder-Management sowie Lobbying, etc.

➢ **Marketing**: Public Affairs unterstützt die Planung und Umsetzung von Marketingkampagnen im Bereich Issues-, Risiko- und Stakeholder-Management, flankiert B2B-Aktivitäten, Zulassungsfragen oder die Penetration geschlossener Kundengruppen, etc.

➢ **Projektmanagement**: Public Affairs sorgt bei Planung und Umsetzung von Projekten für die Abstimmung der Unternehmensinteressen mit den Interessen der relevanten Stakeholder-Gruppen, baut externe Widerstände durch Lobbying ab, etc.

➢ **Unternehmensführung**: Public Affairs unterstützt die unternehmerische Entscheidungsfindung durch Einbringung der gebündelten Expertise und flankiert alle operative Schritte durch das entsprechende Instrumentarium.

Die in der Funktion Public Affairs zusammenlaufenden Informationen aus dem Unternehmen sowie aus dem gesellschaftspolitischen Umfeld des Unternehmens sind maßgebliche Entscheidungsgrundlagen für unterschiedliche Unternehmensbereiche und sollten daher als solche genutzt werden. In Kombination mit einem professionellen und geschickten Public-Affairs-Officer resultiert daraus eine essentielle Bereicherung aller Unternehmensentscheidungen. Public Affairs steht für „value added" – aus dieser Tätigkeit entstehen dem Unternehmen Planungssicherheit, effizienterer Ressourceneinsatz und Vorteile im Wettbewerb.

Public-Affairs-Officer an der Arbeit

Wer für das Public Affairs-Management verantwortlich ist, der muss im Umgang mit Unsicherheiten geübt sein und gleichzeitig versuchen, möglichst viele dieser Unsicherheiten durch Recherche und Analyse zu beheben. Die wesentlichen Kategorien der Unsicherheiten im Management des Unternehmensumfeldes sind mit der SCARE-Formel zu beschreiben (nach: van Schendelen, 2002):

➢ **Sender** – absenderbezogene Unsicherheit: Fragen nach der Reputation des Unternehmens, seiner Glaubwürdigkeit und Akzeptanz beziehungsweise Mängel in der Organisation und Koordination sind zu beachten.

➢ **Channels** – die Unsicherheit über die Kanäle der Kommunikation: Welche Form der Interessensartikulation ist für einen bestimmten Inhalt, Zweck und Empfänger passend?

➢ **Arena** – Unsicherheiten in der Konsistenz des Unternehmensumfeldes: Fehleinschätzungen bei Issues, Stakeholdern, Zeitläufen und den Grenzen des virtuellen Umfelds können nachhaltige Folgen haben.

➢ **Receiver** – mangelhafte Einschätzbarkeit der Empfänger: Neben mangelndem Interesse, fehlender Aufmerksamkeit oder Ignoranz können auch Aspekte wie befürchtetes Unter-Druck-Setzen oder Angst vor Beeinflussungen die Akzeptanz der Botschaft stören.

➢ **Environment** – Neben den summierten Unsicherheiten ob der Konstitution aller vier genannten Faktoren, ist niemand vor externen Überraschungen gefeit: Kriege oder Katastrophen können jede noch so gute Analyse und Strategie zunichte machen, weil sich das Umfeld schlagartig ändert. Auch der zur falschen Zeit erscheinende Medienbericht kann massive Änderungen hervorrufen, ebenso „information leaks", also die Weitergabe oder Veröffentlichung von Entscheidungen und Entscheidungsgrundlagen zum falschen Zeitpunkt.

Professionelle Public-Affairs-Manager sehen sich bezüglich jener Vektoren, die ihr Handeln und ihre Strategieentscheidung bestimmen, laufend einer Vielzahl von Optionen gegenüber. Know-how, Erfahrung und gute Vorbereitung sind bei den zu treffenden Entscheidungen jedenfalls eine Abhilfe – eine Restunsicherheit bleibt allerdings fast immer bestehen.

Entscheidungsvektoren im Public-Affairs-Management	
Betreffend	**Zu treffende Entscheidung**
Entscheidungsträger	Deren Position unterstützen oder entgegentreten? Information bereit stellen oder nicht? Überzeugen oder Überreden?
Stakeholder	Mobilisieren oder demobilisieren? Belohnen oder bestrafen? Vereinen oder trennen?
Kontakte/Beziehungen	Formalisieren oder informell gestalten? Stabilisieren oder abbrechen? Bestehende nützen oder neue errichten?
Prozesse	Vereinfachen oder verkomplizieren? Akzeptieren oder verändern? Strikte oder lockere Auslegung?
Positionen	Akzeptieren oder hinterfragen? Weg-argumentieren oder herausfordern? Ignorieren oder desavouieren?
Issues	Politisieren oder entpolitisieren? Eingrenzen oder erweitern? Mit anderen vermischen oder haustrennen?

Entscheidungsfindung	Unterstützen oder verhindern?
	Bewahren oder verändern?
	Tempo steigern oder reduzieren?
Umfeld	Aktivieren oder deaktivieren?
	Einzeln vorgehen oder Koalition errichten?
	Eingrenzen oder erweitern?
Entscheidungen	Dafür oder dagegen?
	Kompromiss oder Zurückweisung?
	Konsens herbeiführen oder verhindern?
Lobbying-Stil	Unterstützend oder fordernd?
	Direkt oder indirekt?
	Formal oder informell?
	Unbemerkt oder öffentlich sichtbar?

Ein unternehmenseigener Public-Affairs-Experte, der auch als Lobbyist des Unternehmens agiert, verschafft einen klaren Wettbewerbsvorteil: Er vertritt ungefiltert die Interessen des Unternehmens gegenüber dem Umfeld. Damit ist gewährleistet, dass das Unternehmen seine eigenen Interessen über alle Wege und mittels aller Instrumente verfolgen kann. Neben der persönlichen Qualifikation des Public-Affairs-Experten ist jedenfalls die direkte Anbindung an die Unternehmensleitung eine unabdingbare Voraussetzung für eine erfolgreiche Public-Affairs-Arbeit. Den entsprechenden Experten irgendwo in der Linie der Unternehmenshierarchie zu verstecken, wird wenig Erfolg nach sich ziehen.

Public Affairs und Lobbying sind der Diplomatie wesensverwandt. Die persönliche Integrität, das diplomatische Geschick und ein ausgeprägtes kommunikatives Verhalten sind neben der inhaltlichen Expertise und der exakten Kenntnis der politischen Prozesse daher eine notwendige Grundvoraussetzung für diese Aufgabe. Dazu gehört weiters die Fähigkeit des analytischen und konzeptiven Denkens und ein lösungsorientierter Managementstil. Vor diesem Hintergrund ist anzumerken, dass juristisches Wissen speziell für Lobbying von Vorteil ist. Allerdings sind Juristen dazu ausgebildet, eine Sachfrage zu beweisen. Im Lobbying geht es aber nicht darum, etwas zu beweisen, es geht nicht darum, Recht zu haben, sondern Recht zu bekommen. Lobbying ist im Kern Überzeugungsarbeit, nicht aber Überredungskunst oder Beweisführung.

Public Affairs-Experten sind auch keine Neuauflage der „Frühstücksdirektoren", sie sind akribische Arbeiter, die „desk research" beherrschen und umsetzungsstark sind. Denn komplexe Inhalte erfordern Sachkenntnis und die Arbeit als Vermittler. Know-who ist out, Know-how ist gefragt. Die Befähigung zum Informationsmanagement und zur spezifischen Artikulation von Interessen ist wichtiger als ein Stammplatz in den gediegenen Restaurants.

Anforderungen an Public-Affairs-Officer

> Detailliertes Wissen über politische Prozesse und Zusammenhänge
> Politisches Urteilsvermögen und „Gespür" für Politik
> Berufserfahrung im politischen Management – ehemalige politische Mandatare sind nicht notwendigerweise effiziente Public-Affairs-Manager
> Fertigkeit des analytischen, konzeptionellen Arbeitens
> Lösungsorientierung und Flexibilität
> Aktivitätsorientiert („out-going")
> Kommunikativität und Integrität
> Teamfähigkeit sowie der Wille, auch als Einzelkämpfer zu agieren
> Verhandlungsgeschick und Präsentationserfahrung
> Keine Berührungsängste gegenüber politischen Entscheidungsträgern

Die Public-Affairs-Abteilung

In den vergangenen Jahren ist im deutschsprachigen Raum ein Trend zur Einrichtung von Public-Affairs-Abteilungen bei vielen Unternehmen und Organisationen erkennbar. In den meisten Fällen handelt es sich dabei um neu hinzugefügte Abteilungen oder Stabstellen. Dies ist ein untrügliches Zeichen dafür, dass immer mehr Unternehmen die Bedeutung und Notwendigkeit von Public Affairs erkennen. Denn gerade in Zeiten der abflauenden Wirtschaft wird kein Unternehmen einen zusätzlichen Bereich etablieren, wenn sich daraus nicht unmittelbare Vorteile ableiten. Es ist keine Frage, dass vor dem Hintergrund eines im Umbruch befindlichen Interessenvermittlungssystems und dynamischer gesellschaftlicher Prozesse die Wahrnehmung der Anliegen und Interessen eines Unternehmens eine wettbewerbsbestimmende und mitunter existentielle Frage sind, die nicht mehr nur Dritten überlassen werden kann.

Public Affairs braucht, um effizient zu sein, die direkte Anbindung an die Unternehmensführung. Die funktionale Zuteilung innerhalb eines Organigramms ist dabei von Unternehmen zu Unternehmen verschieden. In der Praxis prägen sich drei Möglichkeiten der Etablierung von Public-Affairs-Abteilungen aus:

> **Eigenständige Abteilung**: meist als Stabstelle direkt der Unternehmensleitung unterstellt
> **Unternehmenskommunikation**: Eingliederung der Funktion in die Unternehmenskommunikation oder Übernahme des Tätigkeitsfeldes durch die Unternehmenskommunikation

> ➢ **Generalsekretariat**: Zuteilung der Funktion und Aufgaben an ein bestehendes Generalsekretariat

Für eine Ein- oder Angliederung von Public Affairs an die Unternehmenskommunikation spricht das in diesen Abteilungen generell vorhandene Wissen um die Funktionsweise von Medien und Gesellschaft sowie die persönliche Ausprägung von Kommunikationsfachleuten als aktiv agierende Berater sowie nach außen orientierte Experten im Auftrag des Unternehmens tätig zu sein. Dagegen spricht die primäre Orientierung von Kommunikationsabteilungen auf die massenmediale Darstellung und das Streben nach möglichst breiter Öffentlichkeit. Public Affairs und Lobbying folgen jedoch den Kriterien der politischen Kommunikation, mit ihren eigenen Spezifika und Sachzwängen, die oftmals denen der Öffentlichkeitsarbeit diametral entgegengesetzt sind.

Für eine Zuteilung zu einem bestehenden Generalsekretariat hingegen spricht das in diesen Abteilungen meist vorhanden Arbeitsverständnis, das dem der Politik nahe kommt: verhandeln und besprechen abseits der Öffentlichkeit sowie sach- und inhaltsorientiertes Agieren. Außerdem können Generalsekretäre nicht selten auf Berufserfahrung aus der Politik oder in Verbänden verweisen, was die Public-Affairs-Tätigkeit natürlich erleichtert. Dagegen spricht, dass Generalsekretariate meist ohnehin bereits über ausreichend Arbeit verfügen und mitunter ein tendenziell defensives Verhalten betreffend der Artikulation von Interessen an den Tag legen.

Wie so oft, hängt vieles maßgeblich von der Einstellung und dem Handlungsspielraum der handelnden Personen ab. Egal ob eigenständige Abteilungen oder eingegliedert in bestehende Bereiche, Public-Affairs-Abteilungen sind trotz des vielfältigen Aufgabenbereiches nicht notwendigerweise reich an Personal und Budget. Die Praxis zeigt, dass einige wenige Experten – oftmals tatsächlich nur eine für Public Affairs zuständige Person – für die Erfüllung der Aufgaben ausreichen. Auch dies steht im direkten Zusammenhang mit der Anbindung an die Unternehmensleitung, den Handlungsspielraum und das Arbeitsverständnis.

Auch die Bezeichnungen für Public-Affairs-Abteilungen variieren je nach Unternehmen oder Organisation. Gängige Titulierungen neben Public Affairs sind etwa:

– Lobbying
– Beauftragter/Bevollmächtigter des Vorstandes
– External Affairs
– Corporate Affairs
– (Leiter oder Mitarbeiter des) Verbindungsbüro(s)

- Regulatory Affairs (meist eingeschränkt auf Zulassungsverfahren in der Pharma-Branche)
- Internationale Beziehungen

Wie auch immer, es zählt der Inhalt, nicht die Verpackung.

Hürden des Public-Affairs-Managements

Ganze Stäbe an Public-Affairs-Leuten können ebenso ineffizient sein wie ein Einzelkämpfer. Die Hürden und Gefahren in der Umsetzung sind meist recht banaler Natur und liegen nicht selten im generell schlechten Managementstil des Unternehmens oder persönlichen Dimensionen verborgen. In der Praxis zeigen sich immer wieder die gleichen Hürden in der Umsetzung von Lobbying und Public Affairs innerhalb von Organisationen:

> **Unverständnis**: Das generelle Unverständnis seitens der Unternehmensführung, einzelner Manager oder Vorgesetzter, was denn nun Public Affairs und Lobbying tatsächlich leisten können und sollen, steht oftmals dem Erfolg im Weg. Die Funktionsbezeichnung ist nett, klingt international und modern, aber damit hat es sich dann schon. Viele Public-Affairs-Profis leiden in ihrer täglicher Arbeit darunter.

> **Lösungsansatz**: Unternehmensinterne Aufklärung, externe Experten zu Vorträgen ins Haus holen, Fallstudien analysieren, Seminare besuchen, etc.

> **Hierarchien**: Der beste Public-Affairs-Experte kann kaum etwas bewirken, wenn er in der Unternehmenshierarchie irgendwo vergraben ist und im stillen Kämmerchen sein Dasein fristet, abgeschnitten von Informationen und Zugang zum Management.

> **Lösungsansatz**: Dieses Problem ist alleine meist nicht zu bewältigen. Durch die gemeinsame Erarbeitung einer detaillierten Job-Discription oder die Hilfe eines Organisationsentwicklers kann Abhilfe geschaffen werden.

> **Eifersucht**: Manche Abteilungsleiter und Manager hüten ihre Bereiche wie Fürstentümer und hegen tiefe Skepsis gegen Public-Affairs-Leute und ihre Intentionen. Meist ist dahinter die Angst vor Kompetenzverlust verborgen. Public Affairs bleibt ausgeschlossen, uninformiert und wird maximal zum Einsatz als Krisenfeuerwehr verdonnert.

> **Lösungsansatz**: Der Handlungsspielraum und die Form der Zusammenarbeit müssen von der Geschäftsleitung definiert werden, um dieser Falle zu entgehen.

➢ **Besserwisserei**: Gerade Vorstände oder Spitzenmanager neigen dazu, davon auszugehen und zu behaupten, dass sie sich schon selbst um die notwendigen Kontakte zur Politik kümmern. Auch einzelne Abteilungsleiter fallen in diese Kategorie. Die beste Public-Affairs-Planung wird zunichte gemacht, weil den Job jeder angeblich besser kann und im Endeffekt nichts realisiert wird.

Lösungsansatz: Public Affairs kann und soll diesen Personen klare, kleine Arbeitsaufträge erteilen (Stichwortzettel, Gesprächsaufforderung, etc.) und die Manager machen lassen; auf Arbeitsebene mit den Mitarbeitern der Entscheidungsträger wird diese Vorgangsweise besprochen, womit das Vorgehen zumindest beobachtet oder auch eingefordert werden kann.

➢ **Kompetenzzuteilung**: Manche Public-Affairs-Experten werden mit einer Menge an Banalitäten, wie etwa Briefe für den Vorstand schreiben, zugeschüttet. Zeit für die wirklich wichtigen Dinge bleibt keine.

Lösungsansatz: Job-Discription, Delegieren.

➢ **Personalpolitik**: Es kommt vor, dass Public-Affairs-Positionen mit „politischen Versorgungsjobs" besetzt werden, nicht jedoch nach professionellen Kriterien. Die Mitarbeiter der Abteilung oder die Kollegen Abteilungsleiter können Public Affairs damit nicht wie geplant umsetzen.

Lösungsansatz: Unternehmensinterne Aufklärung über Job-Discription, externe Experten zu Vorträgen ins Haus holen, Seminare, etc.

➢ **Schlechte Erfahrungen**: Die eine oder andere schlechte Erfahrung mit Politik oder Lobbying-Beratern seitens der leitenden Manager kann eine enorme Hürde für die internen Public-Affairs-Experten bilden. Die Entwicklung und Tätigkeit der Funktion wird unterdrückt oder behindert, aus Angst, dass sich die schlechte Erfahrung wiederholt.

Lösungsansatz: geduldig mit gutem Beispiel vorangehen, Vertrauen und Sicherheit aufbauen, vertrauenswürdige Experten ins Haus holen, Seminare, etc.

In der Arbeitsrealität tritt meist eine Mischung dieser, die Effizienz der Public Affairs hemmenden Faktoren in Erscheinung. Professionalität, Erfahrung und mitunter die Hinzunahme externer Public-Affairs-Experten sind meist ein praktikabler Weg, um zumindest einige dieser Faktoren aus dem Weg zu räumen. Allerdings muss angemerkt werden, dass es sich bei Public Affairs und Lobbying nicht um eine exakte Wissenschaft handelt und daher oftmals ausreichende Begründungen für Nutzen und Notwendigkeit nicht mit harten Fakten belegt werden können. Hier zählen dann Vertrauen und Kompetenz der handelnden Personen.

In jedem Fall ist die Organisation der Public Affairs eine Kernfrage für jedes Unternehmen und jede Organisation. Neben den genannten Aspekten der Eingliederung in eine bestehende oder die Errichtung einer eigenständigen Abteilung, spielen vor allem die Fragen der Arbeitsorganisation im Sinne der Effizienz und Effektivität eine zentrale Rolle. Aus der Praxis gibt es dazu einige Kardinaltugenden, die jedenfalls zu beachten sind – sowohl innerhalb einer Public-Affairs-Abteilung als auch betreffend die unternehmensinterne Organisation.

Organisation der Public Affairs

– Die Public-Affairs- und Lobbying-Funktion kann dem Unternehmen nur dann tatsächlichen Nutzen bringen, wenn die Zuständigkeiten, Arbeitsfelder und Kompetenzen klar definiert sind. Dies inkludiert die Stellung der Funktion innerhalb des Unternehmens, der Abteilung sowie die Schnittstellen mit anderen Abteilungen.

– Idealerweise verfügt der Public-Affairs- und Lobbying-Zuständige im Tagesgeschäft über einen möglichst kurzen Kommunikationsweg zur Unternehmensführung.

– Voraussetzung für die erfolgreiche Umsetzung dieser Agenden ist ein hohes Maß an Vertrauen des oder der Vorgesetzten in die für Public Affairs und Lobbying zuständigen Personen.

– Public Affairs und Lobbying sind planbar und über das Instrument des Projektmanagements darstellbar. Dies erleichtert die Arbeitsweise, klärt die Zuständigkeiten, macht Teilziele kalkulierbar und trägt den jeweiligen Reporting-Gepflogenheiten Rechnung. Allerdings darf die notwendige Planung nicht die erforderliche Flexibilität behindern.

– Gerade in der Phase der Etablierung der Funktion, aber auch für die laufende Arbeit ist die Nutzung externer fachliche Beratung und Unterstützung empfehlenswert.

Die ersten Schritte des Public-Affairs-Managements

Egal ob als erste Arbeitsschritte eines neuen Public-Affairs-Officers oder der generellen Gliederung des Aufgabenbereiches der Funktion, die nachstehenden fünf Ebenen sind die zentralen Arbeitsfelder der Public Affairs. Diese Arbeitsfelder bauen nicht nur aufeinander auf – effizientes Lobbying ist ohne saubere Analyse ebenso wenig möglich, wie eine nur oberflächliche Kenntnis der Stakeholder eine effektive Projektunterstützung nicht leisten kann – diese Arbeitsfelder sind außerdem weitgehend ineinander verschränkt. In der Praxis steht daher paralleles und kontinuierliches Vorgehen an der Tagesordnung. Diese Aufstellung kann auch als Leitfaden für die Erstellung einer Job- Discription von Public Affairs dienen.

(1) Issues-, Stakeholder- und Risiko-Analyse:

Beobachtung und Analyse der für das Unternehmen und seine Projekte relevanten gesellschaftlichen Gruppen und Akteure (Non-Governmental Organizations, Think Tanks, Studiengesellschaften, Forschungseinrichtungen, Bürgerinitiativen, Medien, Mitbewerber, internationale Gremien, etc.) sowie der betreffenden Issues (thematische Überschneidungen mit dem Unternehmen) und Ableitung eines Risiko-Assessments.

Jobs: Neben persönlichen Gesprächen sind dafür Publikationen, Medienberichte, Reden und Veranstaltungen zu analysieren, die Issues-Entwicklungen zu katalogisieren und die Risiken zu beschreiben und zu bewerten.

(2) Politisches Monitoring:

Beobachtung und Analyse der für das Unternehmen relevanten politischen Meinungsbildungs- und Entscheidungsfindungsprozesse durch Auswertung von Unterlagen, Berichten und persönliche Gespräche auf Arbeitsebene.

Jobs: Recherche von verfügbaren Dokumenten, Konzepten und weiteren Papieren der relevanten politischen Institutionen und Parteien (Punktationen, Entwürfe, Kommuniques). Recherche bei Mitarbeitern relevanter Entscheidungsträger (persönlicher Kontakt). Beobachtung und Vergleich mit der medialen Berichterstattung und Auswertung nach Unternehmensinteressen.

(3) Government Relations

Identifizierung und Dokumentation der für das Unternehmen relevanten Entscheidungsträger aus Politik, Parteien, Interessenvertretungen, Kammern und Verbänden (auf Bundes-, Landes-, kommunaler und eventuell EU-Ebene), Beobachtung unternehmensrelevanter politischer Maßnahmen und Entwicklungen.

Jobs: Erstellen, Pflege und Weiterentwicklung einer Government-Relations-Matrix. Planung der Kommunikation mit Entscheidungsträgern und Informationsgespräche auf Arbeitsebene.

(4) Lobbying

Inhaltliche und operative Vorbereitung sowie Unterstützung von Gesprächen zwischen der Unternehmensführung und den verantwortlichen politischen Entscheidungsträgern (Mitglieder der Bundes- und Landesregierungen, Spitzenbeamte, Parlamentsabgeordnete, Interessenvertreter) zur Kommunikation von Interessen und Positionen des Unternehmens.

Jobs: Vor- und Nachbearbeitung der persönlichen Gespräche auf Arbeitsebene. Erstellen von Gesprächsvorbereitungen und Briefings für die Unternehmensführung.

(5) Projektunterstützung

Planerische und operative Unterstützung von Projekten des Unternehmens im Hinblick auf deren politische und gesellschaftspolitische „Verträglichkeit" und Umsetzbarkeit. Lobbying reduziert dabei allfällige Widerstände aus dem gesellschaftspolitischen Umfeld und unterstützt die Projektrealisierung (Management sozialer und politischer Risiken).

Jobs: Beratende Begleitung der Projektplanung, Analyse der kritischen Aspekte, Beratung der Projektleiter bei der Umsetzung, projektvorbereitendes und begleitendes Lobbying.

Stellenausschreibung Public Affairs

Bisher sind Jobangebote für Public Affairs nur selten in den deutsch-sprachigen Tageszeitungen zu finden – nicht weil es diese Jobs nicht gäbe, sondern weil diese Positionen meist über Personalberatungs- & Recruit-ment-Firmen besetzt werden. Eine mustergültige Stellenausschreibung für Public Affairs könnte wie folgt aussehen:

Unser Unternehmen verfügt über vielfältige Verbindungen zu Gesellschaft und Politik, wobei wir unsere Anliegen und Interessen aktiv wahren. Zur Organisation unserer gesellschaftspolitischen Beziehungen suchen wir eine Expertin / einen Experten für

Public Affairs / Lobbying

Ihre Aufgaben: Zu Ihren Aufgaben zählen die kontinuierliche Beo-bachtung und die Analyse des gesellschaftlichen und politischen Umfeldes unseres Unternehmens. Sie halten laufend Kontakt zu gesellschaftlichen Meinungsbildnern sowie zu politischen Entscheidungsträgern, Verbänden und Nichtregierungsorganisationen. Ihre Analysen und Auswertungen dienen der Geschäftsleitung und den operativen Abteilungen neben Ihrer internen Beratungstätigkeit für das Management als Entscheidungs-grundlagen. Sie vertreten die Interessen unseres Unternehmens aktiv gegenüber Politik und Gesellschaft und arbeiten in dieser Funktion in enger Abstimmung mit Geschäftsleitung, Corporate Communications und Rechtsabteilung.

Ihre Qualifikation: Sie verfügen über mehrjährige Berufserfahrung im Bereich des politischen Managements, etwa bei einer Interessenvertretung oder als Mitarbeiter einer politischen Institution. In Ihrem Arbeitsstil sind Sie teamfähig, aktiv, aufgeschlossen und lösungsorientiert. Sie sind in der Lage, komplexe Zusammenhänge rasch zu analysieren und verfügen über exzellente sprachliche Mitteilungsfähigkeit. Ihr tief gehendes politisches Verständnis und Ihre Fertigkeit im Umgang mit politischen Prozessen unterstützen Ihren Gestaltungswillen. Eine abgeschlossene akademische Ausbildung ist von Vorteil, aber nicht Bedingung.

Unser Unternehmen: Unser Unternehmen ist …

Kontakt: Ihre schriftliche Bewerbung senden Sie bitte …

Exkurs: Public Affairs Code of Conduct

Vertrauen basiert bekanntlich auf Vertraulichkeit. Neben Offenheit und Transparenz sind dies die Grundprinzipien der politischen Beratung. Einen Überblick über die Leitprinzipien der Public-Affairs-Praktiker gibt nachstehender Code of Conduct, der auf Ebene der Europäischen Union etabliert wurde. Dieser Code of Conduct beruht auf Freiwilligkeit und ist als Selbstverpflichtung zu verstehen. In seiner Ausrichtung gibt er jedoch einen Einblick in Selbstverständnis und Arbeitsweise professioneller Public-Affairs-Berater.

Public Affairs Code of Conduct

This code of conduct applies to public affairs practitioners dealing with EU Institutions. As public affairs practitioners providing essential democratic representation to the EU institutions, the signatories to this code are all committed to abide by it, acting in an honest, responsible and courteous manner at all times.

In their dealings with the EU institutions public affairs practitioners shall:

(a) identify themselves by name and by company

(b) declare the interest represented

(c) neither intentionally misrepresent their status nor the nature of their inquiries to officials of the EU institutions nor create any false impression in relation thereto

(d) neither directly nor indirectly misrepresent links with EU institutions

(e) honour confidential information given to them

(f) not disseminate false or misleading information knowingly or recklessly and shall exercise proper awe to avoid doing so inadvertently

(g) not sell for profit to third parties copies of documents obtained from EU institutions

(h) not obtain information from EU institutions by dishonest means

(i) avoid any professional conflicts of interest

(j) neither directly nor indirectly offer nor give any financial inducement to any EU official, nor member of the European Parliament, nor their staff

(k) neither propose nor undertake any action which would constitute an improper influence on them

(l) only employ EU personnel subject to the rules and confidentiality requirements of the EU institutions

Any signatory will voluntarily resign should they transgress the code.

(Quelle:http://europa.eu.int/comm/secretariat_general/sgc/lobbies/code_consultant/code_en.htm)

Kapitel 9:
Schauplatz Medienöffentlichkeit – Public Relations als Public-Affairs-Technik

„Die öffentliche Meinung ist alles. Was im Einklang mit der öffentlichen Meinung steht, kann nicht fehlschlagen. Ohne diese gibt es keinen Erfolg. Deshalb hat der, der die öffentliche Meinung zu formen vermag, mehr Erfolg als der, der nur Regeln erlässt und Entscheidungen verkündet."

Abraham Lincoln, Präsident der USA 1861-1865

Auf einen Blick

Politik findet über weite Bereiche an der medialen Öffentlichkeit statt. Dennoch ist Öffentlichkeitsarbeit kein ausreichend probates Mittel, um an der politischen Entscheidungsfindung aus Unternehmenssicht mitzuwirken.

In diesem Kapitel erfahren Sie:

➢ Worin bestehen die operativen Unterschiede und Ergänzungen zwischen Public Affairs und Public Relations?
➢ Wie kann Medienarbeit für Public-Affairs-Ziele eingesetzt werden?
➢ Was kann Marketing-PR im Rahmen von Public-Affairs-Projekten leisten?
➢ Wie geht man mit Konflikten, Gerüchten und Druck von außen um?

Public Relations und Public Affairs – zwei Begriffe, die ähnlich klingen und oftmals miteinander verwechselt und vermischt werden. Beides sind Funktionen, die einem Unternehmen oder einer Organisation dabei helfen, sich selbst, seine Erfolge und Interessen gegenüber den jeweils relevanten Öffentlichkeiten darzustellen beziehungsweise durchzusetzen. Das gemeinsame Wort „public" suggeriert, dass sich beide Techniken um die Öffentlichkeit eines Unternehmens kümmern. Akademische Diskussionen um die Abgrenzungen und Zuordnung der beiden Techniken sind an der Tagesordnung – aus der Sicht des Unternehmens steht jedoch die Funktionalität, die Zweckmäßigkeit und der Nutzen beider Bereiche im Vordergrund. Überschneidungen und gegenseitige Ergänzungen der Disziplinen sind vorhanden, das einfache Gleichsetzen von Public Relations mit Public Affairs ist jedoch fern der Praxis.

Die Public Relations (PR) konzentrieren sich in der Praxis primär auf die Dialoggruppen Medien, Mitarbeiter, Kapitalmarkt und Kunden. Die

PR hat dabei, vereinfacht gesagt, das Ziel die Leistungen des Unternehmens und seines Managements gegenüber diesen Zielgruppen positiv darzustellen und die Tätigkeit des Unternehmens durch diese Rückkoppelung zu legitimieren. Public Affairs hingegen konzentriert sich auf die Wahrung und Durchsetzung der wirtschaftlichen und überwirtschaftlichen Interessen und Ziele des Unternehmens gegenüber jenen gesellschaftlichen Gruppen, die bestimmte Ansprüche im Verhältnis zum Unternehmen haben. Dabei geht es primär um die Institutionen und Personen der politischen Entscheidungsfindung auf lokaler, regionaler, nationaler und internationaler Ebene, um Regulatoren, Verbände, Kammern und Interessenvertretungen sowie Nichtregierungsorganisationen. Das Ziel der Public Affairs ist es, dieses unternehmerische Umfeld im Interesse des Unternehmens und seiner Zielerreichung zu beeinflussen. Kurz gesagt, Public Affairs beeinflusst die politischen Regeln und die Gestaltung des gesellschaftspolitischen Unternehmensumfeldes, während die PR danach trachtet, die öffentliche Wahrnehmung und die öffentliche Meinung zu beeinflussen. Oder anders gesagt, während sich die PR um die Darstellung an der – meist medialen – Öffentlichkeit kümmert, findet das Gros der Public-Affairs-Aktivitäten fernab der massenmedialen Wahrnehmungsgrenze statt.

Was ist Public Relations?

Über Public Relations und Öffentlichkeitsarbeit – beide Termini werden gemeinhin synonym verwendet – gibt es im deutschsprachigen Raum eine reichhaltige Tradition an einschlägiger wissenschaftlicher und praxisorientierter Literatur. Es wäre daher müßig, hier einen detaillierten Einblick in die PR-Disziplin zu geben. Dennoch ist es angebracht, einen kursorischen Überblick über PR zu geben, um die gegenseitigen Ergänzungsmöglichkeiten beziehungsweise Unterschiede herauszuarbeiten.

„Kaum ein Begriff wird so vielschichtig und vieldeutig verwendet wie Public Relations (PR)", schreibt PR-Profi Ansger Zerfass (www.pr-guide.de), der eine Vereinfachung des Begriffes im Sinne von Publicity („Ein PR-Gag") oder einzelnen Aufgabenfeldern wie der Pressearbeit nicht gelten lässt. Der Public Relations Verband Austria (PRVA) definiert PR ebenfalls als eine sehr breite Funktion: "Public Relations umfassen alle konzeptiven und langfristigen Maßnahmen eines PR-Trägers zur Wahrnehmung seiner Verpflichtungen und Rechte gegenüber der Gesellschaft beziehungsweise Öffentlichkeit mit dem Ziel, gegenseitiges Vertrauen aufzubauen und zu fördern." (www.prva.at)

Ähnlich argumentiert die Deutsche Public Relations Gesellschaft e.V. (DPRG). Demnach versteht man unter „Public Relations (*engl.-amerik.:* "öffentliche Beziehungen" beziehungsweise deren bewusste Gestaltung und Pflege) methodisches Bemühen eines Unternehmens, einer Institution, Gruppe oder Person um Verständnis und Vertrauen in der Öffentlichkeit durch Aufbau und Pflege von Kommunikationsbeziehungen". Die DPRG definiert Öffentlichkeitsarbeit als „das Management von Kommunikationsprozessen für Organisationen und Personen mit deren Bezugsgruppen in Form einer bewussten, zielgerichteten und systematischen Gestaltung dieser Kommunikationsinteressen". Die PR-Aktivitäten dienen demnach dem Ziel der systematischen Verbesserung der Kommunikation eines Unternehmens, und zwar durch einen sachlichen, verständlichen und überprüfbaren Informationsaustausch. „PR-Aktivitäten streben daher nicht die einseitige Übermittlung zweckbestimmter Informationen an, die das Denken und Handeln der Öffentlichkeit oder Teilöffentlichkeiten beeinflussen oder manipulieren sollen", so der DPRG. Öffentlichkeitsarbeit verfolge vielmehr das Ziel, „Kommunikationsprozesse durch kontinuierliche Förderung des gegenseitigen Informationsaustausches zu initiieren" (www.pr-guide.de). Die PR wird im Allgemeinen als gleichberechtigte Kommunikationsfunktion neben der Marktkommunikation, sprich dem Marketing, betrachtet.

Im Selbstverständnis umfassen Public Relations verschiedene Arbeitsschritte: Auf die Analysephase zur Beschreibung der Ausgangssituation des kommunikativen Beziehungsgeflechts baut die Planung von PR-Programmen oder PR-Konzepten mit der Auswahl der relevanten Kommunikationsstrategien auf. Darin enthalten sind strategische und operative Zielvorgaben sowie die geplanten Handlungspläne beziehungsweise die Formulierung der zum Einsatz kommenden PR-Instrumente.

Um diese Kommunikation zwischen Unternehmen und der Öffentlichkeit, die in Dialoggruppen eingeteilt wird, zu realisieren, verfügen die Public Relations über eine ganze Reihe an Instrumenten, die in Relation zur entsprechenden Aufgabe einzeln oder kombiniert zum Einsatz kommen (Darstellung nach: www.pr-guide.de; Bogner, 1990; www.prva.at).

Instrumente der Public Relations
- **Presse- und Medienarbeit** (Pressemitteilungen, Pressekonferenzen, Interviews, redaktionelle Beiträge, Imageanzeigen)
- **Dialog- und Eventkommunikation** (Seminare, Tage der offenen Tür, Dialogveranstaltungen, Hintergrundgespräche mit Meinungsführern)
- **Corporate Publishing** (Unternehmens-, Kunden- und Imagezeitschriften, Broschüren, Newsletter, Geschäftsberichte)
- **Interaktive PR** (Websites, E-Mail-Newsletter, Image-CD-ROMs)

- **Sponsoring** (öffentlichkeitswirksame Unterstützung von Veranstaltungen, Wettbewerben, Publikationen usw.)
- **Interne Kommunikation** (Mitarbeiterpublikationen, Intranet, Rundschreiben, Versammlungen, Feste)
- **Corporate Identity/Corporate Design** (Maßnahmen des einheitlichen Unternehmensauftritts in Sprache, Bild und Verhalten durch Leitbildentwicklung, Design-Manuals, Entwicklung von Corporate Wording)
- **Coaching/Medientraining** (Beratung und Unterstützung der Unternehmensleitung im Agieren gegenüber den Medien)
- **Investor Relations** (Informationsaktivitäten gegenüber Investoren, Analysten und Anlegern entsprechend der gesetzlichen Publizitätsverpflichtungen)
- Als **Spezialdisziplinen der PR** werden Instrumente oder Instrumentenbündel zur Bearbeitung spezieller Dialoggruppen genannt, wie etwa Öko-PR, Produkt-PR, Personen-PR oder Krisenkommunikation.

Interessanterweise wird auch Lobbying immer wieder als PR-Instrument geführt. Allerdings zeigt ein Blick in das PR-Lexikon (www.pr-guide.de) sofort, dass sich die PR zugleich wieder davon abgrenzt: „Lobbying: Strategien, die weniger auf einem wechselseitigen Informationsaustausch beruhen, sondern versuchen, politische Entscheidungsprozesse (z. B. unternehmensrelevante Gesetzesvorhaben) gezielt zu beeinflussen."

Die PR von Unternehmen wird entweder von unternehmenseigenen PR- oder Unternehmenskommunikations-/Corporate-Communications-Abteilungen oder in Zusammenarbeit mit externen PR-Agenturen umgesetzt. Die Deutsche Public Relations Gesellschaft e.V. (DPRG) hat ein Berufsbild der Kommunikationsexperten erstellt, das über Zielsetzung und Ausrichtung dieser spezialisierten Disziplin Auskunft gibt.

Ziffer 1: Öffentlichkeitsarbeit/Public Relations ist Management von Kommunikation

Öffentlichkeitsarbeit/Public Relations vermittelt Standpunkte und ermöglicht Orientierung, um den politischen, den wirtschaftlichen und den sozialen Handlungsraum von Personen oder Organisationen im Prozess öffentlicher Meinungsbildung zu schaffen und zu sichern.

Öffentlichkeitsarbeit/Public Relations plant und steuert dazu Kommunikationsprozesse für Personen und Organisationen mit deren Bezugsgruppen in der Öffentlichkeit. Ethisch verantwortliche Öffentlichkeitsarbeit/Public Relations gestaltet Informationstransfer und Dialog entsprechend unserer freiheitlich-demokratischen Werteordnung und im Einklang mit geltenden PR-Codices.

Öffentlichkeitsarbeit/Public Relations ist Auftragskommunikation. In der pluralistischen Gesellschaft akzeptiert sie Interessengegensätze. Sie vertritt die Interessen ihrer Auftraggeber im Dialog informativ und wahrheitsgemäß, offen und kompetent. Sie soll Öffentlichkeit herstellen, die Urteilsfähigkeit von Dialoggruppen schärfen, Vertrauen aufbauen und stärken und faire Konfliktkommunikation sichern. Sie vermittelt beiderseits Einsicht und bewirkt Verhaltenskorrekturen. Sie dient damit dem demokratischen Kräftespiel.

Voraussetzung für Öffentlichkeitsarbeit/Public Relations sind aktive und langfristig angelegte kommunikative Strategien. Öffentlichkeitsarbeit/Public Relations ist eine Führungsfunktion; als solche ist sie wirksam, wenn sie eng in den Entscheidungsprozeß von Organisationen eingebunden ist.

Ziffer 2: Kernaufgaben und Methodik der Öffentlichkeitsarbeit/ Public Relations

Öffentlichkeitsarbeit/Public Relations hat sechs Kernaufgaben, zusammengefasst in der Formel AKTION: Analyse, Strategie, Konzeption (Sachstands- und Meinungs-Analysen, Ziel-/Strategie-Entwicklung, Programmplanung), Kontakt, Beratung, Verhandlung, Text und kreative Gestaltung, (Informationserarbeitung und -gestaltung, Aufbereitung in Informationsträgern), Implementierung (Entscheidung, Ausplanung von Maßnahmen, Kosten und Zeitachse), Operative Umsetzung und Nacharbeit, Evaluation (Effektivitäts- und Effizienzanalysen, Korrekturen).

Ziffer 3: Berufsfeld Öffentlichkeitsarbeit Public Relations

Öffentlichkeitsarbeit/Public Relations ist in allen gesellschaftlichen Bereichen erforderlich. Da sich die Gesellschaft weiter ausdifferenziert, wächst dieses Berufsfeld; die Nachfrage nach Experten in der Öffentlichkeitsarbeit/Public Relations steigt. In Europa sind etwa 70.000, in Deutschland ca. 15.000 Personen (Stand: 1995) in der Öffentlichkeitsarbeit/Public Relations tätig, und zwar vorwiegend in Organisationen, Unternehmen, in Agenturen oder als selbständige/r PR-Berater/in sowie in Ausbildung, Forschung und Lehre.

Die PR hat sich in den vergangenen Jahrzehnten unzweifelhaft weiterentwickelt, wobei der Anspruch für den eigenen Tätigkeitsbereich immer breiter und vielfältiger wird. Weder an Aussagekraft noch an Charme verloren haben allerdings einige „Klassiker" der PR-Definitionen (nach: Bogner, 1990):

- „Tue Gutes und rede darüber." (Georg Volkmar Zedwitz-Arnim, 1978)
- „PR heißt Werbung um öffentliches Vertrauen." (Carl Hundhausen, 1969)
- „PR sind die geplanten Bemühungen die öffentliche Meinung durch positive Handlungen und durch zweiseitige informative Verbindung zu beeinflussen." (Scott M. Cutlip / Allen H. Center, 1952)

Medienarbeit aus der Sicht der Public Affairs

Obwohl oftmals bestritten, kommt der Medienarbeit im Rahmen der PR-Instrumente eine sehr zentrale Rolle zu. Medienarbeit, auch Presse-arbeit genannt, hat das primäre Ziel, unternehmensrelevante Aspekte in die massenmediale Berichterstattung einzuspeisen. Sie sorgt über diverse Instrumente dafür, dass ein gewünschtes mediales Abbild über die Tätig-keiten und Erfolge eines Unternehmens oder einer Organisation entsteht. Meist mit Erfolg, analysiert man die Inhalte der Tageszeitungen, Magazine, Fachpublikationen und elektronischen Medien. Die Kommunikations-wissenschaften haben denn auch eine jahrzehntelange Forschungstradition über den Zusammenhang zwischen dem Input durch die PR und dem Out-put der Massenmedien. Die wissenschaftliche Diskussion pendelt dabei zwischen gegenseitiger Abhängigkeit und eindeutiger Bestimmung der Medieninhalte durch die Pressearbeit.

Es ist klar, dass die Massenmedien in unserer Gesellschaft nicht nur eine zentrale Rolle im Sinne einer öffentlichen Bühne einnehmen, sondern zugleich Spiegelbild des gesellschaftlichen Lebens sind. Ohne Euphemismus lässt sich für viele gesellschaftliche Bereiche sagen, dass das, was nicht in den Massenmedien abgebildet ist, für einen großen Teil der Öffentlichkeit nicht existiert. Es ist ebenso unbestritten, dass die öffentliche Meinung di-rekten Einfluss auf die Gestaltung von politischen Inhalten hat. Bekannt ist auch die meist direkte und unmittelbare Auswirkung der öffentlichen Meinung, gespiegelt über die Medien, auf die politische Entscheidungs-findung und Willensbildung. Nicht nur in Wahlzeiten zeigt sich, wie sehr Politiker und Parteien auf das Barometer der öffentlichen Meinung achten. Etwa wenn eine Zeitung sich als Sprachrohr gegen den Einsatz von Gen-technik positioniert oder gegen eine anstehende Werkschließung mobili-siert und damit die Politik unter Zugzwang bringt.

Die Macht der Massenmedien die öffentliche Agenda mitzuformen und zu gestalten, ist nicht zu ignorieren. Untersuchungen haben bereits in den 1940er Jahren gezeigt, dass die Medien allerdings weniger vorgeben, wie die Medienkonsumenten über ein Thema denken sollen, sondern vielmehr strukturieren, worüber sie eigentliche nachdenken sollen. Aus der Vielzahl an Informationen wählen die Medien täglich oder stündlich jenen Ausschnitt der Wirklichkeit aus, den sie dann der Öffentlichkeit präsentieren. Die Medienarbeit muss daher darauf achten, bei diesem Selektionsmechanismus nicht durch den Rost zu fallen. Der zentrale Weg der Medienarbeit ist die Information von Journalisten als Gate-Keeper der Informationen zur Öffentlichkeit. Die Aufgabe der Journalisten besteht im Sichten, Selektieren, Analysieren, Interpretieren und Verdichten der auf sie einströmenden Informationen zu Medienberichten, die aus ihrer subjektiven Berufseinschätzung objektiv interessante oder notwendige Inhalte für die Öffentlichkeit sind.

Die Medienarbeit muss daher darauf abzielen, die Unternehmensinformationen so aufzubereiten und zu kanalisieren, dass sie den Weg in die Nachrichtensendungen beziehungsweise Zeitungsspalten finden. Zum Leidwesen aller Beteiligten wird dabei nicht selten davon ausgegangen, dass Journalisten entweder nicht von diesem Planeten wären oder aber es zumindest schlecht mit allem und jedem meinen. Der Punkt ist vielmehr, ob gute, richtige, sachliche und verwertbare Informationen zur Verfügung gestellt werden oder nicht. Der Firlefanz der in Sachen Medienarbeit mitunter inszeniert wird, von teuren Essen über lange Reisen oder so genanntes „Medien-Lobbying" bis zu spektakulären Events, kann nicht darüber hinwegtäuschen, ob die Information gut und relevant ist oder nicht. Wer seine Informationen und Argumente nicht in der Zeitung wiederfindet, ist meist selbst Schuld.

Hauptwerkzeuge der Medienarbeit
- Presseaussendungen
- Pressekonferenzen
- Hintergrundgespräche
- Einzelgespräche/Exklusivinterviews
- Fact-Sheets zu speziellen Themen
- Journalistenreisen oder -führungen/Betriebsbesichtigungen
- Grafik-Service/Foto-Service
- Jour fixes (regelmäßige Termine)
- Newsletter
- Chat rooms
- Rechercheunterstützungen

Journalisten haben meist implizite Vorstellungen davon, was das Publikum interessiert und wünscht. Die Kommunikationswissenschaft spricht daher von so genannten „Nachrichtenfaktoren", die für die Journalisten als Kriterien der Nachrichtenauswahl und -verarbeitung fungieren (nach: Burkart, 1998). Solche Nachrichtenfaktoren sind bestimmte Merkmale, die ein Ereignis aufweist und die über seinen Nachrichtenwert – sprich „Publikumswürdigkeit" – bestimmen.

Nachrichtenfaktoren für das „News Making":

- **Einfachheit**: Einfache Informationen werden bevorzugt, während komplexere Sachverhalte von Journalisten auf möglichst einfache Strukturen reduziert werden. (Motto: „Gen-Tomaten machen krank")
- **Identifikation**: Aufmerksamkeit wird erzeugt, indem über bereits bekannte Themen berichtet wird, Prominente zu Wort kommen oder mit Nachrichten, die eine räumliche, zeitliche oder kulturelle Nähe zum Publikum aufweisen. (Motto: „Bürgermeister sagt: Kein Neubau, Wald schützen")
- **Sensationalismus**: dramatische, emotional erregende Sachverhalte wie Unglücksfälle oder Krisen finden besonderen Anklang. (Motto: „Vorstand vor Rücktritt – Unternehmen schlittert ins Debakel")

Neben diesen drei zentralen Nachrichtenfaktoren gibt es einige andere Aspekte, die eine „gute Story" aus der Sicht der Medien ausmachen. Diese sind zum Beispiel:

- **Kontroversen und Konflikte** sind treibende Elemente. (Motto: „Vorstand uneinig. Streik geht weiter")
- **Ungerechtigkeiten und Schicksale** rufen Emotionen hervor. (Motto: „Betriebsrat: Wir werden wie Dreck behandelt")
- **Große Zahlen** bedeuten große Aufmerksamkeit. (Motto: „Aus für 100 Filialen")

Dieses Wissen angewandt für die Belange der Medienarbeit wird auch als „Spin Doctoring" bezeichnet, das zum Ziel hat, die Information verkaufbarer und für die Endkonsumenten besser verständlich zu machen. Weder können durch den richtigen Spin Journalisten getäuscht werden, noch kann der Spin den Inhalt ersetzen.

Für die Belange der Public Affairs ist zu berücksichtigen, dass die Massenmedien die Inhalte der öffentlichen Diskussion über Wirtschaft, Gesellschaft und Politik vorgeben und mitgestalten. Dazu kommt, dass sich die Politik der Massenmedien nicht nur als Transmissionsriemen zu den Wähler bedient, sondern auch als Diskussionsplattform für Ideen, Konzepte und Lösungsideen. Diese öffentliche Meinung – die mitunter einfach eine „veröffentlichte" Meinung ist – übt wiederum gestaltenden Einfluss auf die politische Willensbildung aus. Deshalb muss Public Affairs auch in Betracht ziehen, die mediale Berichterstattung mitzuformen. Zu berücksichtigen ist in diesem Zusammenhang auch ein politisches Grundprinzip, wonach ein Politiker, der gegenüber einem Medium zu einer Thematik einmal Stellung bezogen hat, aus Gründen der Glaubwürdigkeit von dieser Position nicht mehr abweichen kann. Aus der Sicht des Lobbyings wäre es daher müßig zu versuchen, diesen Politiker nach einer solchen Aussage von einem gegenteiligen Standpunkt überzeugen zu wollen.

Die Medienarbeit kann im Rahmen der Public Affairs als Instrument eingesetzt werden, wenn

- die Mitgestaltung der öffentlichen Meinung zu einem bestimmten Thema erforderlich ist,
- eine Rückkoppelung von Stakeholder-Dialogen in der Öffentlichkeit Sinn macht,
- der Politik öffentlich Zustimmung zu oder Protest gegen eine bestimmte Entscheidung signalisiert werden soll,
- die Öffentlichkeit für ein bestimmtes Anliegen sensibilisiert oder mobilisiert werden soll,
- im Rahmen des Issues-Management die Medien als Vermittlungs- oder Diskussionsplattform genutzt werden können.

Generell ist Public Affairs jedoch über viele Bereiche „non-public" und findet abseits der massenmedialen Wahrnehmung statt. Das heißt, dass Public Affairs oftmals damit konfrontiert ist, bestimmte Informationen aus der medialen Berichterstattung herauszuhalten, oder eine Berichterstattung zu verhindern beziehungsweise in Grenzen zu halten. Daher stellt sich der Public Affairs im Unterschied zur PR viel öfter die Aufgabe, möglichst wenig massenmediale Aufmerksamkeit zu erzielen oder eine Berichterstattung zu einem deutlich späteren Zeitpunkt zu initiieren, während die klassische Medienarbeit nach möglichst umfassender und frühzeitiger Information strebt.

Checkliste: Sieben Fragen zum Einsatz von Medienarbeit in der Public Affairs

1. Soll die Information wirklich an die Öffentlichkeit? Warum, warum nicht?
2. Nützt oder schadet eine mediale Darstellung der Zielerreichung?
3. Ist der gegebene Zeitpunkt der strategisch bestmögliche?
4. Welche Auswirkungen wird eine Veröffentlichung auf die Stakeholder haben?
5. Ist eine mediale Vorgangsweise wirklich die optimale Taktik? Gibt es Alternativen dazu?

6. Nützt es vielleicht nicht der Sache, sondern nur dem Darstellungs-
   drang des Unternehmens oder der Unternehmensleitung?

7. Oder wird der Weg an die Medien gar dazu verwendet, um der
   Politik „etwas auszurichten"?

Zusammenspiel von Public Affairs und Public Relations

Wie beschrieben, werden die Bezeichnungen Public Relations und Public
Affairs oftmals fälschlich gleichgesetzt. Im Kern geht es darum, welchen
Nutzen diese beiden Bereiche für das Unternehmen, seine Projekte und
seine Ziele erbringen können. Während im deutschsprachigen Raum die PR
bislang besser eingeführt und anerkannter ist, wird im angloamerikani-
schen Raum die PR der Public Affairs meist nachgeordnet. Anders gesagt,
konzentriert sich die von der Medienarbeit dominierte PR im deutschsprachigen Raum eher auf imagefördernde Maßnahmen. Public Affairs der
gängigen internationalen Ausprägung fragt hingegen immer nach dem
„value for money": Wie viel mehr Umsatz bringt Lobbying, welche Markt-
nischen können durch Issues-Management erobert werden und was ist der
Return-on-Investment eines Corporate-Citizenship-Programms. Daher liegt
bei multinationalen Unternehmen der Schwerpunkt meist bei Lobbying und
Issues-Management, nicht jedoch auf klassischer Öffentlichkeitsarbeit.

Aufgrund der speziellen Ausrichtung der Public Affairs sind die Auswirkungen und Beiträge dieser Managementdisziplin für die „bottom-
line" des Unternehmens meist einfach darstellbar. Denn das Ziel ist die aktive Mitgestaltung des unternehmerischen Umfelds zum Vorteil des Unternehmens. Aus der Sicht der Public Affairs ist die PR daher verantwortlich
für Aufbau und Pflege von Image, Reputation und Bekanntheit. Die Öffentlichkeitsarbeit soll die Arbeit der Public Affairs unterstützen, indem sie die
Ziele und Aktivitäten des Unternehmens erklärt, die Herstellung von Transparenz und Öffentlichkeit erwirkt sowie die handelnden Personen in der
medialen Öffentlichkeit positioniert.

Die Public Affairs bestimmt und definiert die Position des Unternehmens
in seinem Umfeld. Sie ist die „höchste Hierarchiestufe" (Stöhlker, 2001)
im Kanon der nach außen gerichteten Unternehmensbeziehungen. In der
Unternehmensrealität gibt es viele Möglichkeiten, wo sich Public Affairs und
Public Relations gegenseitig zum Vorteil des Unternehmens unterstützen
können, wobei es nicht wichtig ist, zu welchem Bereich die jeweilige
Technik zählt. Im Lobbying können politische Inserate mitunter ebenso
hilfreich sein, wie Pressekonferenzen. Corporate-Social-Responsibility-Pro-
gramme benötigen oftmals Events oder Publikationen, um Dialoge zu etablieren. Bei Issues-Management-Kampagnen wiederum kann mitunter der

fachkundige PR-Support ausschlaggebend sein. Mit einem Wort, Public-Affairs-Management greift in der Umsetzung konkreter Maßnahmen auf die PR-Techniken zurück. Für die Ziele der Public Affairs können nach Maßgabe diverse PR-Instrumente eingesetzt werden: Vom „Tag der offenen Tür" für Anrainer über Betriebsbesuche für Politiker bis hin zur Publikation von Büchern, Newslettern oder Flugblättern in Abstimmung mit der jeweiligen Stakeholder-Gruppe. Jedenfalls ist vor allem bei sensiblen Bereichen wie etwa Lobbying oder Stakeholder-Management immer genau zu überlegen, ob PR überhaupt sinnvoll ist. Denn manchmal ist es sicherlich besser, wenn ohne Einbeziehung der massenmedialen Öffentlichkeit gearbeitet wird.

Marketing-PR und Public Affairs

Integrated Marketing Communications, die Unterstützung des Marketings und der Markenführung, steht für die einen als Weiterentwicklung der klassischen PR, für andere wiederum als Rückschritt in Richtung „Publicity". Aus der Sicht der Public Affairs steht die mögliche Support-Funktion für die Erreichung der Unternehmens- und Marketingziele im Vordergrund. Etwa wenn es um den Schutz oder die Wiederbelebung von Marken und die Stützung des Produktverkaufs nach Werkschließungen oder Unternehmenskrisen geht, wenn geschlossene Kundengruppen entwickelt werden sollen oder wenn es um den Abbau von gesellschaftspolitischen Hürden im Bereich der Kundenbeziehungen geht.

Integrated Marketing Communications (IMC) geht von der Erkenntnis aus, dass die Konsumenten die Botschaften aus Werbung, PR und ihrer eigenen Wahrnehmung nicht getrennt aufnehmen, sondern sich aus diesen Komponenten ein eigenes, für sie stimmiges Bild zusammenstellen. Alle diese Informationen zusammengenommen bestimmen damit die grundsätzliche Einstellung zum Unternehmen, zu seinen Produkten sowie zur Marke und beeinflussen damit direkt die Kaufentscheidungen. Dieser Ansatz geht auf die so genannte Dissonanzforschung der Kommunikationswissenschaft zurück, die, einfach gesagt, erkannt hat, dass jeder Mensch bei gegenläufigen Informationen zu einem Thema danach strebt, diese Gegenläufigkeit (Dissonanz) zugunsten einer einfachen Einstellung zu ändern.

Die Konsumenten sehen die Werbung eines Produktes, lesen in den Medien einen Bericht über das Unternehmen, sehen und fühlen das Produkt in einem Geschäft und haben von einem Bekannten gehört, dass dieser mit dem Produkt zufrieden ist. Ein Interview im Fernsehen mit dem Geschäftsführer, der positive Signale sendet, rundet das Bild noch ab. Sind diese Aspekte übereinstimmend, begründen sie eine Kaufentscheidung. Jedwede Störung der Konsistenz dieser Botschaften kann allerdings umgehend die Einstellung zum Unternehmen und zum Produkt ändern. Schließt etwa ein Unternehmen eine Produktionsstätte, werden die Konsumenten verunsichert.

Empfiehlt dann beispielsweise ein Verkäufer in einem Geschäft ein Produkt dieses Unternehmens, wird der Informationsbaustein „Werkschließung" aus dem Gedächtnis geholt und kann dazu führen, dass der Konsument das Produkt nicht kauft, weil er die Werkschließung mit dem Ende des Produktes gleichsetzt. Schlägt auch noch der Mitbewerb in diese Kerbe oder äußert sich ein Politiker kritisch über die Werkschließung, kann dies unwiederbringlichen Schaden für die Marke und den Produktabsatz bewirken. Auf Basis der entsprechenden Vorbereitung müssen bei diesem Beispiel etwa rechtzeitig die jeweils richtigen Informationen in die unterschiedlichen Kanäle eingespeist werden, um diese Folgewirkung zu verhindern.

„IMC konzentriert sich darauf, was die Konsumenten über ein Unternehmen, ein Produkt wissen wollen und müssen. Nicht darauf, was ihnen Marketing erzähle möchte", meint Thomas L. Harris, Autor des Buches „Value Added Public Relations" (Harris, 1998). IMC wird dabei verstanden als „der Prozess des Managements aller Informationen über ein Produkt oder Unternehmen, denen die Konsumenten und potenziellen Konsumenten ausgesetzt sind, im Wissen, dass diese Informationen die Kaufentscheidung und Kundenloyalität bestimmen". Dabei versteht Harris die PR im Rahmen des Marketings, die er als „Marketing Public Relations (MPR)" bezeichnet, als „Glaubwürdigkeitsquotienten" und begründet den Einsatz von Öffentlichkeitsarbeit als Marketingunterstützung damit, dass Werbung und Marketing ihre Glaubwürdigkeit verloren hätten. Der PR wird dabei die Rolle zugewiesen, über Medienarbeit die Marketingbotschaften zu verstärken, Erklärungen über komplexe Zusammenhänge an die Konsumenten und Meinungsführer zu kommunizieren, die relevanten übergeordneten Issues zu transportieren und die Auswirkungen von Krisen für den Produktabsatz zu minimieren. In anderen Worten: „Marketing communications gives consumers a reason to buy. Corporate communications gives them the permission to buy".

Zusammengefasst steht Marketing Public Relations für den Einsatz von PR-Techniken für die Erreichung von Marketing-Zielen. Der Zweck und die Aufgabe von MPR ist es, Aufmerksamkeit zu erreichen, den Verkauf zu stimulieren, Kommunikations- und Informationsplattformen zu errichten und Beziehungen zwischen dem Unternehmen, der Marke und den Produkten auf der einen Seite, und den Konsumenten, den Medien, Investoren und Händlern auf der anderen Seite zu errichten. Eine zentrale Rolle nimmt dabei die Reputation des Unternehmens ein, die diese Beziehungen wesentlich bestimmt. Es ist dokumentiert, dass die Reputation des Unternehmens oder der Marke in der Wahrnehmung der Konsumenten wichtiger ist als die Qualität der Produkte. Denn selbst bei Produktproblemen kann die Reputation das Kundenvertrauen weiter halten.

Als das **US Postal Service** (USPS) 1992 eine Briefmarke mit dem Konterfei von Elvis Presley auf den Markt brachte, hätte dies auch für eine einmalige Medienberichterstattung gereicht. Doch USPS kreierte daraus eine aufsehenerregende und reputationsfördernde Kampagne, die mehr als ein Jahr lief. Die zur Auswahl stehenden Designs wurden im Hilton Las Vegas bekannt gegeben, just jenem Ort, an dem Elvis 839 ausverkaufte Konzerte gab. Diese Veranstaltung wurde landesweit im Fernsehen übertragen und durch eigene Archivberichte der TV-Stationen über Elvis flankiert. Fünf Millionen Postkarten in Form von Stimmzetteln wurden gratis über die Postämter verteilt, womit die Konsumenten abstimmen konnten, ob ein junger oder älterer, ein schlankerer oder rundlicherer Elvis auf der Marke abgebildet sein sollte. Priscilla Presley, Elvis' Tochter nahm einige Monate später selbst die Präsentation des Siegersujets in Memphis vor – über eine Million Amerikaner hatten ihre Stimme abgegeben. 10 Monate nach dem Start der Kampagne, am 8. Jänner 1992, dem 58. Geburtstag von Elvis Presley, wurde in Graceland die Marke mit dem Ersttagsstempel der Öffentlichkeit präsentiert. Daraus entstand ein tagelanger Medien-Hype. Die ersten beiden Auflagen von in Summe 500 Millionen Elvis-Marken war rasch ausverkauft und die Elvis-Marke wurde zur meist verkauften Briefmarke der USA aller Zeiten. Die Kosten für die Postkarten, die zur Abstimmung über das Design aufgelegt wurden und mit einer Briefmarke versehen werden mussten, wurden sogar mit Gewinn wieder eingenommen. T-Shirts, Kaffeebecher und ähnliche Merchandising-Produkte rund um die Elvis-Marke waren ebenfalls ein wirtschaftlicher Erfolg. Das US Postal Service, ein staatliches Unternehmen, konnte durch diese Kampagne seine Reputation deutlich und nachhaltig verbessern.

Der Motoröl-Produzent „**Valvoline**" suchte nach neuen Wegen, um seinen Produktverkauf zu fördern und fand über eine Studie heraus, dass die meisten Konsumenten ihre Kaufentscheidung auf Basis der Empfehlung von Automechanikern trafen. Davon gab es in den USA. Anfang der 1990er Jahre über 700.000, allerdings gab es keinen Berufsverband. Valvoline suchte nach Möglichkeiten, diese Automechaniker als Multiplikatoren für ihre Produkte zu gewinnen, da die Werbung adressiert an die Endkonsumenten keine Impulse mehr setzen konnte. In Fokus-Gruppen mit den Mechanikern wurde deren Bedarf an mehr technischer Information speziell über Motoröle und der Wunsch nach mehr Anerkennung ihres Berufsstandes herausgefunden. Valvoline entwickelte daraufhin ein Magazin, zugeschnitten auf die Informationsbedürfnisse der Automechaniker mit Schwerpunkt auf regelmäßige technische Information über Motor- und

Schmieröle sowie das Berufsbild der Mechaniker (Weiterbildungs-möglichkeiten, etc.). Weiters wurde das „Valvoline Institute of Technology" gegründet, das Weiterbildungsveranstaltungen und Informationsmaterialen für Automechaniker erstellte. Valvoline stieg auch in das Sponsoring von Autorennen ein und kooperierte mit diversen relevanten Industrieverbänden bei Veranstaltungen. Eine Befragung nach einigen Jahren ergab, dass 28 Prozent der Automechaniker Valvoline-Produkte bevorzugten. Vor Beginn der Aktivitäten waren es 19 Prozent gewesen. Damit übernahm Valvoline die Marktführung in diesem Segment. Die jährlichen Imagestudien über Automechaniker wurden von Valvoline landesweit über Inserate veröffentlicht und das Magazin entwickelte sich zu einem der führende Medien der Branche. Valvoline hat damit nicht nur seine Marketingziele erreicht, sondern sich auch als Hauptansprechpartner für die Automechaniker etabliert.

Als das Unternehmen „Calgene Fresh" die erste **gentechnisch veränderte Tomate** mit dem Namen „Flavr Savr" entwickelt hatte, machten Konsumenten- und Umweltschutzorganisationen klar, dass sie verhindern wollten, diese Tomate auf den Markt zu bringen. Die Analyse der vorhergegangenen Medienberichterstattung zum Thema GMO (genetically modified organism; gentechnisch veränderte Lebensmittel) hatte eine Dominanz der Ablehnung von GMO und das Bild von „verrückten Forschern" ergeben. Der Gedanke an GMO-Tomaten, die angeblich besser schmecken sollten, rief Ängste hervor. Begriffe wie „Killer-Tomate" und „Frankenfood" herrschten vor. Im Februar 1993 wurde daher eine US-weite, repräsentative Umfrage bei Konsumenten durchgeführt, die ergab, dass überhaupt nur 23 Prozent dem Thema Aufmerksamkeit schenkten. 42 Prozent standen GMO-Lebensmitteln neutral und 27 Prozent positiv gegenüber. Weiters ergab die Studie, dass die Konsumenten generell zu wenig über diese Thematik wussten und daher tendenziell negativ eingestellt waren. Darauf aufbauend wurde eine Informationskampagne entwickelt, die weitgehend ohne Massenmedien agierte. Lange vor der Markteinführung wurden Seminare und Vorträge über GMO und die GMO-Tomate bei Ärzten, Diätassistenten, Köchen, Vertretern der Gemüseindustrie und des Lebensmittelhandels organisiert. Die Food and Drug Administration (FDA, zuständig für Zulassungen in den USA) wurde mit Studien und wissenschaftlichem Material versorgt. Am Tag der FDA-Zulassung startete die Medienarbeit, die sich vor allem auf den Nutzen und die Vorteil der GMO-Tomate für Konsumenten und die Landwirtschaft konzentrierte. So wurde etwa kommuniziert, dass die GMO-Tomate langsamer reift, länger an der Rispe hängt, die Ernte während des gesamten Jahres möglich ist und die gepflückte GMO-Tomate deutlich länger haltbar ist. Über Fotos und Filmmaterial wurde dokumentiert, dass die GMO-Tomate nicht anders wächst oder anders aussieht, als herkömmliche Tomaten. Ernährungsexperten und Köche gaben Tipps für den Einsatz der GMO-Tomate in der Küche. Um die zu erwartenden Demonstrationen und Boykottaufrufe, die auch stattfanden, in ihrer Wirkung zu minimieren und den Druck von den großen Lebensmittelketten zu nehmen, erfolgten die ersten Lieferungen nur an einige kleine, privat geführte Lebensmittelgeschäfte in Chicago und einer kalifornischen Kleinstadt. Dadurch wurde jedoch auch die Nachfrage stimuliert, was zuerst zu Lieferengpässen und später zu einem hohen Absatz führte. „Altered Tomato a Smash Hit at Market" titelte die Chicago Sun-Times.

(Beispiel nach: Harris, 1998)

Konflikte, Gerüchte und Druck von außen

Unternehmen sind laufend mit Interessenskonflikten konfrontiert, aus denen in Folge Krisen entstehen können. Allerdings sind auch nicht-krisenhafte Konflikte zwischen Unternehmensinteressen und den Interessen externer Stakeholder wie Sand im Getriebe eines Unternehmens, der die laufende Arbeit stört: etwa wenn die Politik Eigeninteressen gegenüber dem Unternehmen kommuniziert, die Medien einen Konflikt herbeischreiben oder einzelne Gruppen sich zum eigenen Vorteil am Unternehmen „reiben", also Konflikte und Widersprüche schüren, um ihre eigene Wahrnehmung zu steuern. Egal ob es sich um Betriebsan- oder -absiedelungen handelt, um den Transport von gefährlichen Gütern, Verhandlungen mit dem Betriebsrat, den Abbau von Mitarbeitern oder den Bereich der Mergers & Acquisitions – Spannungsfelder der Interessensgegensätze sind an der Tagesordnung. Der Druck von außen auf das Unternehmen variiert in der Höhe, ist aber stets – zumindest latent – vorhanden.

Alles ist Krise! Der Begriff „Krise" wird heute sehr rasch verwendet, um eine aus Unternehmenssicht unbefriedigende Situation zu beschreiben. Auf Halde produzierte Krisenmanagementpläne tendieren nicht nur dazu, ein starres Verhaltensmuster auszuprägen, sondern auch dazu, aus eher kleinen punktuellen Konflikten durch das Wort „Krise" eine solche tatsächlich herbeizuführen. „Krise" stammt vom griechischen „krisis" ab und steht für den Bruch einer kontinuierlichen Entwicklung. Gemeinhin versteht man heute unter einer Krise eine gefährliche Situation oder den Höhepunkt einer gefährlichen Entwicklung. Einer Krise geht meist ein Konflikt voraus und jeder Konflikt hat mindestens zwei Parteien, „wobei eine Seite etwas beansprucht, was die andere Seite nicht annimmt, ignoriert oder zurückweist" (Stöhlker, 2001). Aus einem nicht bereinigten Konflikt kann eine Krise entstehen. Bei Konflikten und Krisen ist der Ausgang ungewiss, jedoch besteht bei beiden die Möglichkeit, Verlauf, Eskalation und Ergebnis zu beeinflussen. Anders bei Katastrophen: darunter werden Ereignisse mit verheerendem oder tödlichem Ausgang verstanden, etwa große Unfälle oder Naturkatastrophen.

Einen wesentlichen Treiber im Entstehen von Konflikten und Gerüchten stellen die Medien dar. Entsprechend der genannten Nachrichtenfaktoren, die als Grundlage der Nachrichtenselektion dienen, sind Kontroversen und Konflikte, Ungereimtheiten und der Drang zum Sensationellen ein Nährboden für die Veröffentlichung von Gerüchten. Mit Quellenangaben wie „aus gut informierten Kreisen" oder „Insider wissen" lassen sich aus Mediensicht recht einfach Interessenskonflikte schüren. Damit wird etwa die Tatsache, dass ein Vorstand seinen Rücktritt beim kommenden Aufsichtsrat bekannt geben will, die Aussage „Frustrierter Vorstand wirft das Handtuch und bringt das Unternehmen in die Krise". Neben den Nachrichtenfaktoren spielen zumindest zwei weitere Aspekte eine wichtige Rolle dabei, warum Medien solche Aspekte aufgreifen. Zum einen der alte Grundsatz der Medienwelt „only bad news are good news", der das basale Interesse der Medien am Konflikt begründet, und zum anderen der massive Wettbewerb der Medien untereinander, der im Rennen um Exklusivgeschichten mit „geheimen Dokumente" und „Insiderwissen" einen seiner zentralen Ausformungen einnimmt.

Aufgrund der nach wie vor stark steigenden Personalisierung der Medienberichterstattung, wird allerdings zunehmend auch die fragwürdige Technik der „Character Assassinations" aus den politischen Wahlkämpfen in die Wirtschaftsberichterstattung übernommen. Die Medien brauchen „Köpfe" zu den Berichten, während die PR zugleich massiv auf die Koppelung von Unternehmensbotschaften mit den Personen der Geschäftsführung setzt. Die Zeitungen und Magazine sind daher voll mit tennisspielenden Vorstandsvorsitzenden, Politikern als Marathonläufern, Generaldirektoren am Frühstückstisch und diversen Home-Stories, mit denen Einblicke in das Privatleben der Akteure geboten wird. Diese an sich durchaus vorteilhafte Personalisierung führt aber auch dazu, dass es nach kurzer Zeit nichts mehr Neues über die Personen zu sagen gibt und zugleich die Distanz zwischen Journalisten und Wirtschaftskapitänen oder Politikern sehr gering wird. Aus dieser Nähe, dem Drang zum Sensationalismus sowie dem Zwang der News-Wertigkeit resultiert, dass die Grenzen der Berichterstattung immer weiter ausgedehnt werden.

„Character Assassination" heißt, die Persönlichkeit der handelnden Person in die Nachricht einzubringen, um damit der Geschichte einen gewissen Spin zu geben beziehungsweise die journalistische Argumentation zu begründen. Dabei werden täglich neue Grenzen gesprengt: Private oder ethische Vergehen werden ebenso unterstellt, wie eine schlechte Managementpraxis oder ein angeblich ausufernder Lebensstil. Das alles ist auch in durchwegs seriösen Medien im Bereich der Wirtschaftsberichterstattung zu finden. Das lautet dann etwa so: „Kollegen erkennen längst Amtsmüdigkeit", „Insider wissen um die Alkoholprobleme des Vorstandes", „von Mitarbeitern als entscheidungsschwach kritisiert" oder „vom Eigentümer längst fallen gelassen". Quellen für diese Aussagen gibt es dabei kaum – warum auch, der Zweck der „Character Assassination" ist auch so erfüllt.

Generell sollte davon ausgegangen werden, dass Journalisten grundsätzlich kein Eigeninteresse an der einzelnen Berichterstattung haben, sondern nur der Vermittlung von Nachrichten verpflichtet sind. In jedem Fall haben Gerüchte oder Angriffe auf die Persönlichkeit immer eine Quelle. In aller Regel zeigt sich, dass es sich dabei um Personen oder Gruppen handelt, die ihre Interessen damit kommunizieren wollen, indem sie andere attackieren oder denunzieren und dabei an die Medien gehen, allerdings selbst in Deckung bleiben. Ein klassischer Fall eines Interessenskonfliktes. Meist sind es ähnliche Muster, die hinter diesem Prinzip stehen:

– Mitarbeiter oder Kollegen, die aus persönlicher, inhaltlicher oder politischer Differenz bestimmte Informationen an die Medien weitergeben.

– Unternehmensinterne „Oppositionen", die die mediale Berichterstattung gemäß ihrer Interessen steuern will.

– Aufsichtsratsmitglieder oder Beiräte, die bei den Journalisten als „heiße Informationsquelle" Anerkennung suchen.

– Frustrierte Mitarbeiter oder Ex-Mitarbeiter, die eine „offene Rechnung begleichen" wollen.

– Mitbewerber, die über das Streuen von Gerüchten und Hintergrundinformationen das Image des Unternehmen beschädigen wollen.

All das wird natürlich nie zugegeben und von allen bestritten. Und dennoch: „geheime, interne Unterlagen" sind ebenso eine beliebte Quellenangabe wie der Bezug auf „wohlinformierte Kreise". Für den Umgang mit Gerüchten und Konflikten, die über die Medien ausgetragen werden, gibt es kein allgemein gültiges Rezept, sondern nur einige praxiserprobte Merksätze.

Anleitung für den Umgang mit Gerüchten und Konflikten
– Rationales kann nicht mit Emotionalem beantwortet werden und umgekehrt.
– Ein Gerücht lautstark zu dementieren heißt, es de facto zu bestätigen.
– Wer angegriffen wird, soll die Ebene wechseln (zum Beispiel vom Persönlichen zum Inhaltlichen).

- Glaubwürdigkeit der Quelle in Frage stellen, nicht die Aussagen.
- Langatmige Antworten werden als Ausrede und Schuldeingeständnis gewertet.
- Nicht der Betroffene oder Angegriffene selbst soll antworten, sondern jemand rangniedriger an seiner Stelle.
- Deeskalieren: Besser als eine mediale Antwort ist fast immer das persönliche Gespräch.
- Mut zur Härte zeigt Führungsqualitäten: Konsequenzen für die „Quelle" zum Beispiel.

Vielfach kommen Unternehmen schon alleine deshalb in Krisen oder krisenähnliche Situationen, weil sie im Umgang mit Druck von außen nicht geübt sind. Die medialen und politisch motivierten Angriffe auf Unternehmen haben seit den 1980er Jahren kontinuierlich zugenommen. Ein Ende dieses Trends ist nicht zu erwarten, da jedes Unternehmen für die um Auflage bemühten Medien ebenso wie für Aufmerksamkeit suchende Politiker und Stakeholder eine gute Plattform bilden. Treten solche Anspruchsgruppen in einen öffentlichkeitswirksamen Widerspruch zum Unternehmen, üben sie Druck aus und können dadurch den Handlungsspielraum des Unternehmens stark einengen.

Der militärische Ausdruck „Angriff" ist aus Unternehmenssicht wohl besser mit Druck zu übersetzen, was auch dem bekannten Begriff der „Pressure Groups" und ihrer Vorgangsweise entspricht. „Pressure Groups" – im positiven wie negativen Sinne – haben das Ziel, durch die Fokussierung auf ein bestimmtes Anliegen ein spezifisches Ziel zu erreichen. Etwa die Änderung eines Verhaltens, die Abweichung von einem Plan, das Herstellen von Öffentlichkeit für einen behaupteten Missstand oder die Durchsetzung eines Interesses. Auch Unternehmen bedienen sich mitunter recht erfolgreich dieser Technik einer Pressure Group, etwa in Form eines Zusammenschlusses mit anderen Unternehmen, um ein bestimmtes für alle Beteiligten gleich relevantes Ziel zu erreichen. In der anderen Ausprägung allerdings wenden sich Pressure Groups gegen Unternehmen.

Um mit diesem externen Duck aus Unternehmenssicht umgehen und die entsprechenden Reaktionen darauf formulieren zu können, ist es primär notwendig, das Funktionsprinzip von Pressure Groups zu kennen und zu verstehen. Folgende Aspekte (nach: Stöhlker: 2001) sind das grundsätzliche Handlungsmuster bei Druck von außen:

Under Pressure: Wie Unternehmen unter Druck gesetzt werden

➢ **Imageschaden**: Mit dem Ziel, einen möglichst hohen Schaden an Image und Reputation zu erzielen, wird etwa versucht, mit Studien, selektiv interpretierten Forschungsergebnissen oder Bildmaterial die eigene Argumentation sowohl inhaltlich als auch in ihrer kommunikativen Wirkung zu überhöhen. Bestes Beispiel dafür sind die behaupteten Folgen der Gentechnik mit kursierendem Bildmaterial à la „Tomaten mit Ohren", etc.

➢ **Medien als Multiplikatoren**: Dramatisierung und Inszenierung sind ein Wesenselement beim Ausüben von Druck. Dabei wird der Auflagen- beziehungsweise Reichweitendruck sowie der Verdrängungswettbewerb der Medien gekonnt genutzt, um ein Unternehmen anzugreifen. Frei nach dem Motto: eine Ankettung von Aktivisten ohne TV-Kamera hat de facto nicht stattgefunden. Ein Politiker, der ein Unternehmen skandalisiert, wird die diesbezügliche Aussage daher auch nicht „nebenbei" fallen lassen, sondern entsprechend professionell inszenieren.

➢ **Überprüfbarkeit von Fakten und Zahlen ausschalten**: Was in der inszenierten, massenmedialen Skandalisierung als erstes gesagt oder behauptet wird, bleibt hängen. Alle darauf folgenden Argumente werden auf Basis der Erstinformation eingeschätzt und haben kommunikationspsychologisch betrachtet bereits weniger Glaubwürdigkeit. Diesem Gesetz folgend, sind waghalsige Behauptungen, Horrorzahlen oder konstruierte Argumente Teil des Angriffs – wissentlich, da Unternehmen darauf berichtigend Stellung nehmen wollen und dabei in die Glaubwürdigkeitsfalle tappen. Der Angriff von Greenpeace auf den Plan von Shell, die Ölplattform Brent Spa zu versenken, wurde primär mit einer falschen Angabe über die in der Plattform befindliche Ölmenge geführt. Greenpeace gestand die falsche Zahl im Nachhinein auch ein, die „richtige" Mengenangabe von Shell wollte in der Diskussion aber keiner mehr hören.

➢ **Solidarisierung mit den „Opfern"**: Vierter Faktor ist die Möglichkeit der Identifikation von breiteren Gesellschaftsschichten, die beim Angriff auf ein Unternehmen geschaffen werden muss. Darunter fallen die Argumentation „Privilegien-Ritter versus Normal-Bürger", „geheime Machenschaften versus öffentliches Interesse" oder „wenn hier nicht Einhalt geboten wird, droht eine Kettenreaktion, von der alle betroffen sind". Alle diese Solidarisierungsargumente sollen einen möglichst hohen Identifikationsgrad auslösen.

Ihren Ansatzpunkt finden diese Prinzipien des Drucks von außen bei allen Unternehmen dort, wo Risikofaktoren vorhanden sind. Die Bandbreite der potenziellen Risiken, die im Rahmen der Risikoanalyse erhoben werden sollte, ist denkbar breit. Bei Pharmaunternehmen kann es der Bereich der Produktsicherheit oder der Nebenwirkungen von Medikamenten ebenso sein wie der Einsatz von Gentechnik. Bei einem Transportunternehmen beispielsweise die Beförderung von Gefahrengütern, bei einem Ex-Monopolisten die Personalgestion, bei einem Mobilfunkbetreiber die elektromagnetischen Strahlen, etc. Jedes Unternehmen hat seine Risiken, die Ansatzpunkte für Druck und Skandalisierung von außen sind.

Auf der Basis dieser Funktionsweise sowie der Erfahrung von Unternehmen basiert nachstehende Checkliste für die Bewertung der potenziellen Auswirkungen von externem Druck (nach: Winter / Steger: 1998):

Umgang mit Druck von außen: Welche Fragen stellen sich jene, die ein Unternehmen von außen attackieren?

1. **Plausibilität**: Sind die Argumente gegen das Thema plausibel? – Wenn das Argument plausibel und tendenziell glaubwürdig ist und von den Menschen subjektiv als richtig empfunden werden kann, lässt es sich einfach thematisieren.

2. **Emotionalität**: Sind Emotionen mit dem Thema verbunden? – Je höher die Emotionalisierbarkeit bei einem Thema ist (Wertempfinden, wider den guten Glauben, etc.), desto einfacher ist die Skandalisierung.

3. **Verständlichkeit**: Ist das Thema der Öffentlichkeit verständlich? – Je einfacher das Thema dargestellt werden kann (keine komplexen Zusammenhänge, nicht zu viele Zahlen, etc.), desto höher ist der Grad der Identifikation.

4. **Inszenierbarkeit**: Ist das Thema für Massenmedien geeignet? – Ohne massenmediale Inszenierung kein Angriff. Hier zählt: Bekanntheit des Unternehmens, der Unternehmensführung, gibt es eine „Tradition" von Vorfällen, etc.

5. **Kampagnenfähigkeit**: Sind Verbindungen mit anderen Aspekten („jetzt auch das noch") des Unternehmens gegeben? – Je mehr Verbindungen herstellbar sind, desto einfacher die Kampagnisierung.

6. **Eigene Mächtigkeit**: Wie stark ist die Pressure Group, der Aktivist? – Die öffentlich zuerkannte Medienmacht, Bekanntheit und Identifikation mit dem Thema sind maßgeblich für die Wirkung.

7. **Alleinstellung des Angegriffenen**: Wie isoliert ist das Unternehmen? – Angegriffen werden primär einzelne Unternehmen,

nicht ganze Branchen, weil die Herstellung des „Feindbildes" damit einfacher ist.

8. **Karriere des Themas:** Wie weit hat sich das Thema bereits entwickelt? – Je krisenhafter die Diskussion, umso massiver die Angriffe/Vorwürfe. Aber auch der Überraschungseffekt ist ein wesentliches Element um Druck auszuüben.

9. **Einfachheit der Lösung**: Wie einfach ist die Lösung (angebotene Lösung versus eigene Lösung)? – Wenn die von außen angebotene Lösung einfach und verständlich ist, wird diese von der Öffentlichkeit eingefordert werden.

Kapitel 10:
Hired Guns – Was kann externe Public-Affairs-Unterstützung leisten?

„Die politischen Berater sind moderne Ritter: Sie werden von Politikern (Anmerkung: und Unternehmen) *angeheuert, um politische Macht zu gewinnen und zu erhalten. Und sie werden dafür auch fürstlich bezahlt".*

Newt Gingrich, ehemaliger Vorsitzender des US-Repräsentantenhauses

Auf einen Blick

Zur Optimierung des Public-Affairs-Managements von Unternehmen werden vermehrt externe Berater herangezogen. Sie unterstützen das Unternehmen durch „out-of-the-box"-Denken, zusätzliche Kompetenzen und ihren Erfahrungsschatz.

In diesem Kapitel erfahren Sie:

➢ Wann ist es sinnvoll, externe Lobbyisten und Public-Affairs-Experten zu engagieren?

➢ Was können externe Profis im Bereich Public-Affairs konkret leisten?

➢ Wie können externe Lobbyisten für die Ziele des Unternehmens nützlich sein?

➢ Worauf müssen Unternehmen bei der Auswahl von Public-Affairs-Beratern achten?

Wo früher eigene gute Kontakte und Erfahrungswissen ausreichten, muss heute professionelles Spezialwissen her. Professionelle Public-Affairs-Berater sind auf das Management der politischen Prozesse und des soziopolitischen Unternehmensumfeldes spezialisiert. Das ist ihr Job und ihr Arbeitsfeld, auf dem sie Know-how und Expertise ausprägen und anbieten. Sie agieren als Brücke zwischen Unternehmen und Politik, als Gesandte mit dem Auftrag der Interessensdurchsetzung und als Vermittler zwischen Unternehmen und Gesellschaft beziehungsweise Politik.

Die zentralen Aufgabenbereiche für die unternehmensexterne Public-Affairs-Profis engagieren sind:

– Unterstützung im Aufbau der Public-Affairs-Funktion im Unternehmen

- Unterstützung bei der Realisierung von Projekten
- Ergänzung der eigenen Kontakte und Aufbau von erforderlichen Kontakten
- Übernahme der Public-Affairs- und Lobbying-Agenden, wenn im Unternehmen diese Funktion nicht existiert
- Diese Aufgaben können projektbezogen oder dauerhaft von externen Beratern erledigt werden

Wann kommen externe Berater zum Einsatz?

Externe Berater oder spezialisierte Agenturen können dem Unternehmen helfen, ihr Public Affairs und ihr Lobbying effizienter zu gestalten. Hinzugezogen werden solche Experten daher entweder, wenn das Unternehmen selbst nicht in der Lage ist, Public Affairs und Lobbying umzusetzen, oder wenn diese Funktionen mit externer Hilfe aufgebaut werden sollen. Weiters besteht die Möglichkeit der projektspezifischen Zusammenarbeit oder wenn es darum geht, die im Unternehmen bestehende Kompetenz und die bestehenden Kontakte zu ergänzen.

Hilfe von außen anzunehmen und professionelle Interessensmanager über Verträge an das Unternehmen zu binden, ist international eine Selbstverständlichkeit. Im deutschsprachigen Raum entwickelt sich dieses professionelle Verständnis erst langsam – sowohl auf Auftraggeberseite als auch auf Auftragnehmerseite. Unternehmen scheuen sich mitunter, politische Beratung in Anspruch zu nehmen, in der Annahme, dass es dafür keine Notwendigkeit gäbe. Auf Auftragnehmerseite geht die erforderliche Spezialisierung und Professionalisierung ebenfalls noch recht zaghaft vonstatten – meist werden Lobbying und Public Affairs im Sinne eines nachfrageorientierten Nebenprodukts von klassischen Kommunikationsagenturen mitangeboten, wiewohl speziell Lobbying, aber auch Public Affairs, nicht so ohne Weiteres mit öffentlichkeitswirksamer Kommunikation konform gehen.

Die Arbeit der professionellen Lobbying- und Public-Affairs-Berater ähnelt der Tätigkeit von Anwälten, die ebenfalls die Interessen ihrer Klienten vertreten, ohne dabei viel Aufhebens zu machen. Sich im Lobbying oder der Public Affairs von Anbietern beraten zu lassen, deren Kerngeschäft in etwas anderem besteht, wäre so, als ob man sich in Rechtsfragen von Jura-Studenten im ersten Semester beraten lässt, während die Gegenseite mit einem halben Dutzend Profi-Anwälten erscheint.

Was kann eine professionelle Public-Affairs-Beratung leisten?
Unterstützung beziehungsweise Übernahme folgender Aktivitäten:
- Stakeholder- und Issues-Analyse sowie Management dieser Bereiche

- Unternehmens- beziehungsweise projektbezogene Risikoanalyse und Risikomanagement
- Strategieberatung für gesellschaftliche und politische Aspekte des Unternehmensgegenstandes
- Aufbau der Public-Affairs-Funktion
- Planung und Umsetzung von Public-Affairs-Aktivitäten, inklusive Corporate-Citizenship-Programm
- Lobbying und Government Relations
- Beschaffung und Auswertung von relevanten Informationen
- Zugänge zu Entscheidungsträgern ergänzen und errichten
- Gespräche mit Entscheidungsträgern im Auftrag oder gemeinsam mit dem Auftraggeber führen
- Netzwerke beobachten, initiieren oder bestehende an das Unternehmen anbinden

Generell können und müssen externe Berater alle jene Funktionen, Aufgaben und Fertigkeiten erfüllen, die auch für interne Public Affairs-Experten gelten (siehe Kapitel: „Kein Platz für Amateure"). Externe sind ebenso wie interne Public-Affairs-Manager in den relevanten Informationsfluss des Unternehmens einzubinden und sollten im Sinne der Effizienz direkten Zugang zur Entscheidungsfindung und zur Unternehmensleitung haben.

Bestimmende Elemente in der Zusammenarbeit mit externen Public-Affairs-Experten sind jedenfalls gegenseitiges Vertrauen, inhaltliche Vertraulichkeit und Verschwiegenheit sowie gegenseitige Offenheit. Speziell die Offenheit des Unternehmens gegenüber den politischen Beratern in allen Facetten und Aspekten der Interessen ist ebenso wichtig, wie die Einhaltung der Verschwiegenheitspflicht durch die Berater. All das setzt ein weit gehendes Vertrauensverhältnis voraus, das parallel zur Arbeit errichtet werden muss. Jedenfalls mit Vorsicht zu genießen sind sogenannte Lobbyisten, die sich am liebsten selbst in den Medien sehen und dort mit ihrem angeblichen Einfluss prahlen. Denn der professionelle Lobbyist agiert aus Selbstverständnis nun mal im Hintergrund und scheut die öffentliche Zurschaustellung seiner Person und seiner Klienten.

Gute Public-Affairs-Berater müssen nicht nur in der Lage sein, gute Ratschläge zu erteilen, sondern sie sollten auch wissen, wie dieser gute Rat praktisch umzusetzen ist. Neben der Planungskompetenz und der Umsetzungsstärke agieren professionelle Lobbying-Berater auch als kritische „Out-of-the-box"-Denker. Das bedeutet, sie bringen ihre Erfahrung und ihre Kompetenz ein, hinterfragen unternehmerische Entscheidungen auf ihre Umsetzungsmöglichkeit und sie beraten unter dem strategischen Gesichtspunkt, dass sie zwar im Auftrag und namens des Unternehmens agieren, aber dabei stets eine kritische Distanz wahren.

Wie findet man Public-Affairs-Profis?

Selten ist die Berufsbezeichnung „Lobbyist" auf Visitenkarten zu finden. Nicht nur wegen des schlechten Rufs, der alleine mit dem Begriff verbunden wird, sondern wohl auch deshalb, weil die meisten Anbieter Lobbying eben als Teil der gesamten Public Affairs verstehen. Und zugegeben, Public Affairs klingt im deutsprachigen Raum allemal seriöser als „Lobbyist". Allerdings gilt dies auch für den englischsprachigen Raum: auch dort suchen und finden Unternehmen Public-Affairs-Professionisten für Lobbying-Aufgaben.

Oftmals agieren ehemalige Politiker im Geschäftsfeld der politischen Beratung von Unternehmen. Dies hat durchaus seine Berechtigung, die Effizienz und Effektivität von Ex-Politikern sollte jedoch von Unternehmen sachlich hinterfragt werden. So ist es durchaus üblich, dass Berufspolitiker bei Sachfragen oftmals über Parteigrenzen hinweg zusammenarbeiten. Es ist aber damit nicht gesagt, dass ein ehemaliger Minister oder Abgeordneter als politischer Berater für Unternehmen bei seinen eigenen Kollegen als „Ehemaliger" automatisch gern gesehen ist – schon gar nicht bei anderen Parteien. Auch Fachbeamte, die als Lobbyisten agieren, sind oftmals gerade deshalb mit Misstrauen oder Neid bei ihren ehemaligen Arbeitskollegen konfrontiert. Wirtschaft und Verbände agieren professionell und sollten sich daher – wie auch in anderen Bereichen –bei Public Affairs und Lobbying von professionellen Spezialisten beraten lassen.

Am Markt aktiv sind des Weiteren Personen, die sich selbst gerne als erfolgreiche Lobbyisten bezeichnen und mit einem dicken Adresskalender prahlen. Sie versuchen daraus Kapital zu schlagen, dass sie – mehr oder weniger begründet – viele Politiker persönlich kennen. Das mag seine Berechtigung haben, Garantie für effizientes Lobbying im Interesse des Unternehmens ist die Bekanntschaft zu einem Politiker allerdings keine. Meist sind solche „Freundschaften" nicht einmal eine Garantie dafür, dass tatsächlich Lobbying betrieben werden kann, entweder weil der jeweilige Bekannte nicht zuständig ist, oder weil eine solche Bekanntschaft gerade das konsequente Durchsetzen von Interessen verhindert.

Auch die Tatsache, dass eine Kommunikationsagentur für einen Minister oder einen anderen Politiker eine Werbe- oder PR-Arbeit übernommen hat, wird von den Auftragnehmern gerne als Wettbewerbsvorteil für das Lobbying dargestellt. Alleine die Vorstellung, dass bei einem Agenturtermin in Sachen Gestaltung eines Inserates der Minister angesprochen wird mit „Ich hätte da noch ein Anliegen bezüglich meines Kunden XY" und diese Vorgangsweise erfolgreich sein soll, ist absurd. In Deutschland wurde dieser Arbeitsstil eines schillernden „Kontakthändlers" zum Skandal, bei dem sogar der amtierende Verteidigungsminister letztlich zurücktreten musste.

Aufgrund der Verschwiegenheit, der den professionellen Lobbyisten und Public-Affairs-Beratern anheim ist, sind sie auch schwierig zu finden. Kundenlisten sind ihnen meist ein Greul und marktschreierisches Gehabe ebenso. Der beste Weg führt über Empfehlungen, entweder von anderen Unternehmen, von politischen Entscheidungsträgern oder Journalisten. Das Internet kann ein Anfang bei der Suche nach einem Berater sein, etwa um eine Shortlist von mehreren Agenturen und Beratern zu erstellen, die dann zu einem persönlichen Gespräch geladen werden. Ab dann sind Vertrauen und Kompetenzbeweis am Zug.

Checkliste: Faktoren, für die Auswahl von Public-Affairs- und Lobbying-Beratern

- *Case Studies erzählen lassen*: Wer im persönlichen, vertraulichen Gespräch nicht von seiner Arbeit erzählt, demgegenüber ist Skepsis angebracht.

- *Strategie-Ansatz erläutern*: Wie geht der Berater an ähnliche Aufgabenstellungen heran? Passt diese Strategie ganz allgemein zu Ihnen?

- *Arbeitsstil darstellen*: Lassen Sie sich den Arbeitsstil in Ruhe erklären – passt dieser zu Ihrem Unternehmen? Klingt die Darstellung nach einfachen, wiedergekauten Kochrezepten?

- *Know-how eruieren*: Wie hoch ist die Kompetenz im Bereich der politischen Prozesse und Formalitäten?

- *Kritikfähigkeit überprüfen*: Sitzt Ihnen ein Ja-Sager gegenüber, mit glänzenden Euro-Symbolen in den Augen, oder wird hinterfragt?

- *Nicht blenden lassen*: Berater, die vorgeben, alle Politiker persönlich zu kennen, sind suspekt – fragen Sie lieber nach, wie konkret Zugang geschaffen werden soll, mit welcher Taktik an die Entscheidungsträger herangegangen wird, etc.

- *Zugehörigkeiten einschätzen*: Fragen Sie offen nach der Parteizugehörigkeit und schätzen Sie ab, ob diese Ihrem Projekt dienlich oder hinderlich sein kann.

- *Überprüfen der Leistungen*: Lassen Sie sich den Ansprechpartner eines Kunden nennen und erfragen Sie dort die Zufriedenheit mit dem Berater ab.

- *Inhalt versus Verpackung*: Die laufende Darstellung, etwa in Branchenmedien, wonach der Berater als mächtig gehandelt wird, könnte reine Eigen-PR sein, hinterfragen Sie die Formen der Selbstdarstellung.
- *Menschliche Qualifikationen*: Eine grundlegende Sympathie sollte ebenso vorhanden sein wie eine Einschätzung, ob Sie diesem Berater aufgrund seines Auftretens, etc. zutrauen, Ihre Interessen erfolgreich zu vertreten (Alter, Erfahrung, etc.).

Exkurs: Kaderschmiede für politische Berater

Die fachliche und praxisorientierte Ausbildung von professionellen politischen Beratern für das Management von Wahlkampagnen oder die Agenden der Public Affairs von Unternehmen oder Organisation ist im deutschsprachigen Raum de facto nicht existent. In der Politik ist es üblich, dass sich die meisten Wahlkampfmanager die Parteihierarchien nach oben arbeiten und sich am Weg Zusatzqualifikationen aneignen und später vielleicht ihr Know-how am freien Markt anbieten.

In den USA existiert seit über 18 Jahren allerdings eine spezielle Hochschule für diese Wachstumsbranche. Was die Elite-Universitäten Harvard oder Yale für die MBA-Ausbildung und das MIT (Massachussets Institut for Technology) für Techniker ist, das ist die „Graduate School of Political Management" (GSPM) für Politik-Manager. Die „New York Times" nannte die GSPM daher in Anlehnung an die entsprechende Elite-Ausbildungsinstitution für militärische Managementkarrieren die „West Point for Politics".

Die GSPM, eingerichtet an der George Washington University in Washington, D.C., bietet weltweit als einzige Hochschule ein „professional degree" im Bereich „politisches Management" an. Diese praxisorientierte Spezialausbildung, die mit dem Titel „Master of Arts in Political Management" abgeschlossen wird, konzentriert sich auf die Bereiche Wahlkampfmanagement und Management von politischen Prozessen für Unternehmen und Verbände. Die GSPM wurde 1986 als unabhängige private Hochschule in New York City staatlich anerkannt, von wo sie 1991 nach Washington, D.C., wanderte. Zu den Mitbegründern der Hochschule gehörten neben dem Staat New York auch die Ford Motor Co., Philip Morris, Gewerkschaften und Verbände wie etwa die Lehrergewerkschaft „National Education Association" und die amerikanische Ärztekammer (American Medical Association). Sie alle erkannten damals die Notwendigkeit, Fachexperten für das Management von politischen Prozessen und Inhalten im Interesse der Wirtschaft und der Verbände auszubilden.

Rund 40 Absolventen durchlaufen die GSPM pro Jahr, wovon etwa ein Viertel von außerhalb der USA kommen. In rund einem Jahr können Vollzeitstudenten das Programm, das auf 12 Spezialseminaren beruht, absolvieren. Folgende Spezialisierungen sind im Rahmen der Ausbildung möglich:

- Wahlkampfmanagement (inklusive Meinungsforschung und quantitative Strategieentwicklung)
- Lobbying (moderne Vertretung von Interessen auf allen Ebenen der Politik)
- Issues Management (Themenmanagement, Referenda, etc.)
- Fundraising (Spendenwerbung für Non-Profit-Organisationen und Parteien)
- Corporate and Trade Association Public Affairs (Lobbying und politische Kommunikation für Verbände und Unternehmen)
- Public Policy and Politics (Management spezieller Politikfelder – etwa Gesundheits-, Verteidigungs- oder Umweltpolitik)
- Leadership in Political Careers (politische Führung und Managementaufgaben aus der Sicht von Kandidaten und Mandatsträgern)

Das Lehrangebot setzt auf die Vermittlung von politischem Fachwissen und technisch-analytischen Fertigkeiten für die Bereiche Wahlkampf, Lobbying und Public Affairs, die zusammengefasst als „Politik-Management" bezeichnet werden. Unter den rund 40 Dozenten der GSPM finden sich daher auch nur einige wenige Universitätsprofessoren nach dem europäischen Verständnis. Das Gros der Vortragenden bilden Praktiker: je rund ein Dutzend aktive Lobbyisten, Wahlkampfmanager und politische Berater aus Parteien, dem Parlament oder dem Weißen Haus. Sie stellen ihr praktisches Know-how den Studierenden, die in Kleingruppen diese Seminare besuchen, zur Verfügung.

Unterrichtet werden schwerpunktmäßig Rechercheverfahren, Strategieentwicklung, Planung, Finanzierung, Budgetierung und Kontrolle von Wahlkampagnen, Lobbying-Aktivitäten und Public-Affairs-Programmen sowie Verlauf und Management von politischen Prozessen. Statt wissenschaftlicher Hausarbeiten sind Konzepte und Fallstudien in Form von Memoranden oder realen Konzeptionen zu entwickeln. Rollen- und Planspiele sowie Computersimulationen sind Bestandteile fast aller Seminare. Die Studierenden schreiben Pressetexte und Reden, sie stellen parlamentarische Hearings, Pressekonferenzen und Briefing-Gespräche wirklichkeitsnah nach. Sie produzieren Wahlkampfspots, politische Talkshows und Fernsehnachrichten in den GSPM-eigenen Studios und sie führen repräsentative

Umfragen durch. Dabei entstehen, in Relation zum jeweiligen Dozenten, „echte" Lobbying-Kampagnen, Wahlkampfkonzeptionen oder schon mal eine Rede für den Präsidenten. „Ethik" ist übrigens ein Pflichtfach.

Die Absolventen der GSPM sind nicht nur in den USA als Wahlkampf-manager, Mitarbeiter von Politikern, etwa im Weißen Haus und in beiden Häusern des US-Parlaments, oder als Lobbyisten aktiv, sondern sie bilden ein zunehmend dichter werdendes globales Netzwerk. Die Absolventen aus der wachsenden Gruppe der internationalen Studierenden, zu denen etwa Mitarbeiter diverser Botschaften in Washington, DC, zählen, sind ebenfalls in verschiedenen Bereichen zu finden.

Kapitel 11:
Lernen von den Profis – Das Know-how des politischen Campaignings

„Politics is not a mechanical process; it is dominated by ideas. Money doesn't talk. Indeed, without a message, it has nothing to say."
Dick Morris

„Bevor sich die Macht von mir abwendet, wende ich mich von der Macht ab."
Charles de Gaulle (Rücktrittsrede, 1946)

Auf einen Blick
Professionelle Public Affairs kann vom politischen Management vieles lernen. Umgekehrt ebenso. Das gegenseitige Verständnis und die Anwendung von jeweils erprobten Techniken macht politische Prozesse – unabhängig von den Akteuren – steuerbar.

In diesem Kapitel erfahren Sie:
➢ Wie funktioniert das Management von Wahlkampagnen?
➢ Welche Kernelemente einer politischer Kampagne können für Public Affairs genützt werden?
➢ Wie können Botschaften effizient gestaltet werden?
➢ Wie kann die richtige Positionierung die Wirkung der Argumente verstärken?

Public Affairs und Politik-Marketing haben ein zentrales Element gemeinsam: Sie müssen überzeugen, um zu gewinnen. Vor allem das politische Marketing verfügt dabei über ein ausgefeiltes Instrumentarium, das speziell in den USA von Wahlkampagne zu Wahlkampagne weiter entwickelt wird. Wahlkämpfe und Wahlkampagnen der heutigen Zeit haben nur mehr sehr wenig mit den Bemühungen um Wahlerfolge von vor zehn Jahren gemein.

Vor allem in Sachen Strategie und taktischer Abwicklung sind politische Kampagnen Trendsetter. Von der technischen Durchführung her sind Wahlkämpfe durchaus mit Produkteinführungskampagnen vergleichbar. Exakte Termine und Umsetzungspläne, Inseratenschaltungen und öffentliche Auftritte werden strategisch geplant und definiert und im Anschluss generalstabsmäßig exekutiert. So wenig wie möglich wird dabei dem Zufall überlassen und so viel wie möglich wird vorab geplant – inklusive der Reise-logistik und der Zuordnung der Finanzmittel. All das sind Kriterien, die auch für die Kampagnenführung im Lobbying- und Public-Affairs-Bereich gelten.

Unternehmen, die sich mit ihren Interessen in die Politik einbringen wollen, müssen die Funktionsweise der Politik und die Techniken des Wahl-kampfmanagements kennen und verstehen. Die engen Zusammenhänge beider Bereiche sind nicht zuletzt aufgrund der in vielen Bereichen gleichen Sprache ersichtlich.

Politik ist von Issues bestimmt

Politische Wahlkämpfe werden in punktgenauer Abstimmung mit dem Wählerwunsch geführt. Im Vordergrund stehen daher, wie auch im Public-Affairs-Management die Issues – im einen Fall jene, die Politiker und Wähler verbinden, im anderen Fall jene, die Politiker und Unternehmen verbinden. „Issues are the vocabulary of politics", heißt es daher in der Sprache der Kampagnenmanager und auch bei den Feinheiten der inhalt-lichen Politikgestaltung wird nur wenig dem Zufall überlassen. In Meinungs-befragungen und mittels Focus Groups werden Inhalte und Botschaften ab-getestet, bevor sie an die Öffentlichkeit kommuniziert werden.

Im Mittelpunkt steht das Bestreben der Politiker, mit ihren Argumenten möglichst im Gleichklang mit den Erwartungen der Wählerschaft zu liegen. Interessant ist dabei, welche Positionen die Wähler bei einem bestimmten Politiker oder einer Partei für glaubwürdig erachten und welche Hand-lungsalternativen erwartet werden. Diese Vorabstimmung ist in der moder-nen Politik entscheidend, liegen doch die Argumente und Ansichten zu ein und demselben Thema oft nur um Nuancen auseinander. Daraus resultiert auch der Vorwurf, die Politiker würden sich zu stark an den Ergebnissen der Meinungsbefragung orientieren und das gestaltende Element zu sehr vernachlässigen. Dem entgegen steht jedoch die politische Realität einer facettenreichen Diskussion, in der weniger über die Schaffung neuer In-halte als über die Interpretation und Auslegung bestehender Bereiche disku-tiert wird. Mit gutem Recht gehen die Politiker jedenfalls davon aus, dass ihre Wähler Antworten und Lösungen erwarten. Deshalb eruieren sie genau, welche Wählergruppen welche Antwort von wem erwarten. Diese Vorgangs-weise der Issues- und Stakeholder-Analyse ist auch im Public-Affairs-Ma-nagement ein Kernelement und einer jener Aspekte, wodurch sich Public Affairs vom traditionellen eindimensionalen Lobbying abhebt.

Daraus abgeleitet folgt die Grundregel, dass die zentralen Botschaften und die wichtigsten Argumente laufend wiederholt und damit in ihrer Wirkung verstärkt werden müssen, getreu dem Motto „Tell it once to be heard, tell it twice to be understood and tell it a third time to be remembered". Auch hier sind die Parallelen zwischen politischem Marketing und Public Affairs naheliegend: Argumente und Anliegen müssen laufend an die politischen Entscheidungsträger und gesellschaftlichen Meinungsführer kanalisiert werden, um gehört zu werden. Der Wettlauf um Reputation und Einfluss ist ein dauerhafter und die primäre Public-Affairs-Aufgabe nach dem Motto der Wahlkampfmanagements ist die laufende Gestaltung des klimatischen Unternehmensumfeldes. Issues-Management, Lobbying und andere Public-Affairs-Techniken greifen ineinander, um das Unternehmensziel zu unterstützen. Die Vorgehensweise ähnelt der Struktur eines Wahlkampfes, denn auch bei dieser Facette der politischen Kommunikation geht es letztendlich darum, nicht nur kurzfristig das relevante Meinungsklima positiv zu stimmen.

Campaign Management

In der Durchführung und Organisation von Public-Affairs-Aktivitäten sind viele Muster aus der politischen Kampagnenführung anwendbar. Denn für Lobbying, Stakeholder-Management, Corporate Citizenship und alle als Kampagne geführten Public-Affairs-Maßnahmen gelten ganz ähnliche Voraussetzungen wie für die Kommunikation mit Wählern. Der Abgleich von Interessen und Anliegen gilt für beide Bereiche ebenso wie das Evaluieren der gegenseitigen Erwartungshaltungen.

Früher endeten Wahlkämpfe am Wahlabend. Doch heute heißt das Stichwort „Constant Campaigning" – Wahlkampf findet immer statt. Zwischen den Wahlen geht es dabei in erster Linie um spezielle politische Inhalte und Themen, über die die Politiker versuchen, sich anhaltend zu positionieren. Vor allem auch deshalb, um zwischen den Wahlen um Akzeptanz bei den Wählern zu werben. In einer medienzentrierten Demokratie brauchen Politiker die Wählermehrheiten nicht mehr nur dazu, um Wahlen zu gewinnen, sondern auch um tagesaktuell Regierungsmacht auszuüben. Etwa die Suche nach Mehrheiten bei parlamentarischen Abstimmungen oder bei der Auswahl der Position eines Politikers bei aktuellen wirtschaftlichen oder gesellschaftlichen Fragen – etwa anstehenden Werkschließungen, Betriebsansiedelungen oder Großprojekten. All dies kann am besten in Gleichklang mit „mehrheitsfähigen" Entscheidungen realisiert werden.

Um punktuelle Mehrheiten zu gewinnen, sind dauerhafte Kampagnen erforderlich. Im politischen Bereich gewinnt die Zeit zwischen den Urnengängen daher zusehends an Bedeutung. „Constant campaigning" bedeutet schlichtweg, dass zwischen den Wahlen dauerhaft Wahlkampf herrscht. Ein Politiker, der nicht täglich darauf achtet, Unterstützung zu finden und Mehrheiten zu gewinnen, wird im nächsten Wahlkampf nicht reüssieren können. Die Übernahme dieser Techniken des politischen Managements für die Zwecke von Public Affairs und Lobbying konzentriert sich dabei auf den zentralen Aspekt, dass die Botschaften und Themen strategisch lanciert werden müssen. Das Warten auf den Zeitpunkt, wo Stakeholder oder Medien eine bestimmte Position nachfragen, kommt dem Wahlabend gleich – die Argumentation und Positionierung muss vorher stattfinden.

Eine politische Kampagne ist ein kommunikativer Feldzug in Form einer Serie von Kommunikationsereignissen mit dem Ziel, eine emotionale Verbindung zwischen Kandidat und Wähler zu schaffen und den Wähler zu einer bestimmten Entscheidung und Handlung zu motivieren – nämlich den Absender der Botschaften zu wählen. Politische Kampagnen werden auch als „warfare without hardware" bezeichnet. In ihrem Mittelpunkt stehen der

– Kampf um die „Lufthoheit über den Stammtischen",

– Kampf um die Themenführerschaft in den Medien und

– der Kampf um Abgrenzung zum Mitbewerb.

Vor diesem Hintergrund gehen Kampagnenmanager von folgenden Annahmen aus, um von einer erfolgreichen Kampagne zu sprechen (nach: Althaus, 2000): Eine Kampagne muss

– geplant Aufmerksamkeit erregen, markant auftauchen und als Ereignis sichtbar werden,

– einen Kampagnenstil als Marke und ein dominantes Thema aufbauen,

– die Gesichter und Namen der Kampagne am Markt einführen,

– eine einheitliche Botschaft in Wort und Bild auf den Markt bringen,

– eine Beziehung zu den Medien aufbauen, sich gegen Gegner und aggressive Medien wappnen,

– den Kandidaten/die Partei klar von den Wettbewerbern unterscheiden,

– und als wichtigstes Ziel die Wiederholung der Kontakte mit dem Wählern anstreben.

Leidenschaftlich tüfteln Kampagnenverantwortliche an der zentralen Botschaft einer politischen Kampagne, die nicht mit dem Wahlkampfslogan verwechselt werden darf. Die zentrale Botschaft ist die kurze Antwort auf die Kernfrage „Warum soll ich dich wählen?" und ist damit das Grundthema der Kampagne. Fast alle Wahlkämpfe haben eines der beiden klassischen politischen Motive als Kernbotschaft: entweder „change" – also den Wechsel an der Regierung oder in der Politik nach dem Motto „neuer Wind muss her" – oder – das andere Grundthema, das ebenso wie das erste bei vielen Menschen auf Sympathie stößt – genaue Gegenteil, nämlich „more of the same". Dahinter verbergen sich die Argumente „erfahrenes Team", „Beständigkeit" und „Kontinuität".

Im Kern kreisen alle Kampagnenbotschaften um die Intention, die Zukunft zu gestalten. Darüber, *wie* diese Zukunft gestaltet werden soll, streiten die Kandidaten und über die dafür in der Kampagne präsentierten Konzepte stimmen letztlich die Wähler ab. Kurz gefasst, ist das die Beschreibung für politische Wahlkämpfe. Festgemacht werden diese Botschaften an aktuellen gesellschaftlichen Problemen beziehungsweise Fragen, also den so genannten „Issues", die in diesem Fall der Brennpunkt zwischen den Erwartungen der Wähler und den Lösungskonzepten der Politiker oder Parteien sind.

Die acht Kernelemente einer politischen Kampagne

1. **Personalisierung**: Identifikationsmöglichkeit schaffen – Personen können sich nur mit Personen, nicht mit Papieren oder Konzepten identifizieren.

2. **Emotionalisierung**: Fakten mobilisieren nicht – „facts tell, stories sell".

3. **Inszenierung**: Kampagnen müssen sich vom Alltäglichen abheben und auffallen.

4. **Provokation & Tabubrüche** dienen der Polarisierung im Wettbewerb – erst die klare Unterscheidung kann eine Entscheidung herbeiführen.

5. **Tempo** („Speed kills") - Handlungswillen und rasche Entscheidungen zeugen von Führungsqualitäten.

6. **Gegnerbeobachtung**: Eine Kampagne kann nicht „für sich", sondern muss „gegen" jemanden geführt werden.

7. **Angriffe/Negatives Campaigning**: Auch das dient der Emotionalisierung, Inszenierung und der Positionierung und fördert damit den Wettbewerb.

8. **Mobilisierung**: „GOTV – get out the vote" heißt das Zauberwort, Wie werden die Wähler mobilisiert, zur Wahlurne zu schreiten? Denn: „Wer will schon in Schönheit sterben?"

Botschaften-Design: Spin Doctoring und Message Development

Als die Republikaner Präsident Bill Clinton wegen Meineids seines Amtes entheben wollten, drehte der Präsident mit einem geschickten Spin die Diskussion um: „It's not about perjury, it's about sex" – „Es geht nicht um Meineid, sondern um Sex". Damit machte er seine Affäre mit einer Praktikantin im Weißen Haus zu einem persönlichen Fehlverhalten, über das die Öffentlichkeit weit weniger streng urteilte als über den Vorwurf, das Amt des Präsidenten missbraucht zu haben. Die reichlich komplexe und verworrene Causa wurde damit auf einen kurzen, prägnanten Satz reduziert.

Ein perfektes Beispiel für die effiziente Formulierung einer zentralen Botschaft, die griffig und einprägsam das Anliegen zusammenfasst.

Aus kommunikationsstrategischer Sicht wird bei der Definition solcher Botschaften die Technik des „spin" eingesetzt. Spin Doctors, politische Berater, die angeblich mehr den Schein als den Inhalt vor Augen haben, sind immer wieder Zielscheibe der Kritik. Nüchtern betrachtet ist es eine der grundlegendsten, einfachsten und zugleich effizientesten Kommunikationstechniken von Marketing, PR und Politik. Es geht darum, einer Botschaft eine neue, zusätzliche und meist subjektiv bessere Nuance zu geben. Nicht um Tatsachen zu verzerren, sondern um im Interesse einer besseren Verkaufbarkeit der Botschaft den nötigen Schliff zu geben.

„To spin", vor allem „to spin a yarn", bedeutet soviel wie „Seemannsgarn spannen", oder noch besser: „Jägerlatein". Beides sind Ausdrücke dafür, ein wenig zu übertreiben oder eine Geschichte so darzustellen, dass sie interessanter wird. „To doctor something" heißt „etwas zurechtbiegen", also im eigentlichen Sinne beschönigen. Beide Aspekte zusammen ergeben den Begriff „Spin Doctoring". Spin findet Niederschlag in Konstruktionen wie „Null-Wachstum" (anstelle des negativen Begriffs „Stagnation") oder „Pensionssicherungsreform" (zu Erklärung von Eingriffen in die staatliche Pensionsvorsorge). Spin als Instrument der Kommunikation ist zumindest 100 Jahre alt und in der Public Relations sowie der Werbung ebenso selbstverständlich wie bei Journalisten auf der Suche nach einer „guten" Headline. Als die Politik in den Zugzwang kam, sich verkaufen zu müssen, griff auch sie – lange nach der Wirtschaft – zum „Spin Doctoring". Politiker und politische Inhalte sind verwechselbar geworden und drohen im täglichen Informationsoverkill unterzugehen. Wähler „kaufen" Politiker nur mehr, wenn sie über eine bestimmte „Einzigartigkeit", eine „unique selling proposition", verfügen.

Einer der erfolgreichsten politischen Einsätze von „spin" war das Wahlkampfmotto von Bill Clinton 1992, als er den Amerikanern mit einem Satz erklärte, worum es bei der Wahl zwischen ihm und dem damaligen Amtsinhaber George Bush Senior seiner Ansicht nach ging. Nicht um Hilfe für die Armen, Steuersenkungen für die Reichen oder das militärische Engagement der USA, sondern ganz einfach um die Wirtschaft als Motor aller gesellschaftlichen Entwicklungen. „It's the economy, stupid!" war der entscheidende Slogan Bill Clintons. Eine prägnante Zusammenfassung des Grundthemas.

Die daraus abzuleitende Grundregel für die Zwecke der Public Affairs ist: je komplexer ein Inhalt ist, umso einfacher muss er dargestellt werden. Speziell bei der Gestaltung des klimatischen Unternehmensumfeldes oder der punktuellen Beeinflussung politischer Entscheidungen ist die Definition der Hauptbotschaft von entscheidender Bedeutung. Wer lange um das eigentliche Interesse herumredet und nicht zum Punkt kommt, findet wenig Aufmerksamkeit und kaum Akzeptanz. Konturloses Kommunizieren und Argumentieren ist bedeutungslos in einer Zeit der Informationsüberflutung und politischer Entscheidungen, die abseits fixer Mehrheiten getroffen werden müssen.

Die Essenz des „Spin Doctoring" besteht darin, ein Argument abgestimmt auf die Erwartungshaltung des Zielpublikums mit der entsprechenden Nuance anzureichern. Um Akzeptanz zu gewinnen und Überzeugung bewerkstelligen zu können, muss eine Botschaft empfängerorientiert sein und darf nicht in der Absenderbezogenheit verhaften bleiben. Dafür muss primär bekannt sein, was die Zielgruppe denkt und erwartet, und wie diese Einstellungen mit dem eigenen beabsichtigen Ziel zu vereinbaren sind.

Im engen Zusammenhang mit der Technik des „Spin Doctoring" steht die Entwicklung der Botschaften, die in der Sprache der Politik als „message development" bezeichnet wird. Diese bemüht sich darum, jene Botschaften zu schmieden, die in Abstimmung auf das Ziel vermutlich die optimale Resonanz hervorrufen. Im Mittelpunkt stehen dabei die drei Kernfragen der Entwicklung von effizienten Botschaften:

– Was wollen wir eigentlich?

– Was ist unsere Position?

– Was ist die Position der Gegenseite?

„Message Development" bedient sich zur Entwicklung einer Botschaft der Technik des „framing". Diese Technik, deren Bezeichnung vom Begriff „einrahmen, abgrenzen; etwas einen Rahmen geben" stammt, versucht, ein Thema so zu komprimieren und zu definieren, dass für die Stakeholder klare und akzeptable Bezugspunkte aufgebaut werden. „Framing the issue" heißt demnach, Position zu beziehen und aktiv zu bestimmen, worum es bei einer bestimmten Materie geht. Der Wunsch nach mehr staatlichen Forschungsförderungen kann etwa „geframt" werden als „Wachstumsimpuls", eine spezifische gesetzliche Übergangsregelung als „Arbeitsplatzsicherung". Damit ein Argument Wirkung zeigt, ist ein analytischer „framing"-Prozess notwendig. Die Eckpunkte dieser Tätigkeit bestehen in folgenden Aspekten:

Design von Botschaften: Framing the Issue – Clear, Concise, Compelling, Connected, Contrasting, Credible

1. *Clear*: Worum geht es überhaupt? Die Botschaft sollte einfach und verständlich formuliert sein – was nicht in zehn Sekunden erklärt werden kann, wird nicht verstanden.

2. *Concise*: Prägnant und auf den Punkt gebracht – keine Wortmonster schaffen und keine Fachsprache verwenden, Stil und Sprache müssen zur Organisation und zum Adressaten passen.

3. *Compelling*: Die Botschaft muss emotionell berührend oder mitreißend sein, mit assoziativen „buzz words", also Worten, die das Thema definieren.

4. *Connected*: Die Botschaft muss einen engen Bezug zu den Erwartungen der Adressaten haben und die Botschaft sollte bei Personen abgetestet werden, die keine Experten sind.

5. *Contrasting*: Deutliche Abgrenzung zum Mitbewerb – Erfolg hat, wer das Thema als erstes definiert und besetzt und Gegenargumente von Beginn an berücksichtigt.

6. *Credible*: Konsistent, glaubwürdig und überprüfbar – die Botschaft muss überprüfbar, glaubwürdig und wiederholbar sein.

Positionierung

Im Rahmen der Entwicklung von Botschaften und den Techniken der Kampagnenführung wurde bereits mehrmals der Begriff der Positionierung erwähnt. Die Positionierung eines Unternehmens oder einer Organisation hat jedoch weit über den Bereich der Definition von Botschaften hinaus eminente Bedeutung. Die beiden Marketing-Gurus Als Ries und Jack Trout haben die Positionierung als Kernelement des modernen Marketings postuliert – und sich selbst damit zugleich als erfolgreiche Experten. Die Politik hat diese Marketingtechnik rasch übernommen und für ihre Zwecke adaptiert.

„Wer sich nicht selbst positioniert, der riskiert, von anderen fremd bestimmt zu werden", lautet der zentrale Gedanke der strategischen Positionierung. Dabei geht es weniger darum, wie etwa ein Produkt am Markt zu positionieren ist, sondern wie das Unternehmen hinter dem Produkt im Denken der Kunden und Entscheidungsträger positioniert wird. Um eine erfolgreiche Positionierung zu ermöglichen, ist es erforderlich, „out-of-the-box" zu denken: nicht das naheliegende, selbsterklärende, sondern das spezielle, besondere oder das lösungsorientierte Argument, bleibt hängen. Nicht das Problem soll kommuniziert werden, sondern die Lösung – und zwar aus der Sicht der Adressaten. Die Konzentration liegt abermals auf den Einstellungen und Erwartungen der Stakeholder, nicht auf den Anliegen der Organisation. Idealerweise wird dabei die Lösung positioniert, bevor den Adressaten das Problem bewusst ist – in der Umkehrung der an sich traditionellen Logik besteht der bessere Weg.

Speziell im Bereich der politischen Kommunikation und Argumentation kann die richtige und zeitgerechte Positionierung über Erfolg und Misserfolg entscheiden. Wie an die Positionierung herangegangen werden kann, zeigt folgende Übersicht (nach: Ries / Trout, 1993):

Checkliste Positionierung

1. Immer Erster sein

Wer sich als Erster in den Köpfen der Zielgruppe positioniert, bleibt auch Nummer Eins. Alle Nachfolgenden haben es deutlich schwerer. Wer war der erste Mann am Mond? Neil Armstrong. Der zweite Mann am Mond ist nur mehr Spezialisten bekannt. Der höchste Berg der Welt ist der Mount Everest – und der zweithöchste? Kodak steht für Fotografie, IBM für PCs, Microsoft für Software und Xerox ist zu einem anderen Wort für Kopieren geworden. Erster zu sein, zahlt sich aus.

2. Wenn die No. 1 besetzt ist – neue Kategorien schaffen

Wenn es schon einen „Ersten" gibt, dann schaffe eine neue Kategorie, um dort Erster zu sein – nur zu sagen, „Wir werden nächstes Jahr Erster sein" reicht nicht aus. Der Zweite ist immer nur der „Nächstbeste" und fällt bei Entscheidung leicht durch.

3. Begriffe besetzen

„You can't change a mind, once a mind is made up." Das Einzige, was zählt, ist das Gedächtnis der Adressaten. Das Gedächtnis des Menschen funktioniert über Assoziationen, Unterscheidungen und Alternativen. Daher ist es wichtig zu verankern, wofür das Unternehmen steht: „good guy" oder „bad guy"? „Engagiert", „bekannt", „mächtig", „innovativ", „glaubwürdig"?

4. Wahrnehmungen steuern

Die „Wahrheit" besteht im Wesentlichen aus der entsprechenden Wahrnehmung eines Individuums. Und solche Wahrheiten werden nur ungern geändert. Public Affairs, Politik und Marketing sind daher auch ein Wettbewerb um diese Wahrnehmung – nicht aber Vergleiche zwischen Produkten oder Argumenten.

5. Fokussieren und Assoziationen nützen

Ein Wort, ein Attribut, ein Begriff – welche Assoziation haben die Adressaten mit dem Unternehmen oder der Organisation? Welcher Begriff kann im Gedächtnis der Adressaten verankert werden, der als Platzhalter für das Unternehmen dient?

6. Unterscheidungen fördern und Opposition schaffen

Zwei Unternehmen können niemals den gleichen Begriff besetzen – wofür stehen die Mitbewerber? Welche Unterschiede in der

Positionierung können bestärkt werden? Man kann auch reüssieren, indem man sich als das Gegenteil oder Alternative zur Nummer Eins positioniert – David gegen Goliath zum Beispiel.

7. Mentale Hackordnungen instrumentieren.

Jeder Mensch hat für jede Kategorie eine eigene Hackordnung. Dieser Platz in der Hackordnung der Adressaten muss die Strategie bestimmen – was in der Erinnerung nach der Nummer Drei kommt, ist de facto unbekannt und irrelevant. Aus der Psychologie ist bekannt, dass Menschen nicht mit mehr als sieben Komponenten zugleich agieren können – deshalb haben viele Listen sieben Punkte.

Die Positionierung spielt bei allen Kommunikationsstrategien eine zentrale Rolle. Im Lobbying etwa ist die Wahrnehmung dessen, wofür die Organisation steht, von großer Bedeutung. Beim Issues-Management zählt die Reputation des Unternehmens und im Bereich der Corporate Social Responsibility sind Glaubwürdigkeit und Informationspolitik erfolgsbestimmend.

The Art of Politics: *Grundregeln des Managements politischer Kampagnen*

Für Wahlkampagnen bestehen Grundregeln, die wie ein Fahrplan durch die Stufen einer politischen Kampagne führen. Es sind dies kombinierte Techniken aus dem Marketing, der Politik und dem Kommunikationsmanagement. Zusammengenommen können diese Muster auch als Anleitung für effiziente Vorgangsweisen im Rahmen von Public-Affairs-Aktivitäten geben.

1. Have a Campaign Plan – Schriftliche Planung erstellen

„To manage means to control. If you cannot control it, you cannot manage it", so lautet ein zentrales Prinzip des politischen Managements. Von großer Bedeutung für jede konzertierte Aktivität ist daher ein Kampagnenplan oder ein Konzept. Ein solches Konzept, egal ob für Wahlkämpfe oder Public-Affairs-Maßnahmen, schafft Ordnung und Übersichtlichkeit über einen an sich komplexen und möglicherweise chaotischen Prozess. Jedes Konzept hält die Stufen der Aktivität fest, plant im Vorhinein vernetzte Schritte und liefert damit den Plan dafür, wie ein bestimmtes Ziel zu erreichen ist. Ein vernünftiges Konzept, in dessen Erstellung viel Arbeit geflossen ist, dient als „Bibel" oder Gebrauchsanweisung für alle kommenden Aktionen. Im Kampagnen- oder Public-Affairs-Konzept wird vorab definiert, was wann wie geschieht, wer wofür verantwortlich ist und wofür wie viel Budgetmittel vorhanden sind.

2. Defining Milestones – Erfolge kalkulierbar machen

„Erfolg ist relativ", sagt ein Sprichwort. Der Mitteleinsatz für Wahlkämpfe oder Public-Affairs-Aktionen ist jedoch zu groß, um erst im Nachhinein zu entscheiden, ob ein Ereignis ein Erfolg oder ein Misserfolg war. Daher werden von Beginn an Milestones eingeplant: Klar definierte und realistische Zwischenziele machen es einfach, rational über Erfolge zu sprechen. Damit verbunden ist auch ein Stufenplan, der definiert, welche Beziehungen zwischen dem Erreichen der einzelnen Ziele bestehen. Das heißt um Milestone Nummer zwei zu erreichen, muss zuerst Milestone Nummer eins erreicht werden. Daraus ist bereits bei der Planung analysierbar, welche Unwägbarkeiten zu erwarten sind und welche Vorkehrungen zu treffen sind.

3. Have a Goal – Nur wer ein Ziel hat, kann es erreichen

Was soll erreicht werden? Bei Lobbying-Aktionen wird auf eine konkrete Zielformulierung oftmals vergessen. Je klarer von Beginn an definiert werden kann, welche Zielsetzung – samt der Etappenziele – es gilt zu erreichen, um so einfacher und geregelter verlaufen die Aktionen. Dazu gehört auch die nüchterne Darstellung der Ausgangssituation sowie aller unveränderlichen Aspekte wie etwa finanzielle und personelle Ressourcen.

4. Know Your Opponents – Themenführerschaft anstreben

Information ist der Grundbaustein jeder Public-Affairs-Aktivität. Je mehr Information vorhanden ist und analysiert werden kann, umso besser sind die Voraussetzungen für die Erreichung der Ziele. Wer nur mit Vermutungen oder gefärbten Annahmen über die Faktenlage und die beteiligten Interessen agiert, wird nicht weit kommen.

5. Understand Your Audience – Erwartungen erfüllen

Politiker sehen sich oft dem Vorwurf ausgesetzt, sie würden ihre Aussagen nach den Ergebnissen von Meinungsbefragungen ausrichten. Dahinter steckt jedoch in Wahrheit eine kluge Strategie: Nur wer weiß, was sein Publikum von ihm erwartet, ist in der Lage erfolgreich zu sein. Dies bedeutet weniger dem Prinzip des Opportunismus zu folgen, sondern vielmehr die Beachtung des Grundsatzes, dass gegen eine bestehende Meinung so gut wie nichts, mit ihr jedoch fast alles zu erreichen ist. Genauso wie politische Kampagnen versucht auch Lobbying die Wahrnehmung und Meinung von Personen, Gruppen oder der Öffentlichkeit zu beeinflussen. Daher sollte vorher bekannt sein, wie diese Meinungen konkret aussehen und welche Präferenzen bestehen.

6. Have an Overall Theme – Mache deutlich, worum es überhaupt geht

Meinungen und Einstellungen werden dann geändert, wenn die angebotenen Argumenten mit den grundsätzlichen Einstellungen korrespondieren. Das „Thema" einer Wahlkampagne oder Public-Affairs-Aktion ist daher eine kognitive Abkürzung zwischen Anspruch und Erwartung. Wer nur Forderungen erhebt, ohne die Begründung dafür mitzuliefern, wird seinen Interessen nicht zum Durchbruch verhelfen.

7. Rely on Strategy – Nach Plan vorgehen, nicht ablenken lassen

Den Bereich der Strategie organisiert die Zuteilung der personellen und finanziellen Ressourcen zu den Instrumenten im Interesse der Zielerreichung. Strategien sind geplante Spielzüge, die über bestimmte Instrumente realisiert werden. Eine Strategie umfasst demnach die Bestimmung der Stakeholder und der Informationen, die an sie kommuniziert werden soll, die dazu erforderlichen Instrumente und das Timing.

8. Focus on Message Control – Argumente kontrollieren und wiederholen

Damit Argumente Wirkung zeigen, müssen die Stakeholder zuhören. Niemand wartet jedoch darauf, durch Argumente und Informationen zum Handeln aufgefordert zu werden. Daher kommt der Gestaltung der Botschaften entscheidende Bedeutung zu. Abgeleitet vom übergeordneten Thema und von der Analyse der Stakeholder müssen daher Informationsbausteine entwickelt werden, die in sich stimmig sind und das Anliegen transportieren. „Message control" heißt dabei, dass auch bei länger andauernden oder vielschichtigen Aktivitäten die Konsistenz der Aussagen gewahrt werden muss, um glaubwürdig zu bleiben.

Dritter Teil:

Best Practice – Public-Affairs-Fallbeispiele

Die nachfolgenden Fallstudien aus dem vielfältigen Bereich des Public-Affairs-Managements geben Einblick in die Praxis der Beeinflussung des Unternehmensumfeldes im Interesse des Unternehmens. Sie bilden im Sinne des Best Practice einen Überblick über praktikable Lösungen für konkrete Aufgabenstellungen.

Sofern nicht anders gekennzeichnet, sind diese Public-Affairs-Fallstudien Arbeitsbeispiele von Kovar & Köppl Public Affairs Consulting. Dank für die Zusammenstellung der Fallstudien gebührt Andreas Kovar, Martin Neureiter und Walter Osztovics sowie den angesprochenen Unternehmen für ihre Zustimmung zur Veröffentlichung.

Fallstudie: Abfederung der Neben- und Folgewirkungen von Restrukturierungsmaßnahmen und Schutz der Marke durch Public Affairs

von Peter Köppl und Martin Neureiter

Aufgabenstellung:

Sehen sich Unternehmen gezwungen, aus wirtschaftlichen Überlegungen etwa eine Produktionsstätte zu schließen oder Teile der Fertigung ins Ausland zu verlagern, dann werden diese Maßnahmen von Politik und Medien meist massiv kommentiert. In nahezu allen Fällen führen solche Interventionen in die Pläne des Unternehmens dabei zur drastischen Einengung des Handlungsspielraums bis hin zu unkalkulierbaren zusätzlichen Transaktionskosten.

In vielen Fällen mündet der Prozess in eine für das Unternehmen nicht kontrollierbare Eskalation, zum Schaden des Unternehmens und der Marke – nicht selten erleiden auch die sich involvierenden Stakeholder durch Falscheinschätzung ihres Handlungsspielraums Schaden. Der übliche Prozess verläuft wie folgt: Das Unternehmen kündigt seine Restrukturierungspläne medial an, was zu sofortiger breiter medialer Berichterstattung führt. Politische Entscheidungsträger versuchen daraufhin, sich in dieser Frage zu positionieren – entweder, indem sie Rettung für das Unternehmen versprechen, um damit eine Schließung oder Teilschließung zu verhindern, oder sie versuchen, dem Unternehmen diesen Schritt quasi zu „verbieten". Dabei gehen die Argumente, fast immer angereichert mit politischer Symbolik, meist in Richtung „öffentliches Interesse" oder „negative Auswirkungen auf die Arbeitsmarktsituation". Danach folgen die Gewerkschaften, die sowohl politisch gegen die Pläne des Unternehmens intervenieren als auch ihre Mitglieder mobilisieren. Durch die Einmengung von Politik und Gewerkschaft erhalten die Medien laufend neue Nahrung, um die Geschichte tagelang oder wochenlang mit immer neuen Facetten anzureichern.

Das alles führt rasch zu einem negativen und für das Unternehmen unfreundlichen öffentlichen Meinungsklima, das sowohl die Mitarbeiter als auch die Kunden und Lieferanten massiv verunsichert. Die aufgeworfenen Fragen steigern die Unsicherheit laufend: Rettung oder nicht? Fortbestand der Marke oder nicht? Entlassungen oder nicht? Die dabei entstehenden Schäden an der Reputation des Unternehmens, des Managements und der Marke sind in Folge nur mehr sehr aufwendig wettzumachen. Oftmals nützen die Mitbewerber die dadurch entstandene Situation, um sich zu positionieren. Auch Boykottaufrufe sind keine Seltenheit. Oftmals sind die Unternehmen durch diesen Prozess gezwungen, ihre Pläne zeit- und kostenintensiv zu ändern und Forderungen der Politik umzusetzen. Letztendlich besteht die Gefahr, dass für das Unternehmen, die Mitarbeiter, aber auch für die involvierten Politiker erhebliche Konfliktkosten entstehen.

Doch es geht auch anders. Diese Fallstudie beschreibt zusammengefasst die realisierten Public-Affairs-Maßnahmen bei einer Werkschließung
im Bereich der Konsumgüterindustrie und einer Teilschließung eines In-
dustrieunternehmens. (Die Nennung der Firmennamen ist nicht möglich,
worunter allerdings die allgemeingültige Aussagekraft nicht leidet.)
Durchführungszeitraum jeweils rund fünf Wochen.

Strategie/Zielsetzung:

Das Ziel besteht darin, die Realisierung der Unternehmenspläne zu unterstützen. Dies bedeutete konkret, den gesamten Prozess einer Restrukturierung aus der Sicht und nach den Plänen des Unternehmens in allen Phasen
steuern zu können.

Als entsprechende Strategie wurde formuliert:

- Möglichst geringe mediale Befassung (kurz, umfassend)
- Vermeidung von politischer Involvierung soweit möglich (Zuge-
  ständnisse an Handlungsspielräume)
- Lückenlose Kontrolle der kommunizierten Botschaften („message
  control")
- Verhinderung einer krisenhaften Situation
- Festlegung und Beibehaltung einer klaren Informationspolitik und
  kommunikativen Logistik (Mitarbeiter vor Politik vor Medien)
- Vorwegnahme bekannter politischer Forderungen aus ähnlichen
  Fällen
- Flankierende Information an Kunden und Lieferanten, um diese aus
  erster Hand über die Pläne des Unternehmens zu informieren
- Vorbereitung von Marketing- und PR-Aktivitäten maßgeschneidert
  für Kunden und Lieferanten

Ein Kernelement der Strategie war es des Weiteren, allen arbeits- und
aktienrechtlichen Informationspflichten korrekt nachzukommen sowie die
Detailpläne und die Botschaft zu einem selbstbestimmten Zeitpunkt zu
kommunizieren. Das heißt, alle Aussagen mit demselben Inhalt zu einem
vom Unternehmen als korrekt und günstig erachteten Zeitpunkt an alle relevanten Stakeholder zu verlautbaren. Eine sehr genaue Planung inklusiver
detaillierter Zeitabläufe, ein möglichst kleiner Kreis von Informierten und
die klare Zuordnung der Aufgaben waren dabei wichtige Faktoren.

Umsetzung:

Primär wurden die relevanten politischen Stakeholder definiert, ihre
Interessen, ihre Handlungsspielräume und Handlungsmuster bei ähnlich

gelagerten Aktivitäten analysiert und bewertet. So war zum Beispiel aus anderen Werksschließungen bekannt, dass die Politik jedenfalls die Schaffung einer Arbeitsstiftung oder eines Sozialplans fordern würde. Um dieser politischen Forderung zuvorzukommen und eine mögliche Involvierung der Politik zu vermeiden, wurde seitens der Unternehmen die Entscheidung getroffen, von sich aus eine Arbeitsstiftung und einen Sozialplan anzubieten. Dieses Faktum wurde zu einem, von der Politik umgehend begrüßten, zentralen Element der Kommunikation rund um die Ankündung der Werks-(teil)schließung.

Zur Unterstützung aller Involvierten wurde ein Argumentarium erstellt, das die kontrollierten Botschaften zu allen wichtigen Aspekten festlegte und sämtliche möglichen Fragen wurden vorab entsprechend schriftlich beantwortet und festgehalten (Q&A – Questions & Answers). Jedenfalls war von Beginn an klar, dass eine lokale Berichterstattung und eine Involvierung der lokalen Politik nicht zu verhindern war. Diese Faktoren wurden bewusst in Kauf genommen und gesteuert sowie Anstrengungen unternommen, ein Aufgreifen in die österreichweite Berichterstattung zu verhindern. Auf Ebene der Medien wurde die Strategie realisiert, bereits in der ersten Kommunikation – sprich der Ankündigung der Unternehmenspläne zur Restrukturierung – sämtliche Informationen zu kommunizieren und möglichst keine Fragen offen zu lassen. Dies beinhaltete auch die Kernbotschaft, dass die Pläne des Unternehmens unumstößlich waren und kein Handlungsspielraum mehr bestand. Damit konnte allen Stakeholdern signalisiert werden, dass die Unternehmensführung exakt weiß, was sie tut und dass der Versuch, Änderungen oder Abweichungen zu fordern, mehr oder weniger zwecklos ist.

Diese erste Presseinformation in Form einer „Tell-it-all"-Botschaft blieb auch die einzige Stellungnahme der Unternehmen: Ab diesem Zeitpunkt war kein Vertreter der Unternehmen für die Presse mehr erreichbar, es gab keinerlei ergänzende Stellungnahmen. Diese einzige öffentliche Stellungnahme wurde in einem Fall im Rahmen einer Pressekonferenz, im anderen Fall im Rahmen eines Exklusivinterviews mit einer Tageszeitung und einer zeitlich versetzten, aber gleichlautenden Presseaussendung über das zweite Netz der Austria Presse Agentur (APA-OTS) realisiert. Der Sinn der Exklusivgeschichte war es, die Story für alle anderen Medien uninteressant zu machen. Durch diese Vorgangsweise wurde garantiert, dass die „message control" zu annähernd 100 Prozent funktionierte – es kamen keine zusätzlichen Nuancen und Aussagen ins Spiel.

Eine zweite Informationsschiene war die Politik. Alle relevanten nationalen und lokalen Politiker und die lokalen Interessensvertreter erhielten Briefe der Geschäftsführung zur persönlichen Information über die anstehenden Restrukturierungsmaßnahmen – inhaltsgleich mit dem Pressestatement. Dieser Brief wurde am Tag der öffentlichen Kundmachung der Werkschließung den Politikern zugestellt, wenige Stunden vor dem ersten Medienbericht und knapp nachdem die Mitarbeiter persönlich von Werksleitung und Unternehmensführung im Rahmen von Mitarbeiterversammlungen informiert wurden. Die Betriebsräte wurden unmittelbar vor den Mitarbeitern in Kenntnis gesetzt.

Die dritte wesentliche Stakeholder-Gruppe im Fall einer Werkschließung oder Teilschließung bilden die Kunden und Lieferanten, die ebenfalls am Tag der Verlautbarung der Restrukturierungsmaßnahmen in persönlichen Briefen der Geschäftsleitung über diese Schritte informiert wurden, noch bevor diese es aus den Medien erfahren konnten. In den Wochen und Monaten danach wurden eigens geschaffene Newsletter zur direkten Information dieser Stakeholder eingesetzt, um die Loyalität zum Unternehmen und den Weiterbestand der Marke zu sichern.

Die gesamte Information aller Anspruchsgruppen wurde in beiden Fällen in einem Zeitraum von nur wenigen Stunden abgewickelt. Danach herrschte seitens der Unternehmen eine Informationssperre, um die Thematik nicht weiter anzuheizen. Auch die – in solchen Fällen notwendige – emotionale und kritische Berichterstattung der lokalen Medien wurde weitgehend ohne Kommentar in Kauf genommen.

In beiden Fällen war das Resultat, dass nach einem kurzen Hype am Tag der Verlautbarung der Restrukturierungsmaßnahmen die Medienberichterstattung rasch wieder abebbte. Einzelne Folgeberichte über Teilaspekte wie die Sozialplanverhandlungen verliefen weitgehend sachlich, wobei jedweder Medienkontakt von der Agentur abgewickelt wurde. Die vorinformierten politischen Entscheidungsträger kommentierten das Thema, wenn überhaupt, nur einmal und waren ebenfalls in Folge für Stellungnahmen dazu nicht mehr erreichbar.

Der befürchtete Skandal, der sich wochenlang durch die Medien zieht, konnte verhindert werden. Alle Anspruchsgruppen waren klar und deutlich vorab über ihre Handlungsspielräume informiert und die Unternehmensentscheidung wurde von Beginn an als unumstößlich und unbeeinflussbar wahrgenommen. Das Interesse am Konflikt wurde dadurch verhindert. Die Kunden nahmen davon Notiz, aufgrund der fehlenden Skandalisierung blieben die Restrukturierungsmaßnahmen allerdings ohne wesentliche Konsequenzen für die Marken der beiden internationalen Großunternehmen. In beiden Fällen konnte sogar bereits nur rund ein Monat nach Bekanntgabe der Schließung ein Umsatzplus respektive eine Absatzsteigerung verbucht werden.

Konzeption und begleitende Beratung: Kovar & Köppl Public Affairs Consulting

Fallstudie: Unterstützung des Marketing durch Public Affairs zur Bearbeitung politischer Gatekeeper (Premiere Fernsehen GmbH)

von Peter Köppl und Michael Grimm (Premiere Austria, Kommunikation)

Aufgabenstellung/Zielsetzung:

Das digitale Fernsehangebot des Abonnement-Senders „Premiere" wurde bis Oktober 2002 nicht im Wiener Kabelnetz des Betreibers UPC angeboten, sondern konnte in dessen Einzuggebieten ausschließlich via Satelliten-Antenne empfangen werden. Darin ortete das Unternehmen ein signifikantes Markthindernis in Österreich, das auch durch massive Werbeaktionen nicht zu ändern war. Einer Einspeisung stand allerdings im Wege, dass der Mutterkonzern des Marktführers unter den österreichischen Kabelnetzbetreibern (UPC) an der Einführung von Pay-TV-Angeboten arbeitete; eine Einspeisung von Premiere im erforderlichen Ausmaß schien nicht möglich.

In den Städten Wien und Graz (beide Einzugsgebiete der UPC) konnte Premiere auf Grund der mangelnden Empfangbarkeit nur gering Marktanteile dazu gewinnen. Der Marktzutritt wurde zusätzlich durch die gegebenen Wohnverhältnisse erschwert. Die potenziellen Konsumenten leben mehrheitlich in Wohnverhältnissen, bei denen sie eine Genehmigung für die Errichtung einer Sat-Anlage benötigten (Mietwohnungen, Genossenschaftswohnungen, Gemeindewohnungen). Für das Marketing bedeutete das kurz gesagt, dass selbst eine zum Abo als Add-on geschenkte Sat-Anlage immer noch der Genehmigung bedarf. Der Zugang der potenziellen Konsumenten zum Produkt war durch zumindest einen Gatekeeper unterbrochen. Eine direkte B2C-Ansprache war nicht sinnvoll.

Strategie:

Es wurde die Strategie entwickelt, die die Hindernisse zwischen dem Produkt und den potenziellen Konsumenten zuerst im Detail eruieren und nach Möglichkeit über Kooperationen und andere Wege diese Hindernisse aus der Welt schaffen sollte. Dies sollte primär durch fundierte Information und Aufklärung über alle relevanten Aspekte geschehen.

Daran sollte letztlich eine spezielle, punktgenaue Marketingkampagne anschließen, um den potenziellen Konsumenten einen einfachen Zugang zum Produkt und der Empfangsmöglichkeit zu geben. Die Arbeit konzentrierte sich auf Wien (Gesamtdauer: ein Jahr).

Umsetzung:

Eine Vorstudie ergab, dass nahezu alle großen Hausverwaltungen, privaten und institutionellen Wohnungs-Genossenschaften sowie der größte Wohnungsvermieter – die Stadt Wien (Gemeindewohnungen) – eine informelle Politik für den Umgang mit Sat-Anlagen hatten: die entsprechenden Anträge der Mieter wurden kurzum abgelehnt; entweder weil befürchtet wurde, dass eine einmal ausgesprochene Genehmigung einen Flächenbrand auslösen würde, oder, so die Bedenken, weil die erforderlichen Umbau- und Sicherheitsauflagen (gesetzliche Auflage für Blitzschutz-Einrichtungen) zu teuer oder für die anderen Mieter zu belastend sein könnten.

Parallel dazu wurde in einer repräsentativen Befragung herausgefunden, dass eine Vielzahl der Konsumenten sich für die Anschaffung einer Sat-Anlage interessierten, allerdings eine Nichtgenehmigung nicht in Kauf nehmen wollten und daher generell davon absahen. Parallel zu den Planungsarbeiten veröffentlichte die Kommission der Europäischen Union – passenderweise – eine Empfehlung („Recht auf Parabolantenne"), mit der sie jedwede Hürde bei Errichtung und Anschaffung von Sat-Anlagen als gegen die EU-Grundfreiheiten erachtete.

Auf Basis dieser Erkenntnisse wurde ein Informationspaket geschnürt, dass diese Informationen und Studien übersichtlich aufbereitete. Dazu kam eine Übersicht über technische und finanzielle Aspekte von Sat-Anlagen, sowie eine grundsätzliche Zusammenfassung des Status quo und der zu erwartenden Entwicklungen im Bereich des Satellitenfernsehens. Ausgerüstet mit diesem Informationspaket wurden die für Haustechnik und Kundenbetreuung zuständigen Mitarbeiter der zehn größten Wohnungsvermieter Wiens persönlich besucht. Während dieser Gespräche stellte sich rasch heraus, dass diese Gatekeeper ihre ablehnende Haltung gegenüber Sat-Anlagen umso mehr und eher aufgaben, je mehr fundierte Informationen sie hatten. Überrascht zeigten sich diese Entscheidungsträger vor allem vom potenziellen Zuspruch der Konsumenten sowie der Bereitschaft, für Sat-Anlagen auch bezahlen zu wollen – Ergebnisse aus der durchgeführten Studie.

Es zeigte sich, dass ein möglicher Lösungsweg darin bestehen könnte, bei einzelnen Häusern Gemeinschaftsanlagen zu errichten, womit die Versorgung mit Sat-TV für alle Wohneinheiten möglich wäre. Dies stieß vor allem im Zusammenhang mit Neubauten und Renovierungen auf Interesse. Binnen kurzer Zeit wurden konkrete Überlegungen betreffend die Errichtung solcher Pilotprojekte in Angriff genommen – einige kleinere Projekte wurden auch realisiert. Flankierend dazu wurden die potenziellen Kunden mittels Medienarbeit über die Programm-Möglichkeiten, Technik und

Kosten von Sat-Anlagen sowie die richtige Formulierung von Anträgen auf Genehmigung informiert. Diese Muster-Anträge wurden vorab mit den Wohnungsvermietern inhaltlich und rechtlich akkordiert.

Kurz bevor diese Strategie vollends aufgehen konnte, überschattete der Zusammenbruch der „Kirch Gruppe" allerdings alle Aktivitäten. Vor allem auch dadurch, dass unternehmensintern die Umsetzung der Projekte verzögert wurde. Allerdings wurden die aufgebauten Kontakte im Rahmen dieses Projektes, etwa zu den großen Wohnungsvermietern, den Konsumentenschutz- und Mietrechtsorganisationen sowie zu den relevanten politischen Entscheidungsträgern und Verbänden, durch einen Newsletter aufrecht erhalten. Dieser Newsletter informierte alle Interessierten weiterhin über Neuerungen im Bereich des digitalen Sat-Fernsehens. Nachdem sich das Unternehmen Premiere neu konstituiert und positioniert hatte, wurde in Österreich ein eigenes Programm auf den Markt gebracht („Premiere Austria"), das dann auch von UPC/Telekabel eingespeist wurde.

Konzeption und begleitende Beratung: Kovar & Köppl Public Affairs Consulting

Fallstudie: Management des politischen Umfelds im Rahmen der Restrukturierung des Filialnetzes durch Public-Affairs-Maßnahmen (Österreichische Post AG)

von Andreas Kovar, Walter Osztovics und Susanna Schaffer-Wieseneder

Aufgabenstellung/Zielsetzung:

Die Österreichische Post AG stand – so wie alle traditionellen europäischen Postgesellschaften – zu Beginn des 21. Jahrhunderts vor tiefgreifenden Veränderungen auf ihrem angestammten Markt: fortschreitende Liberalisierung und in der Folge Wettbewerb bei Postdienstleistungen; nachhaltiger Rückgang des klassischen Briefgeschäfts; veränderte Rolle der Postämter mit neuen Aufgaben als Nahversorger im Schreib- und Papierwarenhandel.

Um auf diese Veränderungen zu reagieren, entwickelte die Post AG basierend auf geographischen Informationen und betriebswirtschaftlichen Daten ein „Geschäftsstellenkonzept" mit dem Ziel, die Qualität und wirtschaftliche Ertragskraft der Standorte zu verbessern. Als Problem war erkannt worden, dass die Post AG über viele Standorte mit ungünstiger Kostenstruktur verfügte. Zum Teil waren Postämter an historischen, aber nicht mehr den aktuellen Anforderungen entsprechenden Standorten. Zum Teil handelte es sich um sehr kleine Filialen mit oft nur 13 Stunden Öffnungszeiten in der Woche. Viele davon waren mit nur einem Mitarbeiter besetzt, was hohe Kosten für Urlaubs- und Krankenstandsvertretungen verursachte und die Qualität der Beratung für die Kunden entsprechend einschränkte.

Ziel des Geschäftsstellenkonzeptes war es daher, die Filialen der Post AG auf weniger, dafür aber größere Standorte zu konzentrieren, diese Standorte technisch besser auszustatten und die Qualität der Kundenbetreuung durch Schulungen und Spezialisierung der Mitarbeiter am Schalter zu verbessern.

Dazu kam das Ziel, Kosten einzusparen, wodurch das Geschäftsstellenkonzept zu einem Teil eines umfassenden Restrukturierungsprogramms der Österreichischen Post AG wurde, das alle Bereiche des Unternehmens umfasste und die Konkurrenzfähigkeit der Post AG im Hinblick auf die fortschreitende Liberalisierung des Marktes für Postdienstleistungen erhöhen sollte.

Am 7. August 2001 erteilte der Aufsichtsrat der Österreichischen Post AG den Auftrag, das Geschäftsstellenkonzept umzusetzen. Verbunden mit dem Auftrag war eine präzise bezifferte Kostenvorgabe: Ab 2002 sollten die Veränderungen im Filialnetz Einsparungen von 10,9 Millionen Euro pro Jahr erbringen, was nur möglich war, wenn nahezu ein Drittel der bestehenden Postämter geschlossen wurde. Tatsächlich verringerte sich durch das Projekt die Zahl der Filialen von ursprünglich 2.300 auf 1.669.

Das Projekt umfasste einen Zeitraum von ungefähr einem Jahr mit einem fixen Endtermin am 30. Juni 2002. Dieser Termin durfte nicht verschoben werden, was den Zweck hatte, jede Form von Hinhaltetaktik auf Seiten der Betroffenen zu unterbinden. Sämtlichen Gesprächspartnern bei allen Stakeholder-Kontakten wurde auch immer klar kommuniziert, dass die Post AG an einer verantwortungsvollen Umsetzung des Projektes interessiert sei und die flächendeckende Versorgung in voller Qualität aufrecht erhalten wolle, dass aber eine Verschiebung oder Verwässerung des Schließungsprogramms ausgeschlossen wäre.

Die besondere Schwierigkeit des Projektes ergab sich aus drei Faktoren:
- Sämtliche Gruppen von Betroffenen hatten aus dem Projekt objektiv darstellbare Nachteile zu erwarten. Für die Kunden brachte die Schließung von Postämtern längere Anfahrtswege. Die Mitarbeiter betroffener Filialen mussten längere Wege an ihren Arbeitsplatz in Kauf nehmen und fühlten sich zum Teil auf hierarchisch niedrigere Positionen zurückgesetzt (vom Filialleiter in einem kleinen Postamt zum Abteilungsleiter in einem großen). Für die Bürgermeister der betroffenen Gemeinden war die Schließung „ihres" Postamtes ein Prestigeverlust. Die Politiker auf Landes- und Bundesebene befürchteten, dass öffentlicher Unmut über die Schließungen auf sie selbst zurückschlagen könnte und unterstützten das Projekt daher nur prinzipiell, nicht aber in seiner konkreten Umsetzung. Im Gegensatz dazu war der erwartbare Nutzen für die Allgemeinheit (Vermeiden von wirtschaftlichem Schaden in einem Unternehmen, dessen Eigentümer die Steuerzahler sind) zu abstrakt, um daraus öffentliche Zustimmung schöpfen zu können.
- Die Österreichische Post AG ist zwar der Form nach eine AG, wurde aber in der Öffentlichkeit und in politischen Kreisen immer noch als öffentliche Einrichtung gesehen. Politiker aller Ebenen (Gemeinden, Länder, Bund) fühlten sich daher selbstverständlich berechtigt, dem Unternehmen Vorschriften zu machen.
- Aus historischen Gründen sind die Niederlassungen der Österreichischen Post zum überwiegenden Teil auch Filialen der Postsparkasse (PSK). Eine Straffung des Netzes musste daher auch auf die Wünsche der Bank Rücksicht nehmen.

Strategie:

Von Anfang an war klar, dass die Schließung von Postämtern für politische Unruhe sorgen würde. Das hatten frühere Einzelbeispiele ebenso gezeigt wie Erfahrungen in Deutschland oder der Schweiz. Deshalb wurde noch vor dem Start des Projektes eine Public-Affairs-Strategie entwickelt, die das Ziel hatte, politischen Druck wegzunehmen und die öffentliche Aufmerksamkeit gering zu halten.

Erstes Ziel war es deshalb, möglichst viele der Betroffenen direkt zu informieren, wobei Kommunikationswege gesucht wurden, die es auch ermöglichten, Gerüchten und Fehlinformationen entgegenzutreten. Weiters wurde versucht, die politischen Ebenen zu entkoppeln, um zu verhindern, dass betroffene Bürgermeister Druck auf Landespolitiker machen, diese den Druck auf die Bundespolitik weitergeben und die Bundesregierung direkt in die Unternehmensentscheidungen der Post eingreift.

Die Strategie gliederte sich folglich in vier Teile:

1. Maßnahmen in Richtung Mitarbeiter
2. Maßnahmen in Richtung Politik und Multiplikatoren (Bürgermeister, Landespolitiker)
3. Direkte Information an Kunden (Post AG und PSK)
4. Medien- und Öffentlichkeitsarbeit

Gemeinsam war allen vier Bereichen das Prinzip, dass nie über „Schließungen" gesprochen werden sollte, sondern ausschließlich über „Zusammenlegung" von Postämtern oder über „Umstrukturierung". Unterstützt wurde dieses Wording durch die Tatsache, dass sämtliche Postleitzahlen unverändert erhalten blieben – wie sich herausstellte, ein wichtiges Argument gegenüber betroffenen Gemeinden, deren Bürger ihre Briefe zwar an einer anderen Stelle aufgeben mussten als früher, aber ihre Anschrift unverändert beibehalten konnten.

Eine Verzögerung, die das Projekt für kurze Zeit sogar zu gefährden drohte, ergab sich im Dezember 2001. Das Verkehrsministerium hatte gemäß EU-Richtlinie die so genannte Universaldienstverordnung (UDVO) verfasst, in der die Verpflichtungen der Post AG hinsichtlich Versorgungsdichte und -qualität geregelt sind. Auf Druck der Gemeindeverbände zögerte das Ministerium die Inkraftsetzung dieser Verordnung hinaus, mit der Absicht, die Umsetzung des Geschäftsstellenkonzeptes zu verzögern.

Auch dieses Problem konnte zuletzt mit Mitteln des Public-Affairs-Managements gelöst werden. In Gesprächen wurden maßgebliche Politiker davon überzeugt, dass die Post AG ihr Projekt auch ohne UDVO umsetzen kann, dass die Interessen der Gemeinden jedoch gerade im Falle von Postamtsschließungen durch die Vorgaben der UDVO am besten gesichert wären.

Umsetzung:

Schon bei der Erstellung der Strategie wurde deutlich, dass das Projekt sehr komplex sein würde. Tatsächlich waren zuletzt nicht weniger als 110

Personen damit befasst. Sie führten 1.900 Einzelgespräche mit Bürgermeistern, 1.850 Einzelgespräche mit MitarbeiterInnen und 50 Gespräche mit Opinion Leadern. Um diesen Umfang überblicken, steuern und kontrollieren zu können, wurde ein Projektmanagement in der Firmenzentrale der Österreichischen Post AG installiert. Dieses Projektmanagement übernahm die Ausbildung der später eingesetzten regionalen Projektteams, leitete ihren Einsatz und kontrollierte die Ergebnisse (Umsetzungszeitraum: rund neun Monate). Die zentrale Projektsteuerung und die regionalisierte Umsetzung begünstigten die zügige Umsetzung und gewährleisteten gleichzeitig eine hohe Flexibilität in Sachfragen.

Mitarbeiter:

Die wichtigste Botschaft an die Mitarbeiter lautete: „Es wird keine Kündigungen geben". Mit Mitteln der internen Kommunikation wurden sämtliche Mitarbeiter der Post AG, nicht nur die betroffenen, umfassend und frühzeitig informiert. So wurde es möglich, dass Unklarheiten oder Gerüchte jeweils vor Ort rasch und gründlich aufgeklärt werden konnten. Der Kommunikationsplan umfasste: Artikel in der Mitarbeiterzeitung, persönliche Briefe an die Mitarbeiter am Schalter und in der Distribution, Information an und über die Belegschaftsvertreter, dazu kamen noch 1850 Einzelgespräche. Mitarbeiter in den Postämtern vor Ort dienten auch als Instrumente der Kommunikation, indem sie darauf geschult wurden, Anfragen von Kunden präzise und im Sinne des Corporate Wordings zu beantworten.

Politiker und Multiplikatoren:

Als Ziel aller politischen Gespräche wurden „Verständnis" und „Duldung" definiert, nicht jedoch „Akzeptanz". Es war klar, dass vor allem Bürgermeister angesichts des Unmuts ihrer Gemeindebürger nicht dazu zu bringen sein würden, die Maßnahmen zu befürworten. Auch viele Landespolitiker blieben bis zuletzt bei ihrer ablehnenden Haltung gegenüber dem gesamten Projekt. Die Gespräche konnten aber bewirken, dass sie zumindest die sachliche Notwendigkeit erkannten und zudem sahen, dass das Projekt auf jeden Fall durchgeführt werden würde. Selbst die härtesten Kritiker entschieden sich deshalb für „stillschweigende Ablehnung", nachdem sie erkannt hatten, dass mit einem offenen Kampf gegen die Post politisch nichts zu gewinnen war.

Die Gespräche mit den Bürgermeistern der betroffenen Gemeinden bildeten den eigentlichen Kern des Umfeldmanagements und waren das wichtigste Tool bei der Überwindung des anfänglichen politischen Widerstandes. Die Gespräche wurden durch die Regionalleiter geführt, das sind Mitarbeiter der Österreichischen Post AG, die auf regionaler Ebene für das

Filialnetz zuständig sind. Damit wurde bewusst eine mittlere Führungsebene gewählt, die einerseits über den einzelnen Postamtsleitern steht und daher organisatorische Zusammenhänge glaubhaft erläutern kann, andererseits die Situation vor Ort kennt und sich nicht dem Vorwurf aussetzen muss, aus der abgehobenen Ferne der Wiener Zentrale zu entscheiden.

Diese Informationsgespräche hatten den Charakter von Verhandlungen, allerdings mit eng umgrenztem Verhandlungsspielraum. Die Schließung eines bestimmten Postamtes stand als solche fast nie zur Disposition. Dennoch wurde den Bürgermeistern auf diese Weise vermittelt, dass die Post nicht „von oben herab" vollendete Tatsachen setzen wolle, sondern an Lösungen interessiert sei, die für beide vertretbar sind. Bei der Gruppe der Regionalleiter handelte es sich um Manager aus dem Filialnetzbereich mit guter Firmenkenntnis, aber ohne Erfahrung in Public Affairs oder in politischen Verhandlungen. Sie mussten deshalb für dieses Projekt speziell geschult werden, zusätzlich erhielten sie eine standardisierte Matrix für die Gesprächsführung in die Hand, in der auch mündliche Vereinbarungen und Zusagen schriftlich festgehalten wurden. Diese Vorgangsweise sicherte eine durchgehend hohe Qualität der Kontakte und der weiteren Bearbeitung.

Die Gespräche folgten immer dem gleichen Schema: Zunächst wurden die allgemeine wirtschaftliche Situation der Post und die Notwendigkeit für Sparmaßnahmen erklärt und darauf verwiesen, dass allfällige „rote Zahlen" bei der Post zum Schaden des ganzen Landes wären. Dann wurde anhand von Leistungskennzahlen (Kundenfrequenz, Zahl der aufgegebenen Briefe und Pakete, etc.) dargelegt, weshalb das jeweils betroffene Postamt als Standort nicht aufrecht erhalten werden könne. Im dritten Schritt wurden mögliche Maßnahmen angeboten beziehungsweise ausverhandelt, um die Versorgungsqualität für die Bürger der betroffenen Gemeinde zu erhalten: Postpartner (also die Übernahme von Schalterdienstleistungen durch einen örtlichen Handelsbetrieb – insgesamt wurden 107 solche Postpartner installiert), Post-Servicestellen (die Gemeinde selbst betreibt auf ihre Kosten eine Sammelstelle für Postsendungen, diese werden einmal am Tag von der Post abgeholt), Postzusteller (die immer schon bestehende Möglichkeit, dass die Briefträger auch Post direkt im Haushalt abholen oder dort einfache Geldgeschäfte übernehmen, wurde stark ausgebaut und beworben).

Andere Stakeholder-Gespräche in dieser Gruppe wurden mit Vertretern der Bundesregierung, der Landesregierungen sowie mit dem Gemeindebund geführt. Sie dienten in erster Linie der Information über den Stand und die Hintergründe des Projektes. Bürgermeister, die sich mit dem Thema „Poststellen" an ihren Verband oder an einen Landespolitiker wandten, trafen dort auf Gesprächspartner, die mit den Argumenten bereits vertraut waren und den Standpunkt der Post AG kannten. Mit der Wirtschaftskammer gab es Gespräche mit dem Ziel, die Einrichtung von Postpartnern (die ja durchwegs Kammermitglieder sind) zu unterstützen.

Kunden:

Nachdem die negative Berichterstattung in den Medien und die damit verbundene Verunsicherung durch das Umfeldmanagement eingedämmt werden konnte, konnte sich die Informationsarbeit an betroffene Kunden auf normale Marketing- und Service-Methoden beschränken.

Kommuniziert wurde mit all jenen Kunden, die von der Verlegung eines Postamtes betroffen waren, insbesondere jenen, die dort ein PSK-Konto unterhielten. Für jedes der Postämter wurde ein „Überleitungstag" festgelegt, an dem die Mitarbeiter des neuen Postamtes das alte besuchten. Die Kunden konnten so gewissermaßen von den bestehenden an die künftigen Betreuer übergeben werden, sie erhielten aus erster Hand die Information, dass sich mit Ausnahme der Adresse des Postamtes nichts für sie ändere. Unterstützt wurden diese Begegnungen durch Mailings an die Kunden, zwei Folder („Wir übersiedeln" und „Willkommen auf ihrem neuen Postamt") und Gutscheinhefte für die Leistungen des neuen Postamtes. Ein Ergebnis dieser intensiven Kommunikation war, dass die anfangs befürchteten Abwanderungen von Kunden der Postsparkasse zu anderen Banken nur im Promillebereich stattfanden.

Medien:

In der Anfangsphase war das Projekt von starkem negativen Medienecho begleitet. Regionale TV-Stationen und Bundesländerzeitungen berichteten ausführlich und sehr emotional über verlassene Postämter und einsame Briefträger. Durch gezieltes Umfeldmanagement konnte die Quelle dieser Berichte zum Versiegen gebracht werden, sodass in der operativ bewegtesten Phase kaum noch Notiz davon genommen wurde.

Eine Auswertung der Medienberichte zeigt, dass im Oktober 2001 mit 487 Meldungen der Höhepunkt der öffentlichen Aufmerksamkeit erreicht wurde. Nachdem das Umfeldmanagement zu greifen begann, ebbte das Interesse rasch ab. Schon im Dezember 2001 waren es nur mehr 147 Berichte. Im Juni 2002 berichteten Medien 125-mal über Postamtsschließungen, wobei in dieser Zahl auch bereits die positiven Meldungen über den erfolgreichen Abschluss des Projektes inkludiert sind.

Konzeption und begleitende Beratung: Kovar & Köppl Public Affairs Consulting

Fallstudie: Organisation von Lobbying-Projekten über Projektmanagement (Industriellenvereinigung)

von Peter Köppl und Klaus Weissmann (Bereichsleiter Projektkoordination, Industriellenvereinigung)

Aufgabenstellung/Zielsetzung:

Vor dem Hintergrund der Veränderungen im politischen System der Europäischen Union sowie in Österreich vollzog die Industriellenvereinigung (IV) eine Neupositionierung innerhalb des Interessenvermittlungssystems. Das Ziel bestand kurz gesagt darin: Weg vom traditionsbehafteten Mitgliederverband mit starkem Service-Charakter hin zu einer schlagkräftigen Lobbying-Organisation, die im Auftrag ihrer Kunden (Mitglieder) die europäische und österreichische Politik aktiv mitgestaltet und berät.

Die IV ist eine freiwillige Interessenvertretung, der rund 2.000 Mitglieder angehören. Lange Jahre galt die IV primär als Think-Tank mit exzellenter Expertise, die dem politischen System ihr Know-how und immer wieder auch einzelne Mitarbeiter zur Verfügung stellte. Unter der Vorgabe, die konkrete Umsetzungsqualität des Lobbyings zu verbessern, war es notwendig, eine neue flache Struktur für die aktive Durchsetzung der Industrie-Interessen zu finden. Die dafür 2002 entwickelte Positionierung lautete „Österreich nachhaltig gestalten" und basierte auf den drei Säulen „Staat modernisieren", „Bürger und Unternehmen entlasten" und „In die Zukunft investieren".

Strategie:

Vorstand und Generalsekretär etablierten zu diesem Zweck eine Struktur, die für einzelne Lobbying-Projekte eigenverantwortliche „Projektleiter" vorsah. Diese arbeiten in enger Abstimmung mit dem Brüsseler Büro und berichten direkt dem Generalsekretär. In einer jährlichen Projektklausur werden auf Basis vorhergehender Analysen und Recherchen die einzelnen Lobbying-Projekte intern beauftragt. Das heißt, jedem Lobbying-Projekt, das im Interesse der Mitglieder realisiert werden soll, werden ein oder mehrere Projektleiter zugeteilt. Solche Projekte sind zum Beispiel: „Biotech-Standort Österreich", „Forschungsfinanzierung", „Reform des Aktienrechts" oder „Senkung der Lohnnebenkosten".

Um diese strategische Vorgabe operativ umsetzen zu können, wurde eine „Projektkoordination" eingerichtet, die die einzelnen Projektleiter in ihrer Lobbying-Arbeit unterstützt und bei der Definition von Zielen und Prozessen coachen soll. Der ebenfalls neu etablierte Bereich der Gesellschaftspolitik unterstützt die Arbeit der Lobbying Projekte durch das Herausarbeiten von Win-Win-Situationen zwischen Unternehmen und der Gesellschaft. (Gesamtdauer der beschriebenen Bereiche: rund zwölf Monate.)

Umsetzung:

In einem ersten Schritt wurde eine einheitliche Projektmanagement-Kultur für Lobbying-Projekte entwickelt. Die Vereinheitlichung des Projektmanagements durch interne Schulungen der Projektleiter und Führungskräfte, die Optimierung von Projektmanagement-Richtlinien sowie die Entwicklung adäquater Projektmanagement-Hilfsmittel und Standards für Lobbying-Prozesse standen dabei im Vordergrund.

Weiters wurde eine „Lobbying-Academy" als interne Weiterbildungsmaßnahme für alle Projektleiter angeboten. Dazu wurde im Sinne des „best-practice" ein externer Lobbying-Experte zu einem IV-internen Workshop eingeladen. In Folge wurden einzelne Projektleiter von externen Beratern auch in der Ziel- und Strategiefindung begleitet.

Darauf aufbauend wurde ein internes „Lobbying Manual" entwickelt, dass die wichtigsten Lobbying-Strategien mit Projekt-Management-Know-how verknüpft. Dieses Manual, das als Instrument für die tägliche Arbeit der Projektleiter dient, definiert die Prozesse und Milestones der Umsetzung von IV-Lobbyingprojekten. Darin enthalten sind, neben Anleitungen für die Planung, Budgetierung, Umsetzung und Kommunikation von Lobbying-Projekten, vor allem auch konkrete Tools – à la Projektantrag, Gesprächsvorbereitungen, Positionspapier – für die tägliche Arbeit. In Verknüpfung mit dem Intranet der Industriellenvereinigung resultiert daraus eine einfach zu handhabende Unterstützung für die Optimierung des IV-Lobbyings.

Wesentlicher Bestandteil dieser Projektorganisation ist das interne Berichtswesen – ein Instrument des Projekt-Controllings, mit dem das Management sowie die Projektkoordination laufend über Projektverlauf und Veränderungsnotwendigkeiten informiert wird.

Zur Information und Einbindung aller internen Experten sowie der IV-Mitglieder wurde außerdem ein Projektfolder publiziert, der alle Lobbying-Projekte beschreibt und die jeweiligen Projektleiter vorstellt. Dieser Folder, der jährlich adaptiert wird, wird allen Mitglieder zugesandt. Über den jeweiligen Stand der einzelnen Projekte werden die Mitglieder nicht nur in persönlichen Gesprächen informiert, sondern auch im Rahmen einer Serie in der Mitgliederzeitschrift der Industriellenvereinigung. Die Lobbying-Projektarbeit erlaubt darüber hinaus eine direkt vom jeweiligen Projektthema betroffene Gruppe von Mitgliedern zu definieren. Die so genannte flexible „Projekt-Community" wird vom Projektleiter mittels direkter Marketing-Aktivitäten gezielt über „Milestones" und Projektfortschritte informiert und damit stärker in den Lobbying-Prozess integriert.

Immer wieder stellt sich für effizientes Lobbying die Frage, wer der wirklich relevante politische Ansprechpartner für eine spezielle Frage ist und wie diese Person einzuschätzen ist. Um den IV-Projektleitern ein entsprechendes Instrument in die Hand zu geben, wurde nach US-amerikanischem Vorbild ein „Politisches Handbuch Österreich" erstellt. In diesem Handbuch, dass im Frühsommer 2003 vorgestellt wurde, sind alle Minister, Nationalrats- und EU-Abgeordneten aufgelistet, beschrieben und mit ihren politischen Funktionen sowie den Kontaktadressen ausgewiesen. Das Handbuch, das in Kooperation mit dem Präsidium des Österreichischen Nationalrates erstellt wurde, ist angereichert mit einem Glossar der wichtigsten politischen Begriffe, einer „politischen" Landkarte der Stadt Wien und einem Verzeichnis der IV-Lobbyingprojekte. Um aus diesem Handbuch weiteren Nutzen zu ziehen, erhielten auch jedes IV-Mitglied sowie alle darin angeführten Politiker ein Exemplar. Damit signalisiert die Industriellenvereinigung politischen Gestaltungswillen, ruft die Politik zum konstruktiven Dialog und die Mitglieder zur aktiven Mitarbeit auf und leistet einen Beitrag zur Transparenz in der Politik.

Die Neuausrichtung der Industriellenvereinigung als aktive Lobbying-Organisation ist ein anhaltender Prozess. Das positive Feedback von den Mitgliedern sowie aus dem Kreis der politischen Entscheidungsträger bestärkte die Vereinsführung jedenfalls auf ihrem Weg, dieses System noch weiter zu professionalisieren und die Effizienz zu steigern.

Konzeption und begleitende Beratung: Kovar & Köppl Public Affairs Consulting

Fallstudie: Issues-Management – Kampagne gegen ein Industrieprojekt aus der Sicht von Umweltschutzorganisationen (Atomkraftwerk Mochovce)

(nach: Köppl, 2000)

Ausgangssituation:

Die geplante Modernisierung des nur 200 km östlich der österreichischen Staatsgrenze situierten slowakischen Atommeilers Mochovce wurde zu Beginn 1994 in Österreich bekannt. Das Projekt sollte von der Europäischen Investitionsbank (EIB) und der Europäischen Bank für Wiederaufbau und Entwicklung (EBRD) mit insgesamt 10,2 Milliarden Schilling (rund 740 Millionen Euro) unterstützt werden. Die technischen Arbeiten sollten von Siemens KWU (Deutschland) und Electricité de France (Frankreich) erbracht werden. Doch die Pläne der Kraftwerksbetreiber wurden vom österreichischen Widerstand durchkreuzt und das Projekt vorübergehend auf Eis gelegt. Zwei Umweltschutzorganisationen, Global 2000 und Greenpeace, konnten sowohl die Bevölkerung und die Medien als auch die offizielle Politik gegen das grenznahe Atomkraftwerk mobilisieren.

Strategie:

Öffentlichkeitswirksam begannen Aktivisten von Global 2000 am 16. Jänner 1994 den Konflikt zu inszenieren: Während der TV-Livesendung „Wetten daß..?", einer der reichweitenstärksten Samstagabendshows im deutschsprachigen Raum, seilten sich zwei Aktivisten in der Linzer Stadthalle vom Innendach ab und landeten vor laufenden TV-Kameras auf der Bühne, um damit gegen das Kraftwerksprojekt Mochovce zu demonstrieren. Damit begann eine für Österreich bis dahin in dieser Ausprägung fast einzigartige Kampagne, die in drei Stufen verlief: Thematisierung (Jänner-Oktober 1994), Mobilisierung (November-Dezember 1994) und Politisierung (Jänner-März 1995).

Umsetzung:

Die erste Phase, „Thematisierung", bildete den Versuch, Mochovce als Thema in der öffentlichen Diskussion zu etablieren und die Öffentlichkeit zu sensibilisieren. Trotz massiver Pressearbeit reagierten Österreichs Medien jedoch kaum, vielen schien das Thema entweder zu wenig interessant oder politisch zu heikel. Handelte es sich doch um politische Beziehungen zu einem jungen Nachbarstaat. Daraufhin besann sich Greenpeace auf die eigentliche Stärke der Organisation: durch Aktionismus massenmediale News zu inszenieren und damit schlagartig eine breite Öffentlichkeit herzustellen.

Aktivisten der Organisation brachten am 7. Mai 1994 ein Transparent auf einer Betonmauer vor dem Kernkraftwerk Mochovce an und am 6. Juli folgte die spektakuläre Befestigung eines 2.300 m² großen Transparents auf einem 125 Meter hohen Kühlturm Mochovces. Die TV-Teams waren mit dabei und das Thema Mochovce ab diesem Zeitpunkt in aller Munde. Zum „Gaudium" der Medien und damit ebenso öffentlichkeitswirksam verlief am 13. September die „Dekontaminierung des Ministerrates", die Messung der österreichischen Minister auf Verstrahlung anlässlich einer Routinesitzung.

Konsequenterweise nützten die beiden Umweltschutzorganisationen die entstandene Anti-Mochovce-Stimmung und intensivierten ihre Arbeit, um breite Bevölkerungskreise zu mobilisieren. Am 15. November 1994 findet der von Greenpeace veranstaltete „Nukleare A-Mock-Lauf" reges Medien- und Publikuminteresse. Ziel dieser Aktion war der damalige österreichische Außenminister Alois Mock, der politisch in Richtung Fertigstellung des Atomkraftwerkes tendierte. Auch die auflagenstärkste österreichische Tageszeitung, die „Neue Kronen Zeitung", erkannte die Gunst der Stunde und griff das Anti-Mochovce-Thema am 30.Oktober 1994 mit einer großangelegten Reportage auf. Alleine im November 1994 publizierte die „Kronen-Zeitung" insgesamt zwölf Artikel, acht Kurzberichte und vier Kurzmeldungen. Etwa zu dieser Zeit gründeten Global 2000 und „Kronen-Zeitung" eine Interessenkoalition, die jedoch als „Nicht-Exklusivabkom-men" bezeichnet wurde. Beide Akteure übernahmen ab diesem Zeitpunkt fast exklusiv das Thema: Der ausschließlich von der „Kronen-Zeitung" ab-gedruckte Unterschriftenkupon gegen das Atomkraftwerk Mochovce war die auffälligste Visualisierung dieser Kooperation. Am 28. Dezember 1994 betrat auch die Stadt Wien offiziell die Arena der Anti-Mochovce-Diskus-sion und richtete am Wiener Graben öffentlichkeitswirksam einen Infor-mationsstand für Global 2000, Greenpeace und Anti Atom International ein. Dem Unterschriftenaufruf wurden Informationsmaterialen zu Mochovce und die Auswirkungen auf Wien angefügt.

Vor allem die Breitenwirkung der „Kronen-Zeitung" sowie die enorme Reaktion auf die Unterschriftenkupons leiteten die Phase der „Politisie-rung" ein, womit die Diskussion den Sprung auf die politische Ebene schaffte. Am 2. Jänner 1995 erinnerte Greenpeace in einem offenen Brief die österreichische Bundesregierung an ihre Anti-Atom-Linie und formu-lierte einen Forderungskatalog, der die Bundesregierung aufforderte, bei der Europäischen Union gegen Mochovce aktiv zu werden. Zeitgleich publi-zierte Greenpeace angebliche Lücken und Mängel der Mochovce-Projekt-daten und brachte damit neue Fakten in die Diskussion ein. Nur zwei Wochen später widerlegten Greenpeace-Experten eine aufwendige Least-Cost-Studie der EBRD.

Zwischen dem 9. und dem 15. Jänner 1995 legte die Stadt Wien in allen magistratischen Bezirksämtern Wiens die Informationsunterlagen der Mochovce-Betreiber sowie eine Informationsbroschüre zum geplanten Hearing auf. Da sich diese Vorgehensweise der Stadt Wien zeitlich mit der Austragung der Gemeinderatswahlen deckte, war die Ablehnung des Atomkraftwerks zu einem Wahlkampfthema in der Bundeshauptstadt geworden. Alleine im Jänner 1995 kommentierten Österreichs Medien mit 138 Artikeln, Kurzberichten und Kurzinfos die Diskussion. Spitzenreiter war erneut die „Kronen-Zeitung" mit 36 verschiedenen Beiträgen zum Thema Mochovce, an manchen Tagen sogar mehrere Berichte in einer Ausgabe. Die Politisierung wurde kontinuierlich mit Aktionismus und Medienbeteiligung unterstützt: Einer Demonstration vor den Amtsitzen von Bundeskanzler sowie Bundespräsident, dem „Wiener Ballhausplatz-Protest", folgte eine mit Transparenten und Aufklebern umgestaltete Straßenbahn – die „Anti-Atom-Bim" – und eine Menschenkette wurde von Wien nach Pressburg gespannt, bekannt geworden als „Anti-Atom-Band". Schließlich wurden der EBRD in London 1,2 Millionen österreichische Anti-Mochovce-Unterschriften übergeben.

Für Ende Jänner 1995 war ursprünglich ein öffentliches Hearing der Projektwerber, organisiert von der österreichischen Bundesregierung in Wien, geplant. Diese „public participation", von der EBRD für die Kreditbewilligung vorgeschrieben, kam jedoch nicht zustande. Die Electricité de France (EdF) wehrte sich namens der Projektwerber gegen eine öffentliche Diskussion mit Atomgegnern und ließ das Hearing platzen. Statt dessen wurden Mitte Februar 1995 in einem Wiener Hotel 300 von EdF sorgfältig ausgewählte Experten über Mochovce informiert. Die Öffentlichkeit blieb ausgeklammert. Nicht nur Österreichs Politiker fühlten sich dadurch brüskiert.

Zusehends übten Medien, Aktionismus und die Beteiligung der Bürger Druck auf die österreichische Regierung aus. Österreichs Politiker reagierten anfangs zögernd, erkannten aber letztendlich das politische Potential der Diskussion. Zentrale Anlaufstelle der Regierungsmitglieder in ihrem Lobbying war vor allem der österreichische Direktor in der EBRD, Heiner Luschin. Österreichs damalige Umweltministerin Maria Rauch-Kallat versuchte ihn ebenso gegen Mochovce einzustimmen wie den US-Vizepräsidenten Al Gore und die US-Energieministerin Hazel O'Leary. 20 namhafte amerikanische Umweltorganisationen forderten zeitgleich Al Gore zu einem amerikanischen „Nein zu Mochovce" auf. Mit einer Erklärung im EU-Umweltministerrat fand Österreichs weiters Unterstützung von Dänemark, Luxemburg, den Niederlanden, Griechenland, Irland und Portugal: Die EU-Kommission sollte einer Kreditvergabe der EBRD nicht zustimmen, bevor nicht sämtliche Bedenken über das Projekt glaubwürdig aus dem

Weg geräumt wären. Ein deutliches Signal sowohl an die Projektwerber und die EBRD – denn umgelegt auf die Stimmenverhältnisse im EU-Ministerrat hätte diesen Länder zusammen eine Sperrminorität erreicht.

Auch in anderen EU-Ratssitzungen in diesem Zeitraum sprachen sich Österreichs offizielle Vertreter gegen eine Kreditvergabe der EBRD an die Mochovce-Betreiber aus. Bundeskanzler Franz Vranitzky und Bundespräsident Thomas Klestil argumentierten bei diversen bilateralen Treffen ebenfalls gegen das Atomkraftwerk. Hatten schon die 1,2 Millionen österreichischen Unterschriften gegen Mochovce Eindruck bei der EBRD hinterlassen, so taten es erst recht die nunmehr lautstark zu vernehmenden politischen Proteste: Anfang April 1995 teilte die EBRD mit, dass das Projekt „momentan suspendiert" sei, also keine Kreditvergabe erfolgen werde. Kurz darauf zogen sich Siemens KWU und Electricité de France als Projektwerber aus Mochovce zurück. Damit war international die Modernisierung des Atommeilers Mochovce in weite Zukunft gerückt.

Fallstudie: Reduzierung des Handlungsspielraumes eines Unternehmens durch externen Druck (Brent Spar)

(nach: Winter/Steger, 1998; Köppl, 2000; Watkins/Bazerman, 2003)

Ausgangssituation:

Die Ölplattform „Brent Spar" wurde von Shell Expro, einem Konsortium der Unternehmen Shell UK und Exxon, als Lager im Brent-Ölfeld der Nordsee verwendet und kam 1995 zu internationaler Berühmtheit. Die zur Mitte der 1970er Jahre errichtete Plattform versah zwischen 1976 und 1991 ihre Dienste, wurde jedoch durch die Errichtung einer Öl-Pipeline überflüssig. Die Frage der Entsorgung der Brent Spar gestaltete sich allerdings aufgrund der vorhandenen sechs Speichertanks als kompliziert. Shell ließ deshalb die Vor- und Nachteile der verschiedenen Entsorgungsmöglichkeiten durch 30 Studien überprüfen. Diese Studien kamen zum Ergebnis, dass ein Versenken der Plattform in der Nordsee aus ökologischen Gründen besser wäre als eine Entsorgung an Land. Denn durch die Versenkung, so die Studien, würde das Restöl in den Tanks nicht in die Nahrungsmittelkette gelangen oder andere Umweltschäden verursachen. Außerdem war diese Form der Entsorgung auch kostengünstiger für das Unternehmen.

Shell ersuchte im September 1992 die britische Regierung um Genehmigung dieser Brent-Spar-Entsorgung. Erst im Februar 1995 kündigte der damalige britische Energieminister, Tim Eggar, an, dass die Regierung den Plänen von Shell zustimme und die Genehmigung zur Versenkung der Brent Spar erteile. Noch am selben Tag publizierte Shell eine Presseaussendung, um die Versenkung der Brent Spar in einem 2.500 Meter tiefen Seegraben rund 250 Kilometer vor der schottischen Küste anzukündigen. Diese Meldung blieb in der Öffentlichkeit weitgehend unberücksichtigt und kein anderes Land äußerte sich dazu.

Eskalationsverlauf:

Mehr als zwei Monate später, am 30. April 1995, trat Greenpeace auf den Plan: Aktivisten der Umweltschutzorganisation besetzen in der Nacht mit Schlauchbooten und Seilen die Brent Spar. Greenpeace hatte den Zeitpunkt exakt gewählt: Die Kampagne startete nur ein Monat vor dem EU-Umweltministerrat, der sich dem Thema Verschmutzung der Nordsee widmen sollte. Zeitgleich begannen die Greenpeace-Büros in mehreren europäischen Ländern ihre Kampagne gegen das Versenken der Plattform. Das Kernargument dabei war, dass diese Aktion eine ganze Reihe von Plattformversenkungen in der Nordsee nach sich ziehen werde. Weiters behauptete Greenpeace, dass sich in den sechs Speichertanks rund 130 Tonnen giftige Rückstände befänden. Gegen diese Angaben lief Shell UK in Folge mit Studienergebnissen und technischen Details vergeblich Sturm. Alleine die Möglichkeit, dass diese Angaben richtig sein könnten, war rasch Teil der öffentlichen Wahrnehmung und damit der emotionalen Ablehnung der Vorgangsweise geworden.

Von den Aktivisten auf der Brent Spar – fernab der Küste im offenen Meer – nahm in den ersten Wochen kaum jemand Notiz. Erst als Shell UK und die britische Polizei, ermächtigt durch ein britisches Gericht dazu ansetzten, die Plattform zu räumen, sprangen die Medien auf. Gestützt auf modernste Kommunikationstechniken – das Schiff von Greenpeace war mit einem TV-Studio und einer Satellitenverbindung ausgestattet – lieferte Greenpeace exklusiv fernsehgerechte Bilder an alle TV-Stationen, die die polizeilichen Räumungsversuche sowie die Schleppmanöver der Ölplattform in viele Haushalte brachte. Die Konzentration lag dabei vor allem auf den umweltsensiblen nordeuropäischen Ländern. Parallel dazu organisierte Greenpeace Protestaktionen in mehreren Ländern Europas. Dabei wurde die Bevölkerung aufgerufen, Shell-Tankstellen zu boykottieren, wodurch hohe lokale Aufmerksamkeit ebenso erzielt wurde wie eine breitenwirksame Front gegen das Unternehmen.

Auf hoher See filmten die Greenpeace-Kameras währenddessen das Abschleppen der Brent Spar in Richtung der geplanten Stelle der Versenkung sowie mehrere Versuche der Aktivisten, die Plattform wieder zu besetzen. Die Antwort von Shell UK geriet in ihrer öffentlichen Wirkung zu einem kommunikativen Desaster: es wurden Wasserkanonen gegen die Greenpeace-Schlauchboote eingesetzt. Die Exklusivität des Greenpeace-Filmmaterials, das den TV-Anstalten kostenlos als Down-Link via Satellit zur Verfügung gestellt wurde, erzielte enorm hohe Aufmerksamkeit und wurde durch die PR-Aktivitäten von Greenpeace unterstützt. Der Kampf um die Besetzung der Brent Spar hatte aufgrund der Symbolwirkung intensive Auswirkung auf die öffentliche Meinung. Konsumenten in Deutschland, den Niederlanden und Dänemark folgten den Boykottaufrufen gegenüber Shell-Tankstellen von Greenpeace. Der Einsatz von Kampagnenmaterialen wie T-Shirts, Sticker oder einer eigenen Website („hate-page") penetrierte das Greenpeace-Motto „Go Shell. Go Hell" in die Wahrnehmung der Öffentlichkeit.

Die Emotionen gingen in Folge hoch: In Deutschland wurden auf mehrere Shell-Tankstellen Schussattentate verübt, eine andere Tankstelle wurde durch Brandlegung beschädigt. Einzelne Shell-Tankstellen in Deutschland berichteten über Umsatzrückgänge von bis zu 50 Prozent als Folge von ausbleibenden Konsumenten. Diese Eskalation führte letztlich dazu, dass der deutsche Bundeskanzler Helmut Kohl an die britische Regierung appellierte,

Shell von der Versenkung der Brent Spar abzubringen. Am 20. Juni 1995, einen Tag bevor die Brent Spar ihre Entsorgungsstelle erreicht hatte, wich Royal Dutch Shell dem Druck der öffentlichen Meinung und gab bekannt, dass die Plattform nicht versenkt werde. Diese Entscheidung wurde weithin als Sensation erachtet und fand europaweit flächendeckende Berichterstattung. Shell musste anerkennen, dass selbst technische und rechtliche Argumente gegen den massiv inszenierten Druck nicht standhalten konnten.

Learnings:

Im Nachhinein betrachtet ist die „unkoordinierte, reaktive und letztlich erfolglose Vorgangsweise" von Shell UK (Watkins/Bazerman) auf einen Mangel an Planung und Umfeldanalyse zurückführen. Denn Shell verfügte an sich über ausreichende Informationen, um diese Eskalation vorauszusehen: der Sicherheitsexperte des Unternehmens hatte vor einer möglichen Besetzung der Brent Spar durch Umweltaktivisten gewarnt. Auch andere Ölfirmen hatten gegen den Plan der Versenkung protestiert und Greenpeace wiederum hatte ein öffentlich bekanntes Renommee dafür, umweltsensible Objekte erfolgreich zu besetzen. Für viele war auch gerade die Brent Spar ein augenscheinliches Objekt, um öffentlich wirksamen Widerstand anzuziehen: mit 14.500 Tonnen war sie eine der größten Off-Shore-Konstruktionen der Welt und eine von nur wenigen Ölplattformen in der Nordsee, die über große Speichertanks mit giftigen Rückständen verfügte. Alle diese Warnsignale wurden offensichtlich missachtet und luden im Gegenzug zu einer Kampagne gegen das Unternehmen ein.

Fallstudie: Beeinflussung einer politischen Entscheidungsfindung durch Emotionalisierung (Entstehung der EU-Gentechnik-Richtlinie)

von Martin Neureiter (nach: van Schendelen, 2003)

Ausgangssituation:

Am 23. Februar 1998 publizierte die Kommission der Europäischen Union ihr Dokument 598PC0085 („Gentechnik-Richtlinie"), welches von der Generaldirektion Umwelt, atomare Sicherheit und Zivilschutz erstellt worden war. Die Kodenummer steht für den Vorschlag zur Gesetzgebung an das Parlament und den Rat, um die alte Direktive 90/220/EEC über die beabsichtigte Freilassung von genmanipulierten Organismen (GMO) zu überarbeiten. Das Ziel der EU war es, eine strengere Regelung, aber kein generelles Verbot zu schaffen, und zwar für Forschung, Produktion und den EU-internen sowie externen Handel mit GMO (Genetically Modified Organism, vulgo gentechnisch veränderte Organismen).

Am 24. Juni 1999 erreichten die Umweltminister im Rat eine Lösung eher prozeduralen Charakters: Jede Zulassung von GMO zu Experimentierzwecken oder für den Markt sollte auf der Basis einer Risikoabschätzung und der Zustimmung einer kompetenten Stelle (meistens ein kommissionelles Regulatorverfahren) erfolgen und speziellen Standards für Risiko, Überwachung und Information der Öffentlichkeit – etwa durch Kennzeichnung – erfüllen. Vor allem Frankreich, das seine konventionelle Landwirtschaft schützen wollte, drängte auf ein Moratorium für die weitere Zulassung von GMO-Produkten. Man einigte sich auf die Formel: „Keine weiteren Zulassungen, außer ein Risiko kann ausgeschlossen werden." Formell waren diese Beschlüsse nicht bindende Deklarationen („Moratortium"), aber sie zeigten die Kontroversen zwischen und innerhalb der Mitgliedstaaten. Der EU-Kommission sowie dem Parlament zeigten sie, welche Vorgaben von den Mitgliedstaaten akzeptiert werden würden.

Am 18. Oktober 1999 diskutierte das EU-Parlament den entsprechenden Bericht seines Ausschusses für Umwelt, Öffentliche Gesundheit und Konsumentenschutz zur Vorlage der Kommission und machte dabei von seinem Recht Abänderungen einzubringen Gebrauch: Das Parlament nahm in Summe 39 Abänderungen zum Kommissionsbericht an. Sie gingen allesamt in Richtung strengerer Regeln und wurden in weiterer Folge mit nur wenigen Ausnahmen von der Kommission übernommen. Am 13. Dezember 1999 genehmigte der Rat bereits in erster Lesung seine gemeinsame Position und übernahm dabei fast gänzlich die Position des Parlamentes, nur

Frankreich, Irland und Italien enthielten sich diesmal der Stimme. Dabei fanden auch einige neue Prinzipien parlamentarische Unterstützung: Das Prinzip der „Vorsicht" – das besagt, dass, wenn ein Risiko besteht, es keine Genehmigung gibt –; das Prinzip der „Nachverfolgbarkeit" betreffend die Herkunft von GMO-Produkten am Markt; das Prinzip des „Genehmigungs-zeitraums" mit maximal zehn Jahren und das Prinzip der „Notwendigkeit für globale Vereinbarungen über Exporte" (Biosicherheits-Protokoll).

Politisierung und der Einfluss von Interessen:

Natürlich oblag es letztlich der EU-Kommission, die entsprechenden Vorschläge basierend auf diesen Prinzipien vorzulegen. Und schon kurz darauf präsentierte die Generaldirektion Umwelt unter der Leitung von Margot Wallström ihr Weißbuch gemäß diesen Prinzipien sowie die neue Politikidee einer „Umwelthaftung", die allerdings nicht nur auf GMO limitiert war. Die Generaldirektion Konsumentenschutz unter der Leitung von David Byrne involvierte sich darauf hin ebenfalls in diese Materie: Sie konzentrierte sich auf die Frage der Kennzeichnung der GMO-Produkte, die den Konsumenten eine Wahlmöglichkeit ermöglichen sollte. Im Austausch für sämtliche genannten Aspekte bot die Kommission letztlich an, das rechtlich nicht bindende Moratorium zu beenden.

Zwischenzeitlich ging die Überarbeitung der Direktive 90/220 im Parla-ment und Rat weiter. Die beiden Organe behielten ihre Widersprüche in der zweiten Lesung bei, was die Einleitung eines Einigungsverfahrens bewirkte. Schlussendlich wurde ein Kompromiss erzielt, der es erlaubte, das Prinzip der Nachverfolgbarkeit und der Kennzeichnung mit der Aufhebung des Moratoriums zu vereinen. In der Plenarsitzung am 14. Februar 2001 stimmte das Europäische Parlament diesem zu und schloss damit das Dossier. Wie bei EU-Prozessen durchaus üblich enthielt die überarbeitete Direktive viele Bestimmungen, die von der Kommission im Detail noch reguliert werden mussten, so unter anderem die kritischen und konfliktreichen Aspekte Nach-verfolgbarkeit, die Kennzeichnung und das Verfahren für weitere Geneh-migungen. Der nächste Konflikt folgte dann auch bereits im Mai 2001, als Wallström bezüglich der Kriterien für die Nachverfolgbarkeit umgehend Grenzwerte für zugelassene GMO festlegen wollte, während Byrne vor-schlug, spezielle Kommissionen für die Festlegung der Maximalwerte ein-zusetzen.

Zwischen 1998 und 2001 war der Verlauf dieser Entscheidungsfindung mehr oder weniger ein Musterbeispiel für die Gräben innerhalb der Kom-mission und zwischen der Kommission, dem Europaparlament und dem Rat. Während dieser Zeit funktionierten diese drei Organe hauptsächlich als Forum für die Konflikte zwischen verschiedenen Stakeholder-Gruppen.

Die teils massiven Meinungsunterschiede innerhalb der Kommission bestanden besonders zwischen den einzelnen Generaldirektionen: Motor der Thematik war eigentlich die Generaldirektion Umwelt, aber die Generaldirektion Außenhandel – bestrebt, die Streitigkeiten mit den USA beizulegen –, die Generaldirektion Industrie – mit ihrem Fokus auf Wirtschaftswachstum – und die Generaldirektion Forschung und Entwicklung – zuständig für neue Technologien – versuchten den Prozess zu beeinflussen. Die Generaldirektion Landwirtschaft wiederum war in sich gespalten zwischen den Interessen der traditionellen und der modernen Landwirtschaft. Auch die Generaldirektion Konsumentenschutz legte ihre Uneinigkeit zwischen den Vorteilen für die Konsumenten (Preis, Qualität) und den Interessen der Konsumentensicherheit (Gesundheit) an den Tag.

Im Europaparlament wiederum setzten sich weitgehend die Interessen der Umweltschutzorganisationen durch, mit starker Unterstützung der Grünen Partei, während die anderen Parteien zu diesem Thema mehr oder weniger uneins waren. Auch die Meinungen im Umweltministerrat gingen auseinander: Anstatt inhaltliche Entscheidungen zu treffen, stritten sie über Prozedere und Prinzipien und mussten außerdem die nationalen Meinungsverschiedenheiten zwischen Industrieverbänden und Nichtregierungsorganisationen ausbalancieren. Wenig überraschend blieb daher eine Reihe von Fragen am Ende und mussten zurück an die Kommission delegiert werden.

Pro- und Contra-GMO-Koalitionen:

Diese Meinungsverschiedenheiten um den hin und her wogenden Entscheidungsfindungsprozess nutzten diverse Lobbying-Gruppen für die Kanalisierung ihrer Interessen – und sie bestimmten damit maßgeblich die divergierenden Positionen innerhalb des Parlaments, der Kommission und des Rates mit. Im Prinzip sind alle agierenden Gruppen in zwei rivalisierende Koalitionen einzuteilen: die Pro-GMO-Lobby und die GMO-Gegner.

Die Anti-GMO-Allianz wurde angeführt von Greenpeace und inkludierte Lobbying-Gruppen aus den Bereichen Gesundheit, Religion, Ethik, Tierschutz und Entwicklungshilfe. Sie bekamen weiters Unterstützung aus der traditionellen Landwirtschaft, die gegen neue Technologien eingestellt war, sowie Gruppen des Lebensmittelhandels, die wiederum die Konsumentenproteste befürchteten. Dazu gesellten sich einige Staaten, wie etwa Österreich, Dänemark und die Niederlande, die die Gentechnik-Direktive nicht implementierten, weil sie ihnen zu weit ging. Darauf aufbauend lancierte Greenpeace eine erfolgreiche Kampagne, die das Ziel verfolgte, die Freisetzung von GMO zu verhindern. Der dabei inszenierte Medienhype nach dem Motto „Frankenstein Nahrung" emotionalisierte das politisch strittige Thema.

Einer der maßgeblichsten Erfolge dieser Anti-GMO-Kampagne bestand darin, dass nicht nur innerhalb der Kommission die Generaldirektion Umwelt für zuständig erklärt wurde, sondern damit auch der Umweltausschuss im Europaparlament und im Rat die Umweltminister. Damit konnte diese Kampagne die bereits aus ihrem Blickwinkel sensibilisierten Akteure ansprechen. Ein exzellentes Beispiel für professionelles Lobbying, um innerhalb einer Organisation ein Thema dort zu verankern, wohin guter Zugang besteht.

Die Pro-GMO-Koalition wurde angeführt von „Europabio", einer Gruppe von Unternehmen, die im Bereich Forschung und Entwicklung aktiv waren (zum Beispiel: Glaxo-Smith Kline, Unilever und andere). Diese Unternehmen waren nicht à priori gegen eine Regulierungen von GMO, sie appellierten jedoch für ein „vernünftiges Risk-Assessment", um Forschung und Entwicklung nicht zu unterbinden und die Wettbewerbsfähigkeit zu erhalten. Außerdem, so das Argument, sollte der Endkonsument wählen können, nicht jedoch die Politik jedwede Auswahlmöglichkeit von vornherein verbieten.

Innerhalb der „Europabio" zeigte sich jedoch rasch, dass das Thema GMO ein viel größeres Problem für die Nahrungsmittelindustrie darstellte als für die Pharmaindustrie. Der Grund bestand darin, dass der Einsatz von Gentechnik in der Medizin in der Öffentlichkeit anerkannt wird, der Einsatz in der Landwirtschafts- und Nahrungsmittelproduktion allerdings abgelehnt wird. Dies führte zu einer Spaltung der „Europabio" und zur Isolation der Nahrungsmittelhersteller, die sukzessive ihre Unterstützer verlor. Auch die laute und aggressive Unterstützung durch amerikanische Produzenten wie Monsanto und Cargill erwies sich nicht als hilfreich. Schließlich stiegen Unilever und Novartis aus „Europabio" aus, da sie keine realistische Chance mehr sahen, dass es zu einer Zulassung ihrer genmanipulierten Nahrungsmittel kommen werde.

Vor allem die Industrieinteressen hatten den Verlauf des Themas offensichtlich falsch eingeschätzt. Das Thema kam nicht überraschend auf die EU-Agenda, schon 1990 wurde auf EU-Ebene darüber diskutiert. Die Positionen und Argumente waren weitgehend bekannt, ebenso wie die bestehenden Uneinigkeiten unter den Gegnern und innerhalb der EU-Organe. Eine tiefgehende Issues-Analyse hätte hier vielleicht die richtigen Hinweise geben können, um den relevanten Stakeholdern die für sie richtigen Argumente liefern zu können. Auch das Feld der Politisierung und Emotionalisierung wurde aus der Sicht der Industrie völlig den anderen Akteuren überlassen. Damit wurde auch ermöglicht, dass die Anti-GMO-Koalition die komplexe Frage umdefinierte, auf einen einfachen Nenner brachte und unter der hochemotionalen Deutung „Sicherheit und Gesundheit" kampagnisierte. Dadurch blieb sowohl der Industrie als auch der Politik kein Spielraum mehr, die Deutungsmacht wieder zu gewinnen und die unterschiedlichen Dimensionen der GMO-Thematik zu thematisieren und einer Lösung zuzuführen. Eine professionell gestaltete Kampagne, falsche Annahmen der Industrie und ein teilweises Versagen der Politik ließen keinen anderen Verlauf mehr zu.

Literatur

Adkins, Sue: *Cause Related Marketing: Who Cares Wins*. Butterworth-Heinemann, Oxford 1999

Amtsblatt der Europäischen Gemeinschaften vom 5. März 1993, Nr. 93/ C 63/02 *„Ein offener und strukturierter Dialog zwischen der Kommission und den Interessengruppen."*

Althaus, Marco (Hrsg.): *Kampagne! Neue Marschrouten politischer Strategie für Wahlkampf, PR und Lobbying*. LIT-Verlag, Münster 2001

Altman, Barbara W.: *Transformed Corporate Community Relations: A Management Tool For Achieving Corporate Citizenship*. In: Business and Society Review, Journal of the Center for Business Ethics at Bentley College, No. 102/103, Boston 1999 (Seite 43)

Bazil, Vazrik: *Reputation Management*. In: Bentele, Günter/Piwinger, Manfred/Schönborn, Gregor (Hrsg.), Kommunikationsmanagement. Strategien, Wissen, Lösungen (Loseblattwerk), Neuwied 2001

Berry, Jeffrey M.: *Lobbying for the People. The Political Behaviour of Public Interest Groups*. Princeton University Press, Princeton 1977

Beyme, Klaus von: *Interessengruppen in der Demokratie*. 5. Auflage. Serie Piper 202, München 1980

Bogner, Franz M.: *Das neue PR-Denken. Strategien, Konzepte, Maßnahmen, Fallbeispiele effizienter Öffentlichkeitsarbeit*. Ueberreuter, Wien 1990

Burkart, Roland: *Kommunikationswissenschaft. Grundlagen und Problemfelder*. 3. Aktualisierte Auflage. Böhlau, Wien 1998

Cigler, Allan J./Loomis, Burdett A.: *Interest Group Politics*. Third Edition. Congressional Quaterly Press Inc. Washington, D.C., 1991

Clavell, James: *Sun Tzu – The Art of War*. Delta/Bantam Doubleday Dell, New York 1983

Clausewitz, Carl von: *Vom Kriege*. Weltbild Verlag, Augsburg 1990

Dennis, Lloyd B. (Ed.): *Practical Public Affairs in an Era of Change. A Cuttingedge Communications Guide for Business, Government, and College*. Lanham, University Press of America, Inc., 1996

Der Brockhaus in fünfzehn Bänden. F.A. Brockhaus, Leipzig – Mannheim 1999

Ewen, Stuart: *PR! A Social History of Spin*. Basic Books/Perseus Books Group, New York 1996

Fleishman-Hillard/Ipsos-Report: *On European Attitudes Towards Corporate Community Investment*. June 1999 (Executive Report)

Fombrun, Charles J.: *Reputation. Realising Value from the Corporate Image*. Boston 1996

Gardner, James N.: *Effective Lobbying in the European Community*. Kluwer Law and Taxation Publishers. Deventer, Boston 1991

Gladwell, Malcolm: *Tipping Point. Wie Kleine Dinge Großes Bewirken Können*. Berlin Verlag, Berlin 2000

Göbel, Elisabeth: *Das Management der sozialen Verantwortung*. Berlin 1992

Grunig, James E./Hunt, Todd T.: *Public Relations – Management*. CBS College Publishing, New York 1984

Harris, Phil/Moss, Danny: *In search of public affairs: A function in search of an identity*. In: Journal of Public Affairs, Vol.1, No. 2, 2001, Henry Stewart Publications (Seite 102)

Harris, Thomas L.: *Value-Added Public Relations. The Secret Weapon of Integrated Marketing*. NTC Business Books, Lincolnwood 1998

Jordan, Grant: *The Commercial Lobbyists: Politics for Profit in Britain*. Aberdeen University Press. Aberdeen, England, 1991

Kennedy, Allan: *Das Ende des Shareholder-Value. Warum Unternehmen zu langfristigen Wachstumsstrategien zurückkehren müssen*. Financial Times Prentice Hall/Pearson Education Deutschland GmbH, München 2001

Klose, Alfred: *Machtstrukturen in Österreich*. Signum Verlag, Wien 1987

Köppl, Peter: *Lobbying als strategisches Interessenmanagement*. In: Scheff/Gutschelhofer (Hrsg.): LobbyManagement. Chancen und Risiken vernetzter Machtstrukturen im Wirtschaftsgefüge. Linde Verlag, Wien 1998 (Management-Perspektiven; Bd. 4)

Köppl, Peter: *Contract Lobbying: Beeinflussung als Dienstleistung*. In: Scheff / Gutschelhofer (Hrsg.): LobbyManagement. Chancen und Risiken vernetzter Machtstrukturen im Wirtschaftsgefüge. Linde Verlag, Wien 1998 (Management-Perspektiven; Bd. 4)

Köppl, Peter/Laird, Nick L.: *Public Affairs in Zeiten der Globalisierung – Wettbewerbsvorteile durch „Weltbeste" Kommunikation*. In: Public Relations Forum für Wissenschaft und Praxis, 5. Jahrgang, Nr. 3, Nürnberg 1999

Köppl, Peter: *Public Affairs Management. Strategien und Taktiken erfolgreicher Unternehmenskommunikation*. Linde Verlag, Wien 2000

Köppl, Peter/Kovar, Andreas: *Trommeln fürs Business. Public Affairs Management für Unternehmen und Verbände.* In: Althaus, Marco (Hg.): Kampagne! Neue Strategien für Wahlkampf, PR und Lobbying. Lit-Verlag, Münster 2001

Köppl Peter: *The acceptance, relevance and dominance of lobbying the EU Commission – A first-time survey of the EU Commission's civil servants.* In: Journal of Public Affairs, Volume One, Number One, Henry Stewart Publications, January 2001 (Seite 69)

Köppl, Peter: *Die Macht der Argumente. Lobbying als strategisches Interessenmanagement.* In: Althaus, Marco (Hg.): Kampagne! Neue Strategien für Wahlkampf, PR und Lobbying. Lit-Verlag, Münster 2001

Köppl , Peter: *Kein Platz für Amateure.* In: „politik & kommunikation", Ausgabe 03, Berlin Feb./März 2003 (Seite 28)

Lianos, Manuel: *Im Schatten des Sommer – Die Lobbyisten der Gewerkschaft.* In: „politik & kommunikation", Ausgabe 06, Berlin Mai 2003 (Seite 40)

Liebl, Franz: *Der Schock des Neuen. Entstehung und Management von Issues und Trends.* Gerling Akademie Verlag, München 2000

Machiavelli, Niccolò: *Der Fürst.* VMA Verlag, Wiesbaden 1980

Mack, Charles S.: *Lobbying and Government Relations. A Guide for Executives.* Quorum Books. New York, Westport, London 1989

Mazey, Sonia / Richardson, Jeremy (eds.): *Lobbying in the European Community.* Nuffield European Studies. Oxford University Press, Oxford, 1993 (Seite 3)

Merkle, Hans: *Lobbying. Das Praxishandbuch für Unternehmen.* Primus, Darmstadt 2003

Meyers Kleines Lexikon Politik. Bibliographisches Institut, Mannheim 1986

Morris, Dick: *The New Prince. Machiavelli Updated For The Twenty-First Century.* Renaissance Books, Los Angeles 1999

Morris, Dick: *Behind the Oval Office. Getting Elected Against All Odds.* Renaissance Books, Los Angeles 1999

Ornstein, Norman J./Elder, Shirley: *Interest Groups, Lobbying and Policymaking.* Congressional Quaterly Press. Washington, D.C., 1978

Post, James E. / Lawrence, Anne T. / Weber, James: *Business and Society. Corporate Strategy, Public Policy, Ethics.* Ninth Edition. McGraw-Hill, 1999

„*Public Affairs*", CERP (European Public Relations Confederation), Tampere 1991

Public Affairs Coucil: *Making Community Relations Pay Off: How Leading-Edge Companies Are Meeting the Bottom-Line Test for Effective Community Relations*. Washington, D.C. 1998

Public Relations 2000: PR-Trends in Österreich, Zentral- und Osteuropa. Hauska & Fleishman-Hillard, Mödling 2000

Ries, Al/Trout, Jack: *Positioning. The Battle For Your Mind. How to be seen and heard in the overcrowded marketplace*. Warner Books, 3rd Edition, New York 1993

Ries, Al/Trout, Jack: *The 22 Immutable Laws of Marketing*. Harper Collins, New York 1994

Ries, Al : *Focus. The Future of Your Company Depends on it*. Harper Business, New York 1996

Ries, Al/Ries, Laura: *The Fall of Advertising and the Rise of PR*. Harper Business, New York 2002

Rubin, Barry R.: *A Citizen's Guide To Politics In America. How The System Works & How To Work The System*. M.E.Sharp, New York 1997

Shea, Daniel M.: *Campaign Craft. The Strategies, Tactics and Art of Political Campaign Management*. Praeger, Westport 1996

Schöffmann, Dieter (Hrsg.): *Wenn alle gewinnen. Bürgerschaftliches Engagement von Unternehmen*. Amerikanische Ideen in Deutschland II. edition Körber-Stiftung, Hamburg 2001

Stempkowski, Rainer/Jodl, Hans Georg/Kovar, Andreas (Hgs.): *Handbuch Projektmarketing im Bauwesen. Strategisches Umfeldmanagement zur Realisierung von Bauprojekten*. Manz, Wien 2003

Stöhlker, Klaus J.: *Wer richtig kommuniziert wird reich. PR als Schlüssel zum Erfolg*. Wirtschaftsverlag Ueberreuter, Wien/Frankfurt 2001

Strauch, Manfred: *Lobbying. Wirtschaft und Politik im Wechselspiel*. Frankfurter Allgemeine Zeitung, Gabler; Wiesbaden 1993

Thurber, James A./Nelson, Candice J. (eds.): *Campaigns and Elections American Style*. Westview Press, Boulder, San Francisco, Oxford, 1995

van Schendelen, Rinus: *National Public and Private Lobbying*. Dartmouth Publishing Company. Aldershot, England, 1993

van Schendelen, Rinus: *Machiavelli in Brussels. The Art of Lobbying the EU*. Amsterdam University Press, Amsterdam 2002

Walker, Steven F./Marr, Jeffery W.: *Erfolgsfaktor Stakeholder. Wie Mitarbeiter, Geschäftspartner und Öffentlichkeit zu dauerhaftem Unternehmenswachstum beitragen*. Redline Wirtschaft, verlag moderne industrie, München 2001

Watkins, Micheal D./Bazerman, Max H.: *Predictable Surprises. The Disasters You Should Have Seen Coming*. In: Harvard Business Review, March 2003 (Seite 72)

Winter, Mathias/Steger, Ulrich: *Managing Outside Pressure. Strategies for Preventing Corporate Disasters*. John Wiley & Sons, 1998

Yankelovich, Daniel: *Coming to Public Judgement. Making Democracy Work in a Complex World*. Syracus University Press, 1991

Stichwortverzeichnis